R语言

迈向大数据之路

洪锦魁
蔡桂宏 ◎著

清华大学出版社

北 京

内 容 简 介

DOS 时代用汇编语言，Windows 时代倡导 Windows 编程，Internet 时代是 HTML 的天下，进入大数据时代，R 语言必须掌握！

本书作者作为一名历经四个时代的老程序员，深知学习编程的痛苦与欢乐，结合多年的开发经验完成此书。

本书将从无到有地教读者 R 语言的使用，同时学习本书并不需要统计学基础，在学习编程的过程中，就掌握了一些必要的统计知识。本书完整讲解了几乎所有 R 语言语法与使用技巧，通过丰富的程序案例讲解，让你事半功倍。

本书代码请到清华大学出版社网站下载。

图书在版编目(CIP)数据

R 语言——迈向大数据之路 / 洪锦魁，蔡桂宏著. — 北京：清华大学出版社，2016(2022.8重印)
ISBN 978-7-302-43005-6

Ⅰ.①R…Ⅱ.①洪…②蔡…Ⅲ.①程序语言—程序设计 Ⅳ.①TP312

中国版本图书馆 CIP 数据核字(2016)第 031099 号

责任编辑：栾大成
装帧设计：杨玉兰
责任校对：徐俊伟
责任印制：丛怀宇

出版发行：清华大学出版社

网　　址：http://www.tup.com.cn，http://www.wqbook.com
地　　址：北京清华大学学研大厦 A 座　　邮　　编：100084
社 总 机：010-83470000　　邮　　购：010-62786544
投稿与读者服务：010-62776969，c-service@tup.tsinghua.edu.cn
质量反馈：010-62772015，zhiliang@tup.tsinghua.edu.cn

印 装 者：三河市铭诚印务有限公司
经　　销：全国新华书店
开　　本：188mm×260mm　　印　　张：31.25　　字　　数：654 千字
版　　次：2016 年 6 月第 1 版　　印　　次：2022 年 8 月第 9 次印刷
定　　价：69.00 元

产品编号：067985-01

前言

在 DOS 时代，我写了 Assembly Language。

在 Windows 时代，我写了 Windows Programming Using C 和 Visual Basic。

在 Internet 时代，我写了 HTML。

写了许多的书，曾经也想退休……但仍在职场。

今天是 Big Data 时代，我完成了 R。

在 DOS 时代，我在撰写 Assembly Language 时，完成了汇编语言语法以及完整的 DOS 和 BIOS 应用的相关写作，我深知，这本书是当时最完整的汇编语言教材，我的心情是愉快的。

在 Windows 时代，我在撰写 Windows Programming 时，完成了几乎所有 Windows 组件的重新设计的写作，当初愉快的心情再度涌上心头。

在 Internet 时代，我在撰写 HTML，完成了各类网页功能的几乎所有组件设计的写作，内心有了亢奋。

现在是 Big Data 时代，若想进入这个领域，R 可说是最重要的程序语言，目前 R 语言的参考数据不多，现有几本 R 语言教材均是统计专家所撰写的，内容叙述在 R 语言部分着墨不多，这也造成了目前大多数人无法完整学习 R 语言，就进入 Big Data 的世界，即使会用 R 语言作数据分析，对于 R 的使用也无法全面了解。很多年以来，除了软件改版的书我不再写新书，因缘，我进入了这个领域，完成了这本 R 语言著作，这本书的最大特色包括以下几点。

（1）从无到有一步一步教导读者 R 语言的使用。

（2）学习本书不需要有统计基础，但在无形中本书已灌输了统计知识给你。

（3）完整讲解所有 R 语言语法与使用技巧。

（4）丰富的程序实例与解说，让你事半功倍。

坦白说，当年撰写汇编语言时的那种心情愉快亢奋的感觉再度涌上心头，因为我知道这将是目前 R 语言最完整的教材。

最后预祝读者们学习顺利！

编者

特别提示

本书作者为台湾著名跨界资深程序员，虽然本书经过了较为细致的本地化工作，但是仍有极个别位置（主要是图片）存在个别繁体字，见谅！

目录

Chapter 04　向量对象运算

Chapter 05　处理矩阵与更高维数据

Chapter 06　因子 Factor

Chapter 07　数据框 Data Frame

Chapter 08　串行 List

Chapter 09　进阶字符串的处理

Chapter 10　日期和时间的处理

Chapter 11　编写自己的函数

Chapter 12　程序的流程控制

Chapter 13　认识 apply 家族

Chapter 16　数据汇总与简单图表制作

Chapter 17　正态分布

Chapter 18　数据分析——统计绘图

Chapter 19　再谈 R 的绘图功能

Appendix A　下载和安装 R

Appendix B　使用 R 的补充说明

Appendix C　本书习题答案

Appendix D　函数索引表

01

基本概念

1-1 Big Data 的起源

Big Data 一词，有人解释为大数据，也有人解释为巨量资料，其实都 OK，本书则以大数据为主要用法。

2012 年世界经济论坛在瑞士达沃夫（Davos）有一个主要议题 "Big Data, Big Impact"，同年《纽约时报》（The New York Times，如右图所示）的一篇文章，《How Big Data Became So Big》，清楚揭露大数据时代已经降临，它可以用在商业、经济和其他领域中。

本图片取材自 The New York Times

1-2 R 语言之美

大数据需处理的数据是广泛的，基本上可分成两大类，有序数据与无序数据，对于有序数据，目前许多程序语言已可处理。但对于无序数据，例如，地理位置信息、Facebook 信息、视频数据等，是无法处理的。而 R 语言正可以解决这方面的问题，自此 R 已成为有志成为信息科学家（Data Scientist）或大数据工程师（Big Data Engineer）所必需精通的计算机语言。

Google 首席经济学家 Hal Ronald Varian，如右图所示，有一句经典名言形容 R。

The Great beauty of R is that you can modify it to do all sorts of things. And you have a lot of prepackaged stuff that's already available, so you're standing on the shoulders of giants.

大意是，R 语言之美在于，你可以通过修改很多高手已经写好的套件程序，解决各式各样的问题。因此，当你使用 R 语言时，你已经站在巨人的肩膀上了。

本图片取材自 Wikipedia

1-3 R 语言的起源

提到 R 语言，不得不提 John Chambers，如下图所示。他是加拿大多伦多大学毕业，然后拿到哈佛大学统计硕士和博士。

John Chambers 在 1976 年于 Bell 实验室工作时，为了节省使用 SAS 和 SPSS 软件经费，以 Fortran 为基础，开发了 S 语言。这个 S 语言主要是处理，向量（Vector）、矩阵（Matrix）、数组（Array）以及进行图表和统计分析的，初期只是可以在 Bell 实验室的系统上运行，随后这个 S 语言被移植至早期的 Unix 系统下运行。然后 Bell 实验室以很低的廉价格授权各大学使用。

R 语言主要是以 S 语言为基础，开发完成。

1993 年新西兰 University of Auckland 大学统计系的教授 Ross Ihaka 和 Robert Gentleman 两位 R 先生，分别如下图（左）和下图（右）所示，为了方便教授统计学，以 S 语言为基础开发完成一个程序语言，因为他两人名前缀字皆是 R，于是他们所开发的语言就被称为 R 语言，其 Logo 如下图（右）所示。

John Chambers 本图片取材自网络

Ross Ihaka

本图片取材自网络

Robert Gentleman

本图片取材自网络

R 语言标准 Logo

现在的 R 语言则由一个 R 核心开发团队负责，当然 Ross Ihaka 和 Robert Gentleman 是这个开发团队的成员，另外，S 语言的开发者 John Chambers 也是这个 R 语言开发团队的成员。目前这个开发团队共有 18 名成员，这些成员拥有修改 R 核心代码的权限。下列是 R 语言开发的几个有意义的时间点。

1) 1990 年代初期 R 语言被开发。

2) 1993 年 Ross Ihaka 和 Robert Gentleman 开发了 R 语言软件，在 S-news 邮件中发表。吸引了一些人关注并和他们合作，自此一组针对 R 的邮件被建立。如果你想了解更多这方面的信息可参考下图中的网址。

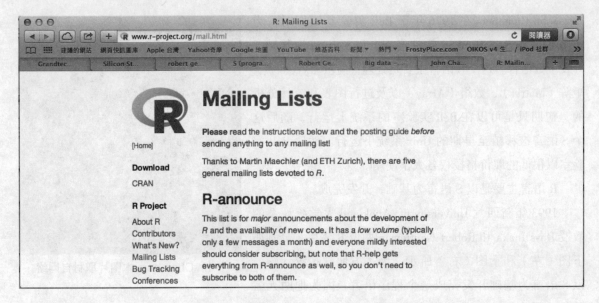

3) 1995 年 6 月在 Martin Maechler（如下图所示）等人的努力下，这个 R 语言被同意免费使用，同时遵守自由软件基金会（Free Software Foundation）的 GNU General Public License（GNU 通用公共许可证，GPL）Version 2 的协议。

Dr. Martin Maechler 取材自 stat.ethz.ch/people/maechler

4) 1997 年 R 语言核心开发团队成立。

5) 2000 年第 1 版 R1.0.0 正式发布。Ross Ihaka 将 R 的开发简史记录了下来，可参考下图中的网址。

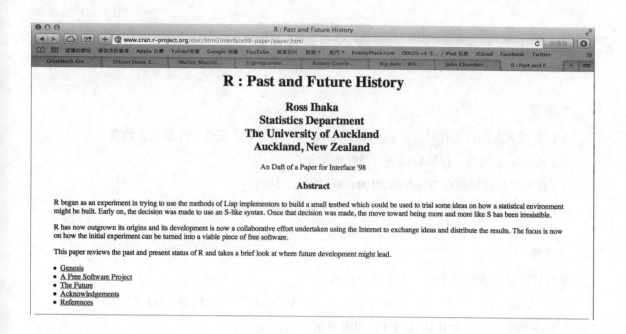

1-4　R 的运行环境

在 R 语言核心开发团队的努力下，目前 R 语言已可以在常见的各种操作系统下运行。例如，Windows、Mac OS、Unix 和 Linux。

1-5　R 的扩展

R 的一个重要优点是，R 是 Open Source License，这表示任何人均可下载并修改，因此许多人在编写增强功能的套件，同时供他人免费使用。

1-6　本书的学习目标

不容否认，不论是 S 语言或 R 语言均是统计专家所开发的，因此，R 具有可以完成各种统计的工具。但已有越来越多的程序设计师开始加入学习 R，使得 R 也开始可以完成非统计方面的工作，例如，数据处理、图形处理、心理学、遗传学、生物学、市场调查等等。

本书在编写时，尽量将读者视为初学者，辅以丰富实例，期待读者可以用最轻松的方式学会 R 语言。

本章习题

一、判断题

（　　）1. 要成为大数据工程师（Big Data Engineer），学习 R 语言是一件很重要的事。

（　　）2.Facebook 信息、视频数据是可排序的数据。

（　　）3.R 语言目前只能在 Windows 和 Mac OS 系统下执行。

（　　）4.R 语言是免费软件。

二、单选题

（　　）1. R 语言无法在以下哪一个系统下执行？

      A. Linux   B. Unix   C. Android   D. Mac OS

（　　）2. 下列哪一个人对 R 语言的开发没有贡献？

      A. Steve Job   B. Ross Ihaka

      C. John Chambers   D. Robert Gentleman

（　　）3. R 语言是以哪一个语言为基础开发完成？

      A. SAS   B. S   C. SPSS   D. C

三、多选题

（　　）1. 我们现在可以免费使用 R 语言，下列哪些人是有贡献的？（选择 3 项）

      A. Martin Maechler   B. Ross Ihaka

      C. Robert Gentleman   D. Tim Cook

      E. Marissa Mayer

02

CHAPTER

第一次使用 R

有关安装 R 语言程序与 RStudio 作业环境套件的操作可以参考附录 A，本章笔者将介绍如何启动和在 R Console 窗口下撰写 R 程序。

2-1 第一次启动 R

2-1-1　在 Mac OS 下启动 R

在 Mac 环境中，如果先前只是安装 R，并没有安装 RStudio，则可以在应用程序文件夹看到 R 语言图标，如下图所示，然后启动。

双击标准 R 图标，可以正式进入 R-Console 环境，如下图所示。

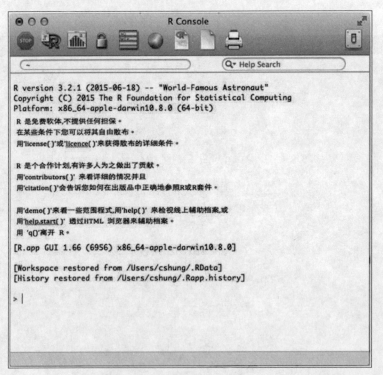

在这里，就可以正式使用 R 语言了。

2-1-2　在 Mac OS 下启动 RStudio

如果你安装完 R，然后也安装完 RStudio，则可以在屏幕下方工具栏看到 RStudio 图标，如下图所示。

即可以启动，R 的整合式窗口环境如下图所示。

由上图可以看到整合式窗口共有 4 个区域，基本上左下方的 Console 窗口，是我们最常使用的窗口。

 未来所有实例，均是在 RStudio 窗口内执行的。

2-1-3　在 Windows 环境中启动 R 和 RStudio

安装完成 Windows 系统的 R 后，如果启动 R，可以看到下列 R-Console 窗口。

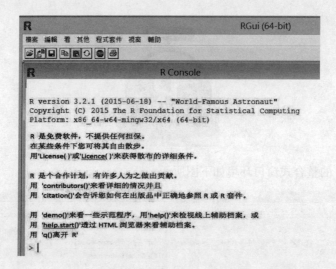

如果安装并启动 RStudio，就可以看到下列 RStudio 窗口。

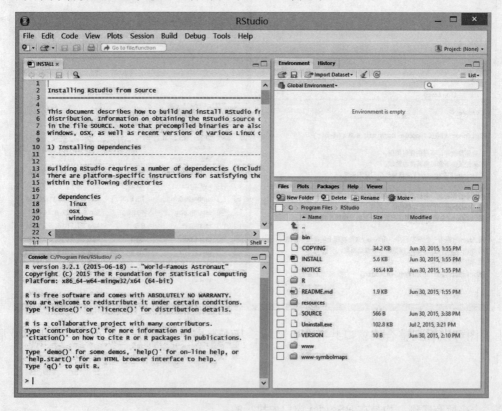

2-2 认识 RStudio 环境

可参考下图，基本上可以将 RStudio 整合式窗口分成以下 4 大区域。

1. Source Editor

Soure Editor 区域位于 RStudio 窗口左上角，如下图（左）所示。这是 R 语言的程序代码编辑区，你可以在此编辑 R 语言程序代码，储存，最后再运行。

2. Console

Console 区域位于 RStudio 窗口左下角，如下图（右）所示。R 语言也可以支持直译器（Interpreter）功能，此时就需要使用此区域窗口，在此可以直接输入指令，同时获得执行结果。

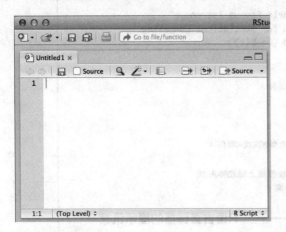
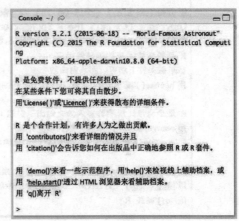

3. Workspace

Workspace 窗口位于 RStudio 窗口右上角，如下图（左）所示。如果选择 Environment 标签，那么这区域会记录在 Console 输入的所有指令的相关对象的变量名称和值。如果选择 History 标签，则可以在此看到 Console 窗口所有执行指令的记录。

4. Files、Plots、Packages、Help 和 Viewer

该区域位于 RStudio 窗口右下角，如下图（右）所示。这几个标签的功能分别如下所述。

1）Files：在此可以查看个文件夹的内容。

2）Plots：在此可以呈现图表。

3）Packages：在此可以看到已安装 R 的扩充套件。

4）Help：在此可浏览辅助说明文件内容。

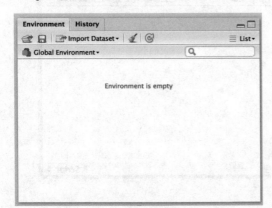
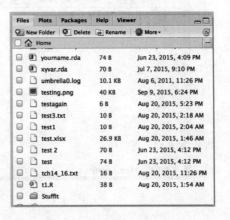

2-3 第一次使用 R

先前说过 R 可以支持直译器功能，下图所示的是打印"Hello! R"，可参考下图所示的使用 Console 窗口的操作范例和结果。

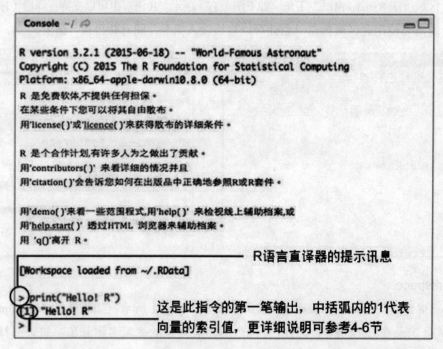

在上图中可以了解到，">"是 R 语言直译器的提示信息，当看到此信息时，即可以输入 R 命令。

当然我们也可以使用 Source Editor 编辑程序，然后再执行。执行结果的实例，可参考下图。首先编辑下图所法的程序代码。

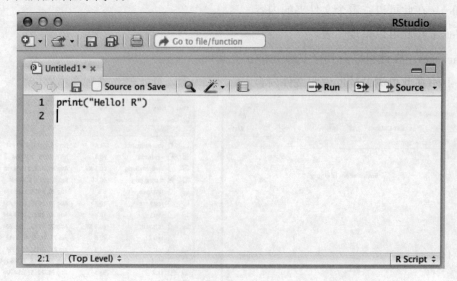

接着储存上述程序代码，如下图所示。

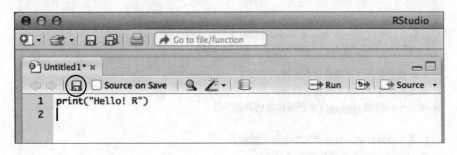

请单击上图中的储存按钮，也可以执行 RStudio 的 File/Save As 命令，接着选择适当的文件夹，再输入适当的文件名。此例的命件名是 ch2_1，如下图所示。R 语言默认的文件名扩展名是 R。

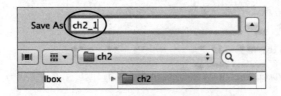

所以执行完上述命令，就相当于将代码储存在 ch2_1.R。

在 RStudio 的 Source Editor 区有 "Source" 标签，如下图所示。如果这时单击此标签，这个动作被称为 Sourcing a Script。其实这就是执行 Source Editor 工作区的程序（其实这个动作也会同时储存程序代码）。单击 "Source" 标签后可以看到下图所示的执行结果。

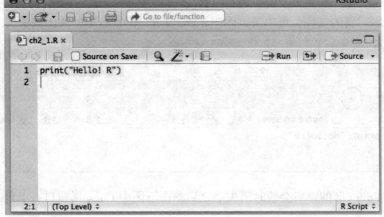

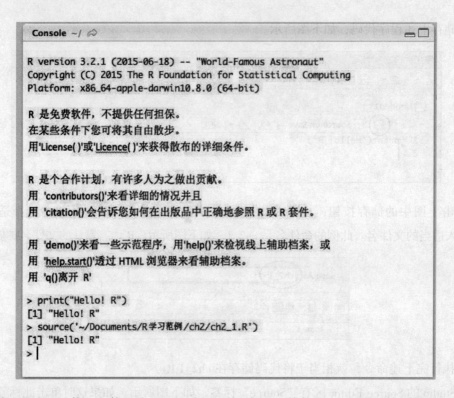

一个完整的 R 程序，即使是在 Source Editor 区编辑，其执行的非图形数据结果，也将是在 Console 窗口中显示，如上图所示。如果此时检查 RStudio 整合式窗口的右下方，再单击 "Files" 标签，适当地选择文件夹后，就可以看到 ch2_1.R 文件，如下图所示。

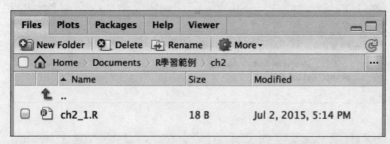

假设现在想编辑新的文件，可单击下图中 "ch2_1.R" 标签右边的关闭按钮。

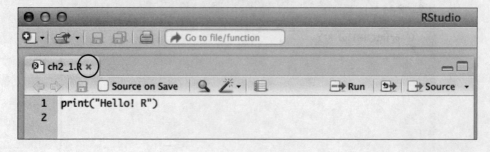

此时 Source Editor 区的窗口会暂时消失。之后单击下图中 Console 窗口右上角的按钮。

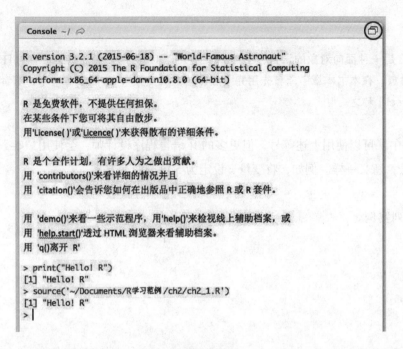

便可恢复显示 Source Editor 窗口，如下图所示。

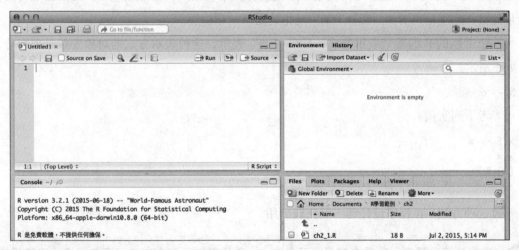

 如果 Source Editor 窗口内，同时有多个文件被编辑时，关闭一个所编辑的文件，此时将改成显示其他编辑的文件。

2-4 R 语言的对象设定

如果你学过其他计算机语言，想将变量 x 设为 5，可使用下列方法。

x = 5

 R 语言是一种面向对象的语言，上述 x，也可被称为对象变量。甚至，有的 R 程序设计师称 x 为对象。在本书本章中笔者先用完整名称"对象变量"，在后续章节中，笔者将直接以对象 （Object）称之。

在 R 语言中，可以使用上述等号，但更多的 R 语言程序设计师，会使用"<-"符号，其实此符号与"="号，意义一样。例如，将变量 x 设定为 5 可按如下方式。

x <- 5

可参考下列实例。

```
> x = 5
> x
[1] 5
> x <- 5
> x
[1] 5
>
```

在上述程序实例中，在给对象变量 x 赋值后，如果直接列出对象变量 x，则相当于可列出对象变量的值，此例是列出 5。至于"[1]"是指这是第一项输出。

另一个奇怪的 R 的等号表示方式，是以"->"表示，这种表示方式的对象变量是放在等号右边，如下所示。

5 -> x

可参考下列实例。

```
> 5 -> x
> x
[1] 5
>
```

不过这种方法，R 程序设计师一般比较少用。

 有些计算机语言，变量在使用前要先定义，R 语言则不需先定义，可在程序中直接设定使用，如本节实例所示。

2-5 Workspace 窗口

在 Workspace 窗口中，如果单击"Environment"标签，则可以看到至今所使用的对象变量及此对象变量的值，如下图所示。

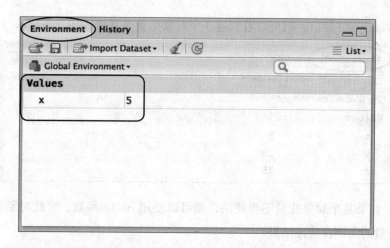

如果单击"History"标签，则可以看到 Console 窗口的所有执行命令的记录，如下图所示。

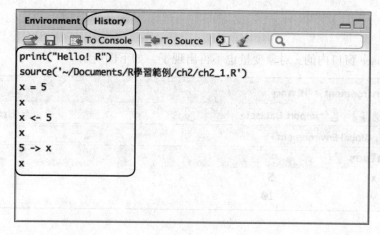

此外，若在 Console 窗口输入 ls ()，可以列出目前 Environment 所记录的所有对象变量，如下所示。

```
> ls()
[1] "x"
>
```

延续之前实例，增加对象变量 y，z。并设定对象变量 y 等于 10，对象变量 z 值等于对象变量 x 加上对象变量 y，如下所示。

```
> y <- 10
> z <- x + y
> z
[1] 15
>
```

此时在 Console 窗口输入 ls ()，可以看到有 3 个对象变量，x、y 和 z，如下所示。

```
> ls( )
[1] "x" "y" "z"
>
```

如果检查 Workspace 窗口，则可以看到这 3 个对象变量及其值，如下图所示。

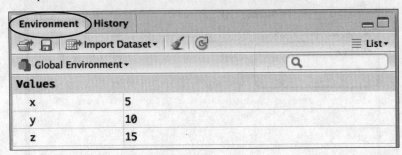

使用 R 时，如果某个对象变量不再使用，则可以使用 rm () 函数，将此对象变量删除。下列是删除 z 对象变量的实例及验证结果。

```
> rm(z)
> ls( )
[1] "x" "y"
>
```

此时 Workspace 窗口内的 z 对象变量也不再出现了，如下图所示。

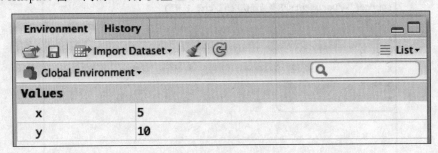

2-6 结束 RStudio

在 Console 窗口，输入 q ()，来结束使用 RStudio，如下所示。

```
> q()
Save workspace image to ~/.RData? [y/n/c]:
```

❑ y：表示将上述对象变量和对象变量的值存储在 ".RData" 文件，未来只要启动 RStudio，此 ".RData" 文件均会被加载到 Workspace 窗口。如果你将此文件在文件夹中删除，则重新启动 RStudio 时，Workspace 窗口的内容就会是空白。2-7-2 节会介绍此文件，供未来使用。

❑ n：表示不储存。

❑ c：表示取消。

也可以执行 RStudio 窗口的 File/Quit RStudio 命令，结束使用 RStudio，效果相同。

2-7 保存工作成果

在正式谈保存工作成果前，笔者将先介绍另一个函数 getwd ()，用这个函数可以了解目前工作的文件夹，相当于未来保存工作成果的文件夹。下列是笔者计算机的执行结果。

```
> getwd()
[1] "/Users/cshung"
>
```

使用不同的操作系统，可能会有不同的结果。

2-7-1 使用 save () 函数保存工作成果

下列是笔者将 x 和 y 对象变量保存在 "xyvar.rda" 文件中的运行实例。

```
> save(x, y, file = "xyvar.rda")
>
```

执行完后，无任何确认信息，不过，可以在 RStudio 窗口右下方的 Files/Plots 窗口看到此 "xyvar.rda" 文件，如下图所示。

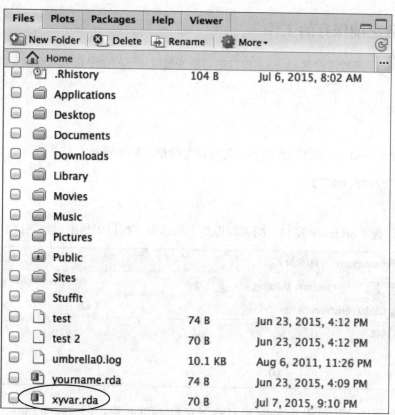

当在窗口中看到上述文件时，表示保存对象变量 x 和 y 的操作成功了。

2-7-2　使用 save.image（）函数保存 Workspace

使用 save.image（）函数可以将整个 Workspace 保存在系统默认的".RData"文件内，如下所示。

```
> save.image()
>
```

上述命令被执行后可以得到下图所示的执行结果。

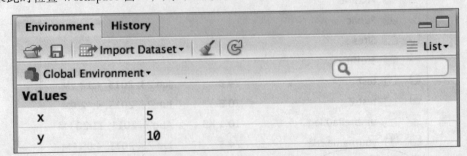

2-7-3　下载之前保存的工作

请先使用 rm（）函数清除 Workspace 窗口的对象变量值。下列命令是清除对象变量 x 和 y 的值。

```
> rm(x)
> rm(y)
>
```

方法 1：使用 load（）函数，直接下载先前保存的值，如下所示。

```
> load("xyvar.rda")
>
```

如果此时检查 Workspace 窗口，则可以得到下列结果，窗口中列出对象变量 x 和 y 的值。

方法 2：也可以直接单击 RStudio 窗口右下方 Files/Plots 窗口的"xyvar.rda"文件，即可下载之前储存的工作，如下图所示。

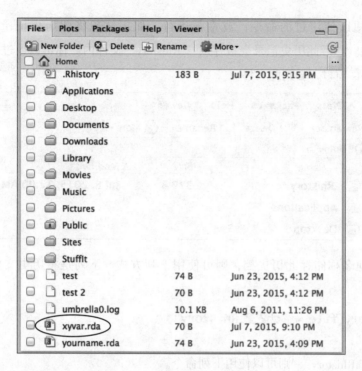

笔者在 2-7-2 节有介绍，可使用 save.image（）将工作储存在 ".RData"，其实也可以使用上述方法，双击 "RData"，下载所储存的工作。

2-8 历史记录

启动 RStudio 后，基本上所有执行过的命令均会被记录在 Workspace 窗口的 History 标签选项内，如下图所示。有时为了方便，不想太麻烦重新输入命令，可以单击此区执行过的指令，然后执行下列两个操作。

❑ To Console：将所单击的命令，重载到 Console 窗口。

❑ To Source：将所单击的命令，重载到 Source Editor 窗口。

这可方便查阅所使用过的命令，或重新运行。如果你想将此历史记录保存，可以使用 savehistory（）函数。然后此历史记录会被存入 ".Rhistory" 文件内。你可以通过查看 RStudio 窗口右下方的 Files/Pilots 窗口，看到此文件。

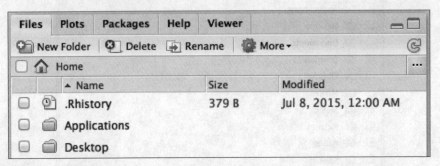

如果想用其他名称储存此历史档，则可使用下列方式。下列是将历史文件储存至 "ch2_2. Rhistory" 文件内。

```
> savehistory(file = "ch2_2.Rhistory")
>
```

如果想加载 ".Rhistory"，则可以使用下列命令。

```
> loadhistory( )
>
```

如果想加载特定的历史文件，例如先前储存的 "ch2_2.Rhistory"，则可以使用下列命令。

```
> loadhistory(file = "ch2_2.Rhistory")
>
```

2-9 程序注释

程序注释的主要功能是让你所设计的程序可读性更高，更容易了解。在企业工作，一个实用的程序可以很轻易地超过几千或上万列，此时你可能需要设计好几个月。程序加上注释，可方便你或他人，未来较便利地了解程序内容。

不论是使用直译器或是 R 程序文件中，"#" 符号右边的文字，皆被称为程序注释，R 语言的直译器或编译程序皆会忽略此符号右边的文字。可参考下列实例。

```
> x <- 5
> x    # print x
[1] 5
>
```

上述第二列 "#" 符号右边的文字，"print x"，是此程序的注释。下图所示的是 R 程序文件的一个实例。

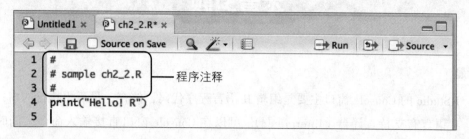

上述程序实例 "ch2_2.R" 的前 3 行，由于有 "#" 符号，代表是程序注释，在此笔者特别注明，这是程序 ch2_2.R，相当于本章 2-3 节中的第二个程序实例。所以真正的程序只有第 4 行。

本章习题

一、判断题

（　　）1. RStudio 的 Console 窗口主要是编辑 R 语言程序代码，储存，最后再执行的窗口。

（　　）2. R 语言有支持直译器（Interpreter），可以在 Console 窗口直接输入命令，同时获得执行结果。

（　　）3. 在 Workspace 窗口，如果选择 Environment 标签，则可以在此看到 Console 窗口的所有执行指令的记录。

（　　）4. 一个完整的 R 程序，即使在 Source Editor 区编辑，其执行的非图形数据结果，将是在 Console 窗口中显示。

（　　）5. 下列 3 个命令的执行结果是一样的。

```
> x = 10
```

或

```
> x <- 10
```

或

```
> 10 -> x
```

二、单选题

（　　）1. 下列哪一个符号是程序注释符号？

A. %　　　　　　B. @　　　　　　C. #　　　　　　D. ~

（　　）2. 如果我们想使用 R 语言的直译功能，可以在下列哪一个窗口输入命令？

A. Console 窗口　　　　　　　　B. Source Editor 窗口

C. Workspace 窗口　　　　　　　D. Files/Plots 窗口

（　　）3. 可以在以下哪一个窗口看到所有变量名称和它的内容？

A. Console 窗口　　　　　　　　B. Source Editor 窗口

C. Workspace 窗口　　　　　　　D. Files/Plots 窗口

（　　）4. 下列哪一个符号不是 R 语言的等号符号？

A. =　　　　　　B. <-　　　　　　C. ->　　　　　　D. #

（　　）5. 下列哪一个函数可以在 Console 窗口列出所有变量数据？

A. ls ()　　　　　B. rm ()　　　　　C. q ()　　　　　D. getwd ()

（　　）6. 下列哪一个函数可以将整个 Workspace 保存在系统默认的 ".RData" 文件内？

A. save ()　　　B. save.image ()　　　C. load ()　　　D. savehistory ()

三、多选题

（　　）1. 哪几个函数可以保存 Console 窗口执行过的命令？（选择两项）

　　　　A. save（）

　　　　B. save.image（）

　　　　C. load（）

　　　　D. savehistory（）

　　　　E. getwd（）

四、实际操作题（如果题目有描述不周详时，请自行假设条件）

1. 请研究 RStudio 窗口右上角的 Workspace 窗口，说明下列标签的功能。

（1）Environment。

（2）History。

（3）To Console。

（4）To Source。

2. 请研究 RStudio 窗口右下角的 Files/Plots 窗口，说明下列标签的功能。

（1）Files。

（2）Export。

MEMO

03

CHAPTER

R 的基本数学运算

本章笔者将从为对象变量（也可简称对象）命名说起，接着介绍 R 的基本算术运算。

3-1 对象命名原则

在 2-9 节中，笔者介绍过，可以使用程序注释增加程序的可读性。在为对象命名时，如果使用适当名称，也可以让你所设计的程序可读性增加许多。R 的基本命名规则包括以下几点。

1) 下列名称是 R 语言的保留字，不可当作是对象名称。

   break, else, FALSE, for, function, if, Inf, NA, NaN, next, repeat, return, TRUE, while

2) R 对英文字母大小写是敏感的，所以 basket 与 Basket，会被视为两个不同的对象。

3) 对象名称开头必须是英文字母或点号（"."），当以点号（"."）开头时，接续的第二个字母不可是数字。

4) 对象名称只能包含字母、数字、底线（"_"）和点号（"."）。

笔者曾深深体会到，所设计的程序，时间一久后，常常会忘记各变量对象所代表的意义，所以除了为程序加上注释外，为对象取个好名字也是程序设计师很重要的课题。例如，假设想为 James 和 Jordon 打篮球的得分取对象名称。你可以按如下设计。

ball1——代表 James 的得分。

ball2——代表 Jordon 的得分。

上述方式简单，但时间久了，比较容易忘记。如果用下列方式命名。

basket.James——代表 James 的得分。

basket.Jordon——代表 Jordon 的得分。

相信即使几年后，你仍可了解此对象所代表的意义。在上述命名时，笔者在名称中间加上点号（"."），在 R 语言中，这是 R 程序设计师常用的命名方式，又称点式风格（Dotted Style）。事实上，R 语言的许多函数皆是采用此点式命名的，例如，2-9 节所介绍的 save.image () 函数。

另外，为对象命名时也会采用驼峰式（Camel Case），将组成对象名称的每一个英文字母开头用大写。例如，my.First.Ball.Game，这样可以直接明白此对象名称的意义。

3-2 基本数学运算

3-2-1 四则运算

R 的四则运算是指加（+）、减（-）、乘（*）和除（/）。

实例 ch3_1：加法与减法运算实例。

```
> x1 = 5 + 6        #将5加6设定给对象x1
> x1
[1] 11
> x2 = x1 + 10      #将x1加10设定给对象x2
> x2
[1] 21
> x3 = x2 - x1      #将x2减x1设定给对象x3
> x3
[1] 10
>
```

 在以上赋值（也可想成等号）中，笔者故意用"="符号，本章赋值有时候也会用"<–"，主要是用实例让读者了解 R 是支持这两种赋值符号的。从第四章起笔者将统一使用"<–"当作赋值符号。

实例 ch3_2：乘法与除法运算实例。

```
> x1 = 5
> x2 = 9
> x3 = x1 * x2      #x3等于x1乘以x2
> x3
[1] 45
> x4 = x2 / x1      #x4等于x2除以x1
> x4
[1] 1.8
>
```

3-2-2　余数和整除

余数（mod）所使用的符号是"%%"，可计算出除法运算中的余数。整除所使用的符号是"%/%"，是指在除法运算中只保留整数部分。

实例 ch3_3：余数和整除运算实例。

```
> x = 9 %% 5        #计算9除以5的余数
> x
[1] 4
> x = 9 %/% 2       #计算9除以2所得的整数部分
> x
[1] 4
>
```

3-2-3　次方或平方根

次方的符号是"**"或"^"，平方根的计算是使用函数 sqrt ()。

实例 ch3_4：平方、次方和平方根运算实例。

```
> x = 3 ** 2          #计算3的平方
> x
[1] 9
> x = 3 ^ 2           #计算3的平方
> x
[1] 9
> x = 8 ^ 3           #计算8的3次方
> x
[1] 512
> x = sqrt(64)        #计算64的平方根
> x
[1] 8
> x = sqrt(8)         #计算8的平方根
> x
[1] 2.828427
>
```

3-2-4　绝对值

绝对值的函数名称是 abs（），不论函数内的值是正数或负数，结果均是正数。

实例 ch3_5：绝对值运算实例。

```
> abs(10)            #计算10的绝对值
[1] 10
> x = 5.5
> y = abs(x)         #计算x的绝对值
> y
[1] 5.5
> x = -7
> y = abs(x)         #计算x的绝对值
> y
[1] 7
>
```

3-2-5　exp（）与对数

exp（）是指自然数 e 的 x 次方，其中 e 的近似值是 2.718282。

实例 ch3_6：exp（）运算实例。

```
> x = exp(1)         #可列出自然数e的值
> x
[1] 2.718282
> x = exp(2)         #可列出自然数e的2次方
> x
[1] 7.389056
> x = exp(0.5)       #可列出自然数e的0.5次方
> x
[1] 1.648721
>
```

对数有以下两种类型。

1) 以自然数 e 为底的对数，$\log_e x = \ln x$，语法是 log ()。

2) 一般基底的对数，$\log_m x$，语法是 log (x, m)。如果基底是 10，也可使用另一个对数函数 log10 () 取代。

实例 ch3_7：不同基底的对数运算实例。

```
> x = log(2)        #计算以自然数e为底的对数值
> x
[1] 0.6931472
> x = log(2, 10)    #计算以自然数10为底的对数值
> x
[1] 0.30103
> x = log10(2)      #计算以自然数10为底的对数值
> x
[1] 0.30103
> x = log(2, 2)     #计算以自然数2为底的对数值
>
```

exp () 和 log () 也可称互为反函数。

3-2-6 科学符号 e

科学符号是用 e 表示，例如数字 12 800，实际等于 "1.28 * 10^4"，也可以用 "1.28e4" 表示。

实例 ch3_8：科学符号的运算实例。

```
> x <- 1.28 * 10^4
> x
[1] 12800
> x <- 1.28e4
> x
[1] 12800
>
```

数字 0.00365，实际等于 "3.65 * 10^-3"，也可以用 "3.65e-3" 表示。

实例 ch3_9：另一个科学符号的运算实例。

```
> x <- 3.65 * 10^-3
> x
[1] 0.00365
> x <- 3.65e-3
> x
[1] 0.00365
>
```

当然也可以直接使用科学符号执行四则运算。

实例 ch3_10：直接使用科学符号的运算实例。

```
> x <- 6e5 / 3e2
> x
[1] 2000
>
```

上述的代码表示 600000 除以 300。

3-2-7 圆周率与三角函数

圆周率就是指 pi。pi 是系统默认的参数，其近似值是 3.141593。

实例 ch3_11：列出 pi 值的实例。

```
> pi
[1] 3.141593
>
```

R 语言所提供的三角函数有许多，例如，sin ()、cos ()、tan ()、asin ()、acos ()、atan ()、sinh ()、cosh ()、tanh ()、asinh ()、acos ()、atan ()。

实例 ch3_12：三角函数运算实例。

```
> x = sin(1.0)
> x
[1] 0.841471
> x = sin(pi / 2)
> x
[1] 1
> x = cos(1.0)
> x
[1] 0.5403023
> x = cos(pi)
> x
[1] -1
>
```

3-2-8 四舍五入函数

R 语言的四舍五入函数是 round ()。

round（x, digits = k），表示将实数 x，以四舍五入方式，计算至第 k 位小数。另外，round () 函数中的第 2 个参数 "digits =" 也可以省略，直接在第 2 个参数位置输入数字。

实例 ch3_13：round () 函数的各种运用实例。

```
> x <- round(98.562, digits = 2)
> x
[1] 98.56
> x <- round(98.562, digits = 1)
> x
[1] 98.6
> x <- round(98.562, 2)
> x
[1] 98.56
> x <- round(98.562, 1)
> x
[1] 98.6
>
```

使用 round () 函数时，如果第 2 个参数是负值，表示计数是以四舍五入取整数。例如，若参数是 "-2"，表示取整数至百位数。若参数是 "-3"，表示取整数至千位数。

实例 ch3_14：使用 round () 函数，但 digits 参数是负值的运用实例。

```
> x <- round(1234, digits = -2)
> x
[1] 1200
> x <- round(1778, digits = -3)
> x
[1] 2000
> x <- round(1234, -2)
> x
[1] 1200
> x <- round(1778, -3)
> x
[1] 2000
>
```

signif (x, digits = k)，也是一个四舍五入的函数，其中 x 是要做处理的实数，k 是有效数字的个数。例如，signif (79843.597, digits = 6)，代表取 6 个数字，从左边算第 7 个数字以四舍五入的方式处理。

实例 ch3_15：signif () 函数的应用实例。

```
> x <- signif(79843.597, digits = 6)
> x
[1] 79843.6
> x <- signif(79843.597, 6)
> x
[1] 79843.6
> x <- signif(79843.597, digits = 3)
> x
[1] 79800
> x <- signif(79843.597, 3)
> x
[1] 79800
>
```

3-2-9　近似函数

R 语言有 3 个近似函数。

1) floor (x)：可得到小于等于 x 的最近整数。所以，floor (234.56) 等于 234。floor (-234.45) 等于 -235。

2) ceiling (x)：可得到大于等于 x 的最近整数。所以，ceiling (234.56) 等于 235。ceiling (-234.45) 等于 -234。

3) trunc (x)：可直接取整数。所以，trunc (234.56) 等于 234。trunc (-234.45) 等于 -234。

实例 ch3_16：floor（）、ceiling（）和 trunc（）函数的运用实例。

```
> x <- floor(234.56)
> x
[1] 234
> x <- floor(-234.45)
> x
[1] -235
> x <- ceiling(234.56)
> x
[1] 235
> x <- ceiling(-234.45)
> x
[1] -234
> x <- trunc(234.56)
> x
[1] 234
> x <- trunc(-234.45)
> x
[1] -234
>
```

3-2-10 阶乘

factorial（x）可以返回 x 的阶乘。

实例 ch3_17：factorial（）函数的运用。

```
> x <- factorial(3)
> x
[1] 6
> x <- factorial(5)
> x
[1] 120
> x <- factorial(7)
> x
[1] 5040
>
```

3-3 R 语言控制运算的优先级

当 R 语言碰上多种计算同时出现在一个指令内时，除了括号"()"最优先外，其余计算优先次序如下。

1）指数。

2）乘法、除法、求余数（%%）、求整数（%/%），依照出现顺序运算。

3）加法、减法，依照出现顺序运算。

实例 ch3_18：R 语言控制运算的优先级的应用实例。

```
> x <- ( 5 + 6 ) * 8 - 2
> x
[1] 86
> x <- 5 + 6 * 8 - 2
> x
[1] 51
>
```

3-4 无限大 Infinity

R 语言可以处理无限大的值，使用 Inf 表示，如果是负无限大则是 –Inf。其实只要将某一个数字除以 0，就可获得无限大。

实例 ch3_19：无限大 Inf 的取得实例。

```
> x <- 5 / 0
> x
[1] Inf
>
```

将某一个数字减去无限大 Inf，可以获得负无限大 –Inf。

实例 ch3_20：负无限大 –Inf 的取得实例。

```
> x <- 10 - Inf
> x
[1] -Inf
>
```

另一个思考，如果将某一个数字除以无限大 Inf 或负无限大 –Inf，结果是多少？答案是 0。

实例 ch3_21：把 Inf 和 –Inf 当作分母的应用实例。

```
> x <- 999 / Inf
> x
[1] 0
> x <- 999 / -Inf
> x
[1] 0
>
```

判断某一个数字是否为无限大（正值无限大或负值无限大），可以使用 is.infinite（x），如果 x 是则返回逻辑值（Logical Value）TRUE，否则返回 FALSE。

实例 ch3_22：使用 is.infinite（）判断 Inf 和 –Inf 是否为正或负无限大，返回 TRUE 的实例。

```
> x <- 10 / 0
> x
[1] Inf
```

```
> is.infinite(x)
[1] TRUE
> x <- 10 - x
> x
[1] -Inf
> is.infinite(x)
[1] TRUE
>
```

实例 ch3_23：使用 is.infinite（）判断 Inf 和 –Inf 是否为正或负无限大，返回 FALSE 的实例。

```
> x <- 999
> is.infinite(x)
[1] FALSE
> x <- -99999
> is.infinite(x)
[1] FALSE
>
```

另一个有关的函数式 is.finite（x），如果数字 x 是有限的（正有限大或负有限大）则返回 TRUE，否则返回 FALSE。

实例 ch3_24：使用 is.finite（）判断一个数是否为有限大的实例。

```
> x <- 999
> is.finite(x)
[1] TRUE
> x <- -99999
> is.finite(x)
[1] TRUE
> x <- 10 / 0
> is.finite(x)
[1] FALSE
> x <- 10 - ( 10 / 0 )
> x
[1] -Inf
> is.finite(x)
[1] FALSE
>
```

注　在其他程序语言中，TRUE 和 FALSE 被称为布尔值（Boolean Value），但在 R 语言中，R 的开发人员将此称为逻辑值（Logical Value）。

3-5　Not a Number（NaN）

在 R 语言中，Not a Number（NaN）可以解释为非数字或无定义数字，由上一小节可知，任一数字除以 0 可得无限大，任一数字除以无限大可得 0，那无限大除以无限大呢？此时可以获得

NaN（Not a Number）。

实例 ch3_25：NaN 值的获得实例。

```
> x <- Inf / Inf
> x
[1] NaN
>
```

R 语言将 NaN 当作一个数字，可以使用 NaN 参加四则运算，但所得结果均是 NaN。

实例 ch3_26：NaN 值的四则运算实例。

```
> x <- NaN + 999
> x
[1] NaN
> x <- NaN * 2
> x
[1] NaN
>
```

使用 is.nan（x）函数，可检测 x 是否为 NaN，如果是则返回 TRUE，否则返回 FALSE。

实例 ch3_27：当 is.nan（）函数的参数是 NaN 时的运算实例。

```
> x <- Inf / Inf
> x
[1] NaN
> is.nan(x)
[1] TRUE
> y <- 999
> is.nan(y)
[1] FALSE
>
```

另外，对于 NaN 而言，无论使用 is.finite（）还是 is.infinite（）判断，均传回 FALSE。

实例 ch3_28：为 is.finite（）和 is.infinite（）函数的参数是 NaN 时的运算实例。

```
> x <- Inf / Inf
> x
[1] NaN
> is.finite(x)
[1] FALSE
> is.infinite(x)
[1] FALSE
>
```

3-6 Not Available（NA）

Not Available 也可被称为缺失值 NA，我们可以将 NA 当作一个有效数值，甚至可以将此值应用在四则运算中，不过，通常计算结果是 NA。

实例 ch3_29：缺失值 NA 的运算实例。

```
> x <- NA
> y <- NA + 100
> y
[1] NA
> z <- NA / 10
> z
[1] NA
>
```

R 语言提供的 is.na（x）函数可判断 x 是否为 NA，如果是则返回 TRUE，否则返回 FALSE。

实例 ch3_30：is.na（）函数的参数是缺失值 NA 和一般值的运算实例。

```
> x <- NA
> is.na(x)
[1] TRUE
> x <- 1000
> is.na(x)
[1] FALSE
>
```

对于 NaN 而言，使用 is.na（）判断，可以得到 TRUE。

实例 ch3_31：is.na（）函数的参数是 NaN 的运算实例。

```
> x <- Inf / Inf
> x
[1] NaN
> is.na(x)
[1] TRUE
>
```

本章习题

一、判断题

( ) 1. 有以下两个命令。

```
> x1 <- 9 %%% 5
> x2 <- 9 %/% 2
```

上述两个命令被执行后，x1 和 x2 的值是相同的，均是 4。

( ) 2. 有以下两个命令。

```
> x1 <- 2 ^ 3
> x2 <- sqrt(64)
```

上述两个命令被执行后，x1 和 x2 的值是相同的，均是 8。

( ) 3. 有以下两个命令。

```
> x1 <- round(88.882, digits = 2)
> x2 <- round(88.882, 2)
```

上述两个命令被执行后，x1 和 x2 的值是相同的，均是 88.88。

( ) 4. 有如下命令。

```
> x <- round(1560.998, digits = -2)
```

上述命令被执行后，x 的值是 1600。

( ) 5. 有如下命令。

```
> x <- factorial(3)
```

上述命令被执行后，x 的值是 8。

( ) 6. 有如下命令。

```
> x <- 10 / Inf
```

上述命令被执行后，x 的值是 0。

( ) 7. 有以下两个命令。

```
> x <- 999 / 0
> is.infinite(x)
```

上述命令的执行结果是 FALSE。

( ) 8. 有如下命令。

```
> x <- Inf / Inf
```

上述命令被执行后，x 的值是 1。

（　　）9. 有以下两个命令。

```
> x <- NA + 999
> is.na(x)
```

上述命令的执行结果是 TRUE。

（　　）10. 有以下两个命令。

```
> x <- 888 * 999
> is.finite(x)
```

上述命令的执行结果是 TRUE。

二、单选题

（　　）1. 下列哪一个是 R 语言不合法的变量名称？

    A. x3   B. x.3   C. .x3   D. 3.x

（　　）2. 以下命令会得到哪种数值结果？

```
> -3 + 2 ** 3 - 4^2 / 8
```

    A. [1] 4   B. [1] 2   C. [1] 3   D. [1] 1

（　　）3. 以下命令会得到哪种数值结果？

```
> round(pi, 2)
```

    A. [1] 3.1415926   B. [1] pi   C. [1] 3.14   D. [1] 3

（　　）4. 以下命令会得到哪种数值结果？

```
> 36 ** 0.5
```

    A. [1] 18   B. [1] 6   C. [1] 9   D. [1] 3

（　　）5. 以下命令会得到哪种数值结果？

```
> signif(5678.778, 6)
```

    A. [1] 5678.78   B. [1] 5678.77

    C. [1] 5678.778   D. [1] 5678.778000

（　　）6. 以下命令会得到哪种数值结果？

```
> floor(789.789)
```

    A. [1] 789.8   B. [1] 789.789   C. [1] 789   D. [1] 790

（　　）7. 以下命令会得到哪种数值结果？

```
> x <- Inf / 1000
```

    A. [1] 0   B. [1] Inf   C. [1] NA   D. [1] NaN

三、多选题

(   ) 1. 下列哪些命令的执行结果是 TRUE ？（选择两项）

A. `> x <- Inf - Inf`
   `> is.infinite(x)`

B. `> x <- Inf + Inf`
   `> is.infinite(x)`

C. `> x <- Inf + 1010`
   `> is.na(x)`

D. `> x <- Inf / Inf`
   `> is.nan(x)`

E. `> x <- 1010`
   `> is.nan(x)`

四、实际操作题（如果题目有描述不周详的，请自行假设条件）

1. 求 99 的平方、立方和平方根。

2. x = 345.678，将 x 放入 round ()、signf ()，使用默认值测试，并列出结果。

3. 重复上一习题，将参数 digits 依次从 –2 设置到 2，并列出结果。

4. x = 674.378，将 x 放入 floor ()、ceil () 和 trunc ()，使用默认值测试，并列出结果。

5. 重复上一习题，将 x 改为负值 –674.378，并列出结果。

6. 计算下列命令的结果。

（1）Inf + 100。

（2）Inf – Inf + 10。

（3）NaN + Inf。

（4）Inf– NaN。

（5）NA + Inf。

（6）Inf – NA。

（7）NaN + NA。

7. 将上述数据（a–g）的执行结果用下列函数测试并列出结果。

（1）is.na ()。

（2）is.nan ()。

（3）is.finite ()。

（4）is.infinite ()。

MEMO

04

向量对象运算

R 语言最重要的特色是向量（Vector）对象的概念。如果你学过其他计算机语言，应该知道一维数组（Array）的概念，其实所谓的向量对象就是类似一组一维数组的数据，在此组数据中，每个元素的数据类型是一样的。不过向量对象的使用比其他高级语言灵活太多了，R 的开发团队将此一维数组数据称为向量（Vector）对象。

说穿了，R 语言就是一种处理向量的语言。

其实 R 语言中最小的工作单位是向量对象，至于前面章节笔者当作范例使用的一些对象变量，从技术上讲可将那些对象变量看作是一个只含一个元素的向量对象变量。至今为止，在输出每一个数据时，首先出现的是 "[1]"，中括号内的 "1" 表示接下来是从对象的第 1 个元素开始输出的。对数学应用而言，向量对象元素大都是数值数据型的，R 的更重要的功能是向量对象元素可以是其他数据型的，本书将在以后章节中一一介绍。

4-1 数值型的向量对象

数值型的向量对象可分为规则型的数值向量对象或不规则型的数值向量对象。

4-1-1 建立规则型的数值向量对象应使用序列符号

从起始值到最终值，每次递增 1，如果是负值则每次增加 –1。例如从 1 到 5，可用 1:5 的方式表达。从 11 到 16，可用 11:16 的方式表达。在 "1:5" 或 "11:16" 的表达式中的 ":" 符号，即冒号，在 R 语言中称其为序列符号（Sequence）。

实例 ch4_1：使用序列号 ":" 建立向量对象。

```
> x <- 1:5              #设定向量变量对象包含1到5共5个元素
> x
[1] 1 2 3 4 5
> x <- 11:16            #设定向量变量对象包含11到16共6个元素
> x
[1] 11 12 13 14 15 16
>
```

这种方式也可以应用于负值，每次增加 –1。例如，从 –3 到 –7，可用 –3:–7 的方式表达。

实例 ch4_2：使用序列号建立含负数的向量对象。

```
> x <- -3:-7            #设定向量变量对象包含-3到-7共5个元素
> x
[1] -3 -4 -5 -6 -7
>
```

同理，这种方式也可以应用于实数，每次增加正 1 或 –1。

实例 ch4_3：使用序列号建立实数的向量对象。

```
> x <- 1.5:5.5          #设定向量变量对象包含1.5到5.5共5个元素
> x
[1] 1.5 2.5 3.5 4.5 5.5
> x <- -1.8:-3.8        #设定向量变量对象包含-1.8到-3.8共3个元素
> x
[1] -1.8 -2.8 -3.8
>
```

在建立向量对象时，如果写成 1.5:4.7，结果会如何呢？这相当于建立含下列元素的向量对象，1.5、2.5、3.5、4.5 共 4 个元素，至于多余部分即 4.5 至 4.7 之间的部分则可不理会。若向量对象的元素为负值时，依此类推。

实例 ch4_4：另一个使用序列号建立实数的向量对象。

```
> x <- 1.5:4.7          #设定向量变量对象包含1.5到4.5共4个元素
> x
[1] 1.5 2.5 3.5 4.5
> x <- -1.3:-5.2        #设定向量变量对象包含-1.3到-4.3共4个元素
> x
[1] -1.3 -2.3 -3.3 -4.3
>
```

4-1-2　简单向量对象的运算

向量对象的一个重要功能是向量对象在执行运算时，向量对象内的所有元素将同时执行运算。

实例 ch4_5：将每一个元素加 3 的执行情形。

```
> x <- 1:5
> y <- x + 3
> y
[1] 4 5 6 7 8
>
```

一个向量对象也可以与另一个向量对象相加。

实例 ch4_6：向量对象相加的实例。

```
> x <- 1:5
> y <- x + 6:10        #设定x向量加6:10向量，结果设定给向量y
> y
[1]  7  9 11 13 15
>
```

读至此节，相信各位读者一定已经感觉到 R 语言的强大功能了，如果上述指令使用非向量语言，则需使用循环指令处理每个元素，要好几个步骤才可完成。在执行向量对象元素的运算时，也可以处理不相同长度的向量对象运算，但先决条件是较长的向量对象的长度是较短的向量对象的长度的倍数。如果不是倍数，则会出现错误信息。

实例 ch4_7：不同长度的向量对象相加，出现错误信息的实例。

```
> x <- 1:5
> y <- x + 5:8
Warning message:
In x + 5:8 : 较长的对象长度并非较短对象长度的倍数
```

由于上述较长的向量对象有 5 个元素，较短向量对象有 4 个元素，所以较长向量的长度不是较短向量的长度的倍数，因此最后执行后出现警告信息。

实例 ch4_8：不同长度的向量对象相加，较长向量对象的长度是较短向量对象的长度的倍数的运算实例。

```
> x <- 1:3
> y <- x + 1:6
> y
[1] 2 4 6 5 7 9
>
```

上述的运算规则是，向量对象 y 的长度与较长的向量对象的长度相同，其长度是 6，较长向量对象的第 1 个元素与 1:3 的 1 相加，较长向量对象的第 2 个元素与 1:3 的 2 相加，较长向量对象的第 3 个元素与 1:3 的 3 相加，较长向量对象的第 4 个元素与 1:3 的 1 相加，较长向量对象的第 5 个元素与 1:3 的 2 相加，较长向量对象的第 6 个元素与 1:3 的 3 相加。未来如果碰上不同倍数的情况，运算规则可依此类推。

实例 ch4_9：下列是另一个不同长度向量对象相加的实例。

```
> x <- 1:5
> y <- 5
> x + y
[1] 6 7 8 9 10
>
```

在上述实例中，x 向量对象有 5 个元素，y 向量对象有 1 个元素，碰上这种加法，相当于每个 x 向量元素均加上 y 向量的元素值。过去的实例，在输出时，笔者均直接输入向量对象变量，即可在 Console 窗口打印此向量对象变量的值，在此例中，可以看到第 3 列，即使仍是一个数学运算，Console 窗口仍将打印此数学运算的结果。

4-1-3　建立向量对象函数 seq（）

seq（）函数可用于建立一个规则型的数值向量对象，它的使用格式如下所示。

seq（from, to, by = width, length.out = numbers）

上述 from 是数值向量对象的起始值，to 是数值向量对象的最终值，by 则指出每个元素的增值。如果省略 by 参数，同时没有 length.out 参数存在，则增值是 1 或 −1。length.out 参数字段可设定 seq（）函数所建立的元素个数。

实例 ch4_10 : 使用 seq () 建立规则型的数值向量对象。

```
> seq(1, 9)                    #建立1:9向量
[1] 1 2 3 4 5 6 7 8 9
> seq(1, 9, by = 2)           #建立1至9间增值为2的向量
[1] 1 3 5 7 9
> seq(1, 9, by = pi)          #建立1至9间增值为pi的向量
[1] 1.000000 4.141593 7.283185
> seq(1.5, 4.5, by = 0.5)     #建立1.5至4.5间增值为0.5的向量
[1] 1.5 2.0 2.5 3.0 3.5 4.0 4.5
> seq(1, 9, length.out = 5)   #建立1至9间元素个数为5的向量
[1] 1 3 5 7 9
>
```

4-1-4 连接向量对象函数 c ()

c () 函数中的 c 是 concatenate 的缩写。这个函数并不是一个建立向量对象的函数，只是一个将向量元素连接起来的函数。

实例 ch4_11 : 使用 c () 函数建立一个简单的向量对象。

```
> x <- c(1, 3, 7, 2, 9)       #一个含5个元素的向量
> x
[1] 1 3 7 2 9
>
```

上述 x 是一个向量对象，共有 5 个元素，分别是 1、3、7、2、9。

适当地为变量取一个容易记的变量名称，可以增加程序的可读性。例如，我们想建立 NBA 球星 Lin，2016 年前 6 场赛季进球数的向量对象，那么假设他的每场进球数如下所示。

7, 8, 6, 11, 9, 12

此时可用 baskets.NBA2016.Lin 当变量名称，相信这样处理后，即使程序放再久，也可以轻易了解程序内容。

实例 ch4_12 : 建立 NBA 球星进球数的向量对象。

```
> baskets.NBA2016.Lin <- c(7, 8, 6, 11, 9, 12)
> baskets.NBA2016.Lin
[1]  7  8  6 11  9 12
>
```

如果球星 Lin 的进球皆是 2 分球，则他每场得分如下。

实例 ch4_13 : 计算 NBA 球星的得分。

```
> baskets.NBA2016.Lin <- c(7, 8, 6, 11, 9, 12)
> scores.NBA2016.Lin <- baskets.NBA2016.Lin * 2
> scores.NBA2016.Lin
[1] 14 16 12 22 18 24
>
```

假设队友 Jordon 前 6 场进球数分别是 10, 5, 9, 12, 7, 11，我们可以用如下方式计算每场两个人

的得分总计。

实例 ch4_14：计算 NBA 球星 Lin 和 Jordon 的每场总得分。

```
> baskets.NBA2016.Lin <- c(7, 8, 6, 11, 9, 12)
> baskets.NBA2016.Jordon <- c(10, 5, 9, 12, 7, 11)
> total <- ( baskets.NBA2016.Jordon + baskets.NBA2016.Lin ) * 2
> total
[1] 34 26 30 46 32 46
>
```

先前介绍可以使用 c () 函数，将元素连接起来，其实也可以将两个向量对象连接起来，下面是将 Lin 和 Jordon 进球连接起来，结果是一个含 12 个元素的向量对象的实例。

实例 ch4_15：使用 c () 函数建立向量对象，其中 c () 函数内有多个向量对象参数。

```
> all.baskets.NBA2016 <- c(baskets.NBA2016.Lin, baskets.NBA2016.Jordon)
> all.baskets.NBA2016
 [1]  7  8  6 11  9 12 10  5  9 12  7 11
>
```

从上述执行结果可以看到，c () 函数保持了每个元素在向量对象内的顺序，这个功能很重要，因为未来我们要讲解如何从向量对象中存取元素值。

4-1-5　重复向量对象函数 rep ()

如果向量对象内某些元素是重复的，则可以使用 rep () 函数建立这类型的向量对象，它的使用格式如下所示。

rep (x, times = 重复次数 , each = 每次每个元素的重复次数 , length.out = 向量长度)

如果 rep () 函数内只含有 x 和 times 参数，则 "times =" 参数可省略。

实例 ch4_16：使用 rep () 函数建立向量对象的应用。

```
> rep(5, 5)                              #重复向量元素5，共5次
[1] 5 5 5 5 5
> rep(5, times = 5)                      #重复向量元素5，共5次
[1] 5 5 5 5 5
> rep(1:5, 3)                            #重复向量1:5，共3次
 [1] 1 2 3 4 5 1 2 3 4 5 1 2 3 4 5
> rep(1:3, times = 3, each = 2)          #重复向量1:3，共3次，每次 每个元素出现2次
 [1] 1 1 2 2 3 3 1 1 2 2 3 3 1 1 2 2 3 3
> rep(1:3, each = 2, length.out = 8)     #重复向量1:3，每个元素出现2次，每次向量元素个数是8
[1] 1 1 2 2 3 3 1 1
>
```

4-1-6　numeric () 函数

numeric () 也是一个建立函数，主要是可用于建立一个固定长度的向量对象，同时向量对象元素的默认值是 0。

实例 ch4_17：建立一个含 10 个元素的向量对象，同时这些向量对象元素的值皆为 0。

```
> x <- numeric(10)              #建立一个含10个元素值为0的向量
> x                            #验证结果
 [1] 0 0 0 0 0 0 0 0 0 0
>
```

4-1-7　程序语句跨行的处理

在本章 4-1-5 节的最后一个实例中，可以很明显看到 rep（）函数包含说明文字已超出一行，其实 R 语言是可以识别这行的命令未完，下一列是相同行的。除了上述情况外，下列是几种可能发生程序跨行的情况。

1） 该行以数学符号（ +、−、*、/ ）作结尾，此时 R 语言的编译程序会知道下一行是接续此行的。

实例 ch4_18：以数学符号作结尾，了解程序语句跨行的处理。

```
> all.baskets.NBA2016 <- baskets.NBA2016.Jordon +
+                        baskets.NBA2016.Lin
> all.baskets.NBA2016
[1] 17 13 15 23 16 23
>
```

2） 使用左括号"（"，R 编辑器会知道在下一行出现的片断数据是同一括号内的命令，直至出现右括号"）"，才代表命令结束。

实例 ch4_19：使用左括号"（"和右括号"）"，了解程序跨列的处理。

```
> x <- rep(1:5, times = 2,)
> x <- rep(1:5, times = 2,
+          each = 2)
> x
 [1] 1 1 2 2 3 3 4 4 5 5 1 1 2 2 3 3 4 4 5 5
>
```

3） 字符串是指双引号间的文字字符，在设定字符串时，如果有了第一个双引号，但尚未出现第二个双引号，R 语言编辑器可以知道下一行出现的字符串是同一字符串向量变量的数据，但此时换行字符 "/n" 将被视为字符串的一部分。

　有关字符串数据的概念，将在 4-4 节说明。

实例 ch4_20：使用字符串，了解程序语句跨行的处理。

```
> coffee.Knowledge <- "Coffee is mainly produced
+ in frigid regions."
> coffee.Knowledge
[1] "Coffee is mainly produced\nin frigid regions."
>
```

4-2 常见向量对象的数学运算函数

研读至此，如果你学过其他高级计算机语言，你会发现向量对象变量已经取代了一般计算机程序语言的变量，这是一种新的思维，同时如果你阅读本节的常用向量对象的数学运算函数后，你将发现为何 R 这么受到欢迎。

1. 常见运算函数

sum（）：可计算所有元素的和。

max（）：可计算所有元素的最大值。

min（）：可计算所有元素的最小值。

mean（）：可计算所有元素的平均值。

实例 ch4_21： sum（）、max（）、min（）和 mean（）函数的应用。

```
> baskets.NBA2016.Lin <- c(7, 8, 6, 11, 9, 12)
> sum(baskets.NBA2016.Lin)          #计算Lin的总进球数
[1] 53
> max(baskets.NBA2016.Lin)          #计算Lin的最高进球数
[1] 12
> min(baskets.NBA2016.Lin)          #计算Lin的最低进球数
[1] 6
> mean(baskets.NBA2016.Lin)         #计算Lin的平均进球数
[1] 8.833333
>
```

此外，这几个函数也可以在括号内放上几个向量对象变量执行运算。

实例 ch4_22： sum（）、max（）和 min（）函数的参数含有多个向量对象变量的应用。

```
> baskets.NBA2016.Jordon <- c(10, 5, 9, 15, 7, 11)
> baskets.NBA2016.Lin <- c(7, 8, 6, 11, 9, 12)
> sum(baskets.NBA2016.Lin, baskets.NBA2016.Jordon)  #计算2人的总进球数
[1] 110
> max(baskets.NBA2016.Lin, baskets.NBA2016.Jordon)  #计算2人的最高进球数
[1] 15
> min(baskets.NBA2016.Lin, baskets.NBA2016.Jordon)  #计算2人的最低进球数
[1] 5
>
```

2. prod（）函数

prod（）：计算所有元素的积。

实例 ch4_23： 使用 prod（）执行阶乘的运算。

```
> prod(1:5)             #计算从1乘到5，相当于factorial(5)
[1] 120
>
```

这个函数可以用在排列组合，假设有 5 个数字，请问有几种组合。在实际操作前，各位可以先简化，假设有两个数字，会有多少种排列方式? 很容易，是两种排列方式。那有 3 个数字呢? 是 6 种排列方式。如果是 4 个数字呢? 是 24 种排列方式。

实例 ch4_24: 有 2、3 或 4 个数字，计算排列组合方法有多少种的应用。

```
> prod(1:2)
[1] 2
> prod(1:3)
[1] 6
> prod(1:4)
[1] 24
>
```

3. 累积运算函数

cumsum (): 计算所有元素的累积和。

cumprod (): 计算所有元素的累积积。

cummax (): 可返回各元素从向量起点到该元素位置间所有元素的最大值。

cummin (): 可返回各元素从向量起点到该元素位置间所有元素的最小值。

实例 ch4_25: 累积函数的应用。

```
> baskets.NBA2016.Jordon
[1] 10  5  9 15  7 11
> cumsum(baskets.NBA2016.Jordon)
[1] 10 15 24 39 46 57
> cumprod(baskets.NBA2016.Jordon)
[1]     10     50    450   6750  47250 519750
> cummax(baskets.NBA2016.Jordon)
[1] 10 10 10 15 15 15
> cummin(baskets.NBA2016.Jordon)
[1] 10  5  5  5  5  5
>
```

4. 差值运算函数

diff (): 返回各元素与下一个元素的差。

由于是传回每个元素与下一个元素的差值，所以结果向量对象会比原先向量对象少一个元素。

实例 ch4_26: diff () 函数的应用。

```
> baskets.NBA2016.Jordon
[1] 10  5  9 15  7 11
> diff(baskets.NBA2016.Jordon)
[1] -5  4  6 -8  4
>
```

5. 排序函数

sort（x, decreasing = FALSE）: 默认是从小排到大，所以如果是从小排到大，则可以省略

decreasing 参数。如果设定"decreasing = TRUE",则是从大排到小。

rank():传回向量对象,这个向量对象的内容是原向量对象的各元素在原向量对象按从小排到大排序后所得向量对象中的位次。

rev():这个函数可将向量对象颠倒排列。

实例 ch4_27:排序函数的应用。

```
> baskets.NBA2016.Jordon
[1] 10  5  9 15  7 11
> sort(baskets.NBA2016.Jordon)                    #从小排到大
[1]  5  7  9 10 11 15
> sort(baskets.NBA2016.Jordon, decreasing = TRUE) #从大排到小
[1] 15 11 10  9  7  5
> rank(baskets.NBA2016.Jordon)
[1] 4 1 3 6 2 5
>
```

实例 ch4_28:向量颠倒排列的应用。

```
> x <- c(7, 11, 4, 9, 6)
> rev(x)
[1]  6  9  4 11  7
>
```

6. 计算向量对象长度的函数

length():可计算向量对象的长度,也就是向量对象元素个数。

实例 ch4_29:计算向量对象的长度。

```
> baskets.NBA2016.Jordon          #先检查此向量的元素内容
[1] 10  5  9 15  7 11
> x <- baskets.NBA2016.Jordon      #列出此向量的元素个数
> length(x)
[1] 6
>
```

很明显向量对象的元素有 6 个,所以传回长度是 6。

7. 基本统计函数

sd():计算样本的标准偏差。

var():计算样本的变异数。

实例 ch4_30:基本统计函数的使用。

```
> sd(c(11, 15, 18))
[1] 3.511885
> var(14:16)
[1] 1
>
```

4-3　考虑 Inf、−Inf、NA 的向量运算

前一小节所介绍的向量对象是允许元素含有正无限大 Inf、负无限大 −Inf 和缺失值 NA（Not Available）。任何整数或实数值与 Inf 相加，结果均是 Inf。任何整数或实数值与 −Inf 相加，结果均是 −Inf。

实例 ch4_31：向量对象运算，其中函数内含 Inf 和 −Inf。

```
> max(c(43, 98, Inf))
[1] Inf
> sum(c(33, 98, Inf))
[1] Inf
> min(c(43, 98, Inf))
[1] 43
> min(c(43, 98, -Inf))
[1] -Inf
> sum(c(65, -Inf, 999))
[1] -Inf
>
```

如果函数中的向量对象的参数包含 NA，则运算结果是 NA。

实例 ch4_32：向量对象运算，其中函数的参数内含 NA。

```
> max(c(98, 54, 123, NA))
[1] NA
>
```

为了克服向量对象的元素可能有缺失值 NA 的情形，通常在函数内加上"na.rm = TRUE"参数，这样当函数碰上有向量对象的参数是 NA 时，也可正常运算了。

实例 ch4_33：向量对象运算，其中向量对象的元素内含 NA，同时函数的参数含"na.rm = TRUE"。

```
> max(c(98, 54, 123, NA), na.rm = TRUE)
[1] 123
> sum(c(100, NA, 200), na.rm = TRUE)
[1] 300
> min(c(98, 54, 123, NA), na.rm = TRUE)
[1] 54
>
```

特别需要注意的是，diff () 函数与累积函数 cummax () 和 cummin ()，无法使用去掉缺失值 NA 的参数"na.rm = TRUE"。

实例 ch4_34：diff () 和累积函数无法使用"na.rm = TRUE"参数的实例。

```
> x <- c(9, 7, 11, NA, 1)
> cummin(x)
[1]  9  7  7 NA NA
> cummax(x)
[1]  9  9 11 NA NA
> diff(x)
[1] -2  4 NA NA
>
```

上述 cummin（）和 cummax（）函数由于计算到第 4 个向量对象的元素碰上 NA，自此以后的结果皆以 NA 表示。对于 diff（）函数而言，第 3 个元素 11 和第 4 个元素 NA 比较是传回 NA，第 4 个元素 NA 和第 5 个元素 1 比较也是传回 NA。

4-4　R 语言的字符串数据的属性

至今所介绍的向量对象数据大都是整数，其实常见的 R 语言是可以有下列数据型态的。

integer：整数。

double：R 语言在处理实数运算时，默认是用双倍精度实数计算和储存。

character：字符串。

处理字符串向量对象与处理整数向量对象类似，可以使用 c（）函数建立字符串向量，应特别留意字符串可以用双引号（" "）也可以用单引号（' '）包夹。

实例 ch4_35：建立一个字符串向量对象，并验证结果，本实例同时用双引号（"）和单引号（'）包夹。

```
> x <- c("Hello R World")
> x
[1] "Hello R World"
> x.New <- ('Hello R World')
> x.New
[1] "Hello R World"
>
```

实例 ch4_36：另外两种字符串向量对象的建立。

```
> x1 <- c("H", "e", "l" , "l", "o")
> x1
[1] "H" "e" "l" "l" "o"
> x2 <- c("Hello", "R", "World")
> x2
[1] "Hello" "R"     "World"
>
```

本章 4-2 节所介绍的 length（）函数也可应用于字符串向量对象，可由此了解向量对象的长度（即元素的个数）。请留意，必须接着上述实例，执行下列实例。

实例 ch4_37：延续上一个实例，计算向量对象的长度。

```
> length(x)
[1] 1
> length(x1)
[1] 5
> length(x2)
[1] 3
>
```

nchar () 函数可用于列出字符串向量对象每一个元素的字符数。

实例 ch4_38：延续上一个实例，计算向量对象每一个元素的字符数。

```
> nchar(x)
[1] 13
> nchar(x1)
[1] 1 1 1 1 1
> nchar(x2)
[1] 5 1 5
>
```

对上述两个实例的运行结果进行综合整理，结果如下所示。

"Hello R World"：向量对象的长度是 1，字符数是 13。

"H""e""l""l""o"：向量对象的长度是 5，每一个元素的字符数是 1。

"Hello""R""World"：向量对象的长度是 3，每一个元素的字符数分别是 5、1、5。

4-5　探索对象的属性

4-5-1　探索对象元素的属性

至今笔者已介绍整数向量对象、实数向量对象、字符串向量对象。在 R 语言程序的设计过程中，可能会有一时无法知道对象变量元素属性的情形，这时可以使用下列函数判断对象属性，判断结果如果是真则传回 TRUE，否则传回 FALSE。

❏ is.integer ()：用于判断对象元素是否为整数。

❏ is.numeric ()：用于判断对象元素是否为数字。

❏ is.double ()：用于判断对象元素是否为双倍精度实数。

❏ is.character ()：用于判断对象元素是否为字符串。

实例 ch4_39：判断对象元素是否为整数的应用。

```
> x1 <- c(1:5)          #整数向量
> x2 <- c(1.5, 2.5)     #实数向量
> x3 <- c("Hello")      #字符串向量
> is.integer(x1)
[1] TRUE
> is.integer(x2)
[1] FALSE
> is.integer(x3)
[1] FALSE
>
```

对以下实例而言，x1、x2、x3 对象内容与上述相同。

实例 ch4_40：判断对象元素是否为数字的应用。

```
> is.numeric(x1)
[1] TRUE
> is.numeric(x2)
[1] TRUE
> is.numeric(x3)
[1] FALSE
>
```

实例 ch4_41：判断对象元素是否为双倍精度实数的应用。

```
> is.double(x1)
[1] FALSE
> is.double(x2)
[1] TRUE
> is.double(x3)
[1] FALSE
>
```

实例 ch4_42：判断对象元素是否为字符串的应用。

```
> is.character(x1)
[1] FALSE
> is.character(x2)
[1] FALSE
> is.character(x3)
[1] TRUE
>
```

4-5-2 探索对象的结构

str（）函数可用于探索对象的结构。对于向量对象而言，可由此了解对象的数据类型、长度和元素内容。

实例 ch4_43：探索对象的结构。

```
> baskets.NBA2016.Lin        #先了解向量对象内容
[1]  7  8  6 11  9 12
> str(baskets.NBA2016.Lin) #验证与了解向量结构
 num [1:6] 7 8 6 11 9 12
>
```

从上述执行结果可知 baskets.NBA2016.Lin 对象的结构是数据类型为 num（数值），有 1 个维度，长度是 6，元素内容分别是 7、8、6、11、9、12。如果元素太多，则只列出部分元素内容。下列是查询字符串对象 x1 和 x2 的结构的实例。

实例 ch4_44：探索另外两个对象的结构。

```
> x1 <- c("H", "e", "l", "l", "o")        #建立对象x1
> str(x1)
```

```
 chr [1:5] "H" "e" "l" "l" "o"
> x2 <- c("Hello", "R", "World")          #建立对象x2
> str(x2)
 chr [1:3] "Hello" "R" "World"
>
```

4-5-3 探索对象的数据类型

对于向量对象而言，可以使用 class () 函数，了解此对象元素的数据类型。

实例 ch4_45：class () 函数的应用，了解对象元素的数据类型。

```
> x1 <- c(1:5)
> x2 <- c(1.5, 2.5)
> x3 <- c("Hello!")
> class(x1)
[1] "integer"
> class(x2)
[1] "numeric"
> class(x3)
[1] "character"
>
```

需特别留意的是，如果向量对象内的元素同时包含整数、实数、字符时，若使用 class () 判别它的数据类型，将返回 "character"（字符）。

```
> x4 <- c(x1, x2, x3)
> class(x4)
[1] "character"
>
```

4-6 向量对象元素的存取

4-6-1 使用索引取得向量对象的元素

了解向量对象的概念后，本节将介绍如何取得向量内的元素，由先前实例可以看到每一个数据输出时输出数据左边均有 "[1]"，中括号内的 "1" 代表索引值，表示是向量对象的第 1 个元素。R 语言与 C 语言不同，它的索引（Index）值是从 1 开始（C 语言从 0 开始）的。

实例 ch4_46：认识向量对象的索引。

```
> numbers_List <- 25:1
> numbers_List
 [1] 25 24 23 22 21 20 19 18 17 16 15 14 13 12 11 10  9  8  7  6  5  4
[23]  3  2  1
>
```

在上述实例中，numbers_List 向量对象的第 1 个元素是 25，对应索引 [1]，第 2 个元素是 24，对应索引 [2]，第 23 个元素是 3，对应索引 [23]。

实例 ch4_47：延续前一实例，分别从向量对象 numbers_List 取得第 3 个数据、第 19 个数据和第 24 个数据的实例。

```
> numbers_List[3]
[1] 23
> numbers_List[19]
[1] 7
> numbers_List[24]
[1] 2
>
```

上述只是很普通的指令，R 语言的酷炫之处在于索引也可以是一个向量对象，这个向量对象可用 c ( ) 函数建立起来。所以可以用下列简单的指令取代上述指令，取得索引值为 3、19 和 24 的值。

实例 ch4_48：延续前一实例，索引也可以是向量的应用实例。

```
> numbers_List[c(3, 19, 24)]
[1] 23  7  2
>
```

此外，我们也可以用下列已建好的向量对象当作索引取代上述实例。

实例 ch4_49：延续前一实例，索引也可以是向量对象的另一个应用实例。

```
> index_List <- c(3, 19, 24)
> numbers_List[index_List]
[1] 23  7  2
>
```

其实上述利用索引取得原向量部分元素（也可称子集）的过程为取子集（Subsetting）。

4-6-2 使用负索引挖掘向量对象内的部分元素

我们可以利用索引取得向量对象的元素，也可以利用索引取得向量对象内不含特定索引所对应元素的部分元素，方法是使用负索引。

实例 ch4_50：取得向量对象内不含第 2 个元素以外的所有其他元素。

```
> numbers_List         #原先向量内容
 [1] 25 24 23 22 21 20 19 18 17 16 15 14 13 12 11 10  9  8  7  6
[21]  5  4  3  2  1
> new numbers_List <- numbers_List[-2]
> new numbers_List     #新向量内容
 [1] 25 23 22 21 20 19 18 17 16 15 14 13 12 11 10  9  8  7  6  5
[21]  4  3  2  1
>
```

由上述实例可以看到 newnumber_List 向量对象不含元素 "24"。此外，负索引也可以是一个向量对象，因此也可以利用此特性取得负索引向量对象所指以外的元素。

实例 ch4_51：负索引也可以是一个向量对象的应用，下列是取得除第 1 个到第 15 个以外元素的实例。

```
> numbers_List        #原先向量内容
 [1] 25 24 23 22 21 20 19 18 17 16 15 14 13 12 11 10 9 8 7 6 5
[21] 4 3 2 1
> new numbers_List <- numbers_List[-(1:15)]
> new numbers_List    #新向量内容
[1] 10 9 8 7 6 5 4 3 2 1
>
```

需留意的是索引内是使用 "–（1:15）"，而不是 "–1:15"。可参考下列实例。

实例 ch4_52：错误使用索引的实例。

```
> numbers_List[-1:15]
Error in numbers_List[-1:15]：只有负数下标中才能有 0
>
```

4-6-3　修改向量对象元素值

使用向量对象做数据记录时，难免会有错，碰上这类情况，可以使用本节的方法修改向量对象元素值。下列是将 Jordon 第 2 场进球数修改为 8 的实例。

实例 ch4_53：修改向量对象元素值的应用实例。

```
> baskets.NBA2016.Jordon           # 列出各场次的进球数
[1] 10 5 9 15 7 11
> baskets.NBA2016.Jordon[2] <- 8   # 修正第2场进球数为8
> baskets.NBA2016.Jordon           # 验证结果
[1] 10 8 9 15 7 11
>
```

从上述结果，可以看到第 2 场进球数已经修正为 8 球了。此外，上述修改向量对象的索引参数也可以是一个向量对象，例如，假设第 1 场和第 6 场，Jordon 的进球数皆是 12，此时可使用下列方式修正。

实例 ch4_54：一次修改多个向量对象元素的应用实例。

```
> baskets.NBA2016.Jordon               #列出各场次的进球数
[1] 10 8 9 15 7 11
> baskets.NBA2016.Jordon[c(1, 6)] <- 12   #修正新的进球数
> baskets.NBA2016.Jordon               #验证结果
[1] 12 8 9 15 7 12
>
```

当修改向量对象元素数据时，原始数据就没了，所以建议各位读者，在修改前可以先建立一份备份，下列是实例。

实例 ch4_55：修改向量对象前，先做备份的应用实例。

```
> baskets.NBA2016.Jordon            #列出各场次的进球数
[1] 12  8  9 15  7 12
> copy.baskets.NBA2016.Jordon <- baskets.NBA2016.Jordon    #建立备份
> baskets.NBA2016.Jordon            #列出Jordon进球数
[1] 12  8  9 15  7 12
> copy.baskets.NBA2016.Jordon       #列出Jordon的备份结果
[1] 12  8  9 15  7 12
>
```

实例 ch4_56：下列是将 Jordon 第 6 场进球数修改为 14 的实例。

```
> baskets.NBA2016.Jordon            #列出各场次的进球数
[1] 12  8  9 15  7 12
> baskets.NBA2016.Jordon[6] <- 14   #修正第6场进球数
> baskets.NBA2016.Jordon            #检查结果
[1] 12  8  9 15  7 14
> copy.baskets.NBA2016.Jordon       #列出原先备份的向量元素值
[1] 12  8  9 15  7 12
>
```

由上述实例可以看到 Jordon 第 6 场进球数已经被修正为 14。如果现在想将 Jordon 的各场次进球数数据复原为原先备份的向量对象的值，可参考下列实例。

实例 ch4_57：复原原先备份的向量对象的应用实例。

```
> baskets.NBA2016.Jordon            #列出各场次的进球数
[1] 12  8  9 15  7 14
> copy.baskets.NBA2016.Jordon       #列出原先备份的向量元素值
[1] 12  8  9 15  7 12
> baskets.NBA2016.Jordon <- copy.baskets.NBA2016.Jordon    #回复原先的备份值
> baskets.NBA2016.Jordon            #验证结果
[1] 12  8  9 15  7 12
>
```

4-6-4　认识系统内建的数据集 letters 和 LETTERS

本小节将以 R 语言系统内建的数据集 letters 和 LETTERS 为例，讲解如何取得向量的部分元素或称取子集（Subsetting）。

实例 ch4_58：认识系统内建的数据集 letters 和 LETTERS。

```
> letters
 [1] "a" "b" "c" "d" "e" "f" "g" "h" "i" "j" "k" "l" "m" "n" "o" "p" "q"
[18] "r" "s" "t" "u" "v" "w" "x" "y" "z"
> LETTERS
 [1] "A" "B" "C" "D" "E" "F" "G" "H" "I" "J" "K" "L" "M" "N" "O" "P" "Q"
[18] "R" "S" "T" "U" "V" "W" "X" "Y" "Z"
>
```

实例 ch4_59：取得 letters 对象索引值 10 和 18 所对应的元素。

```
> letters[c(10, 18)]
[1] "j" "r"
>
```

实例 ch4_60：取得 LETTERS 对象索引值 21 至 26 所对应的元素。

```
> LETTERS[21:26]
[1] "U" "V" "W" "X" "Y" "Z"
>
```

对前面的实例而言，由于我们知道有 26 个字母，所以可用 "21:26" 取得后面 6 个元素。但是有许多数据集，我们不知道它们的元素个数，应该怎么办？R 语言提供 tail（）函数，可解决这方面的困扰，可参考下列实例。

实例 ch4_61：使用 tail（）函数取得 LETTERS 对象最后 8 个元素。并且测试，如果省略第 2 个参数，会列出多少个元素。

```
> tail(LETTERS, 8)
[1] "S" "T" "U" "V" "W" "X" "Y" "Z"
> tail(LETTERS)
[1] "U" "V" "W" "X" "Y" "Z"
>
```

有上述实例可知，tail（）函数的第一个参数是数据集的对象名称，第二个参数是预计取得多少元素，如果省略第二个参数，则系统自动返回 6 个元素。head（）函数的使用方式与 tail（）函数相同，但是返回数据集的最前面的元素。

实例 ch4_62：使用 head（）函数取得 LETTERS 对象的前 8 个元素。并且测试，如果省略第 2 个参数，会列出多少个元素。

```
> head(LETTERS, 8)
[1] "A" "B" "C" "D" "E" "F" "G" "H"
> head(LETTERS)
[1] "A" "B" "C" "D" "E" "F"
>
```

4-7 逻辑向量（Logical Vector）

4-7-1 基本应用

在先前介绍的函数运算中，笔者偶尔穿插使用了 TRUE 和 FALSE，这个值在 R 语言中被称为逻辑值（Logical Vaule），这一节将对此作一个完整的说明。有些函数在使用时会返回 TRUE 或

FALSE，例如，3-4 节所介绍的 is.finite ()、is.infinite ()。基本原则是，如果函数执行结果是真，则返回 TRUE，如果是假，则返回 FALSE。这两个值对于程序流程的控制很重要，未来章节会作详细的说明。

本节主要介绍含逻辑值的向量对象，当一个函数内的参数含有逻辑向量对象时，整个 R 语言的设计将显得可更灵活。R 语言可以用比较两个值的方式返回逻辑值，如下表所示。

运算式	说明
x == y	如果 x 等于 y，则传回 TRUE
x ! = y	如果 x 不等于 y，则传回 TRUE
x > y	如果 x 大于 y，则传回 TRUE
x > = y	如果 x 大于或等于 y，则传回 TRUE
x < y	如果 x 小于 y，则传回 TRUE
x < = y	如果 x 小于或等于 y，则传回 TRUE
x & y	相当于 AND 运算，如果 x 和 y 均是 TRUE，则传回 TRUE
x l y	相当于 OR 运算，如果 x 或 y 是 TRUE，则传回 TRUE
! x	相当于 NOT 运算，传回非 x
xor（x, y）	相当于 XOR 运算，如果 x 和 y 不同，则传回 TRUE

对于上述比较的表达式而言，x 和 y 也可以是一个向量对象。

实例 ch4_63：下列实例是如果 Jordon 在比赛中的进球数高于 10 球则输出 TRUE，否则输出 FALSE。

```
> baskets.NBA2016.Jordon              #了解Jordon的各场次进球数
[1] 12  8  9 15  7 12
> baskets.NBA2016.Jordon > 10
[1]  TRUE FALSE FALSE  TRUE FALSE  TRUE
>
```

which () 函数所使用的参数是一个比较表达式，可以列出符合条件的索引值，相当于可以找出向量对象中的哪些元素是符合条件。

实例 ch4_64：下列实例是列出 Jordon 进球数超过 10 球的场次。

```
> baskets.NBA2016.Jordon              #了解Jordon的各场次进球数
[1] 12  8  9 15  7 12
> which(baskets.NBA2016.Jordon > 10)
[1] 1 4 6
>
```

which.max ()：可列出最大值的第 1 个索引值。

which.min ()：可列出最小值的第 1 个索引值。

一个向量对象的最大值可能会出现好几次，分别对应不同的索引，which.max () 函数则只列出第 1 个出现的最大值所对应索引值。which.min（）意义相同，除了是列出最小值所对应的索引值。

实例 ch4_65：下列实例是列出进球数最多和最少的场次。

```
> baskets.NBA2016.Jordon          #了解Jordon的各场次进球数
[1] 12 8 9 15 7 12
> which.max(baskets.NBA2016.Jordon)
[1] 4
> which.min(baskets.NBA2016.Jordon)
[1] 5
>
```

实例 ch4_66：下列实例是将 Jordon 和 Lin 作比较，同时列出 Jordon 进球数较多的场次。

```
> baskets.NBA2016.Jordon          #了解Jordon的各场次进球数
[1] 12 8 9 15 7 12
> baskets.NBA2016.Lin             #了解Lin的各场次进球数
[1] 7 8 6 11 9 12
> best.baskets <- baskets.NBA2016.Jordon > baskets.NBA2016.Lin
> which(best.baskets)
[1] 1 3 4
>
```

在上述实例中，可以发现 Jordon 和 Lin 有两场比赛进球数相同，如果修改，列出 Jordon 与 Lin 进球数相同或 Jordon 进球数较多的场次，则可以参考下列实例。

实例 ch4_67：列出 Jordon 与 Lin 进球数相同或 Jordon 进球数较多的场次。

```
> baskets.NBA2016.Jordon          #了解Jordon的各场次进球数
[1] 12 8 9 15 7 12
> baskets.NBA2016.Lin             #了解Lin的各场次进球数
[1] 7 8 6 11 9 12
> best.baskets <- baskets.NBA2016.Jordon >= baskets.NBA2016.Lin
> which(best.baskets)
[1] 1 2 3 4 6
>
```

当然我们也可以继续延伸使用 best.baskets 向量对象。

实例 ch4_68：下列实例是使用 best.baskets 向量对象列出 Jordon 在得分较多或与 Lin 相同的比赛中的实际进球数，同时也列出 Lin 的进球数。

```
> baskets.NBA2016.Jordon[best.baskets]
[1] 12 8 9 15 12
> baskets.NBA2016.Lin[best.baskets]
[1] 7 8 6 11 12
>
```

4-7-2 对 Inf、-Inf 和缺失值 NA 的处理

使用逻辑表达式进行筛选满足一定条件的值时，若是碰上 NA，会如何呢。请看下列实例。

实例 ch4_69：NA 在逻辑表达式中的应用。

```
> x <- c(9, 1, NA, 8, 6)
> x[x > 5]
[1]  9 NA  8  6
>
```

从上述实例看，好像是 NA 大于 5，所以 NA 也返回。

非也。

任何比较，对于 NA 而言均是返回 NA，可参考下列实例。

实例 ch4_70：NA 在逻辑表达式中的另一个应用。

```
> x <- c(9, 1, NA, 8, 6)
> x > 5
[1]  TRUE FALSE    NA  TRUE  TRUE
>
```

接下来考虑的是 Inf 和 –Inf，可参考下列的实例。

实例 ch4_71：Inf 在逻辑表达式中的应用。

```
> x <- c(9, 1, Inf, 8, 6)
> x[x > 5]
[1]   9 Inf   8   6
>
```

由上述实例可知，Inf 的确大于 5 所以上述也返回 Inf。可以用下列实例验证这个结果。

实例 ch4_72：Inf 在逻辑表达式中的另一个应用。

```
> x <- c(9, 1, Inf, 8, 6)
> x > 5
[1]  TRUE FALSE  TRUE  TRUE  TRUE
>
```

很明显，当比较 Inf 是否大于 5 时，是返回 TRUE 的。接下来，下列是用 –Inf 测试的实例。

实例 ch4_73：–Inf 在逻辑表达式中的应用。

```
> x <- c(9, 1, -Inf, 8, 6)
> x[x > 5]
[1] 9 8 6
> x > 5
[1]  TRUE FALSE FALSE  TRUE  TRUE
>
```

很明显，–Inf 是小于 5 的，所以返回 FALSE。

4-7-3　多组逻辑表达式的应用

再度使用 Jordon 的进球数，下列实例可得到 Jordon 的最高进球数和最低进球数。

实例 ch4_74：得到 Jordon 的最高进球数和最低进球数。

```
> baskets.NBA2016.Jordon              #了解Jordon的各场次进球数
[1] 12  8  9 15  7 12
> max.baskets.Jordon <- max(baskets.NBA2016.Jordon)
> min.baskets.Jordon <- min(baskets.NBA2016.Jordon)
>
```

有了以上数据，可用下列方法求得某区间的数据。

实例 ch4_75：下列是列出不是最高进球数和最低进球数的场次和进球数。

```
> max.baskets.Jordon <- max(baskets.NBA2016.Jordon)      #最高进球数
> min.baskets.Jordon <- min(baskets.NBA2016.Jordon)      #最低进球数
> lower.baskets <- baskets.NBA2016.Jordon < max.baskets.Jordon  #非最高进球场次
> upper.baskets <- baskets.NBA2016.Jordon > min.baskets.Jordon  #非最低进球场次
> range.basket.Jordon <- lower.baskets & upper.baskets   #我们要的区间场次
> which(range.basket.Jordon)                             #列出我们要的区间场次
[1] 1 2 3 6
> baskets.NBA2016.Jordon[range.basket.Jordon]            #列出区间场次的进球数
[1] 12  8  9 12
>
```

由上述运算可知，lower.baskets 是得到非最高进球数的场次 [1, 2, 3, 5, 6]，upper.baskets 是得到非最低进球数的场次 [1, 2, 3, 4, 6]，接着我们用逻辑运算符号 "&"，可以得到非最高进球数与最低进球数的场次是 [1, 2, 3, 6]。

4-7-4 NOT 表达式

由 4-7-2 节的实例可知，若向量对象中含缺失值 NA，会造成我们使用时的错乱，当碰上这类状况时，可先用 is.na () 函数判断向量对象中是否含有 NA，然后再用 "!is.na ()"，即可剔除 NA，可参考下列实例。

实例 ch4_76：NOT 表达式和 is.na () 函数的应用。

```
> x <- c(9, 1, NA, 8, 6)
> x[x > 5 & !is.na(x)]
[1] 9 8 6
>
```

若与本章 4-7-2 节的实例作比较，则可以看到 NA 被剔除了。

4-7-5 逻辑值 TRUE 和 FALSE 的运算

R 语言和其他高级语言一样（例如 C 语言），可以将 TRUE 视为 1，将 FALSE 视为 0 使用。下列实例可列出，Jordon 共有几场进球数比 Lin 多或一样多。

实例 ch4_77：列出 Jordon 共有几场进球数比 Lin 多或一样多。

```
> baskets.NBA2016.Jordon         #了解Jordon的各场次进球数
[1] 12  8  9 15  7 12
```

```
> baskets.NBA2016.Lin          #了解Lin的各场次进球数
[1]  7  8  6 11  9 12
> better.baskets <- baskets.NBA2016.Jordon >= baskets.NBA2016.Lin
> sum(better.baskets)
[1] 5
>
```

any () 函数的用法是，只要参数向量对象有 1 个元素是 TRUE，则返回 TRUE。

实例 ch4_78：any () 函数的应用。

```
> baskets.NBA2016.Jordon        #了解Jordon的各场次进球数
[1] 12  8  9 15  7 12
> baskets.NBA2016.Lin          #了解Lin的各场次进球数
[1]  7  8  6 11  9 12
> better.baskets <- baskets.NBA2016.Jordon > baskets.NBA2016.Lin
> any(better.baskets)
[1] TRUE
>
```

在上述实例中，笔者将 better.baskets 调整为 Jordon 的进球数须大于 Lin 的进球数，才传回 TRUE。由于仍有 3 场 Jordon 的进球数是大于 Lin 的，所以 any () 函数返回 TRUE。

另外一个常用函数是 all ()，用法是，所有参数必须均是 TRUE，才返回 TRUE。

实例 ch4_79：all () 函数的应用。

```
> baskets.NBA2016.Jordon        #了解Jordon的各场次进球数
[1] 12  8  9 15  7 12
> baskets.NBA2016.Lin          #了解Lin的各场次进球数
[1]  7  8  6 11  9 12
> better.baskets <- baskets.NBA2016.Jordon >= baskets.NBA2016.Lin
> all(better.baskets)
[1] FALSE
>
```

在上述实例，笔者将 better.baskets 调整为 Jordon 的进球数须大于或等于 Lin 的进球数，才返回 TRUE。虽然有 5 场 Jordon 的进球数是大于 Lin，但仍有 1 场 Jordon 的进球数小于 Lin，因此 all () 函数返回 FALSE。

4-8 不同长度向量对象相乘的应用

在实例 ch4_7 和 ch4_8 中笔者介绍了，两个不相同长度向量对象相加的实例，本节将讲解两个不同长度向量对象相乘的应用实例。不同长度向量对象相乘的基本原则是，长的向量对象是短的向量对象的倍数。本节将直接以实例作说明。

实例 ch4_80：假设 baskets.Balls.Jordon 向量对象，奇数元素是单场 2 分球的进球数，偶数元素是单场 3 分球的进球数，请由此数据求出 Jordon 的总得分及平均得分。

```
> #列出6场球赛2分球和3分球的进球数
> baskets.Balls.Jordon <- c(12, 3, 8, 2, 9, 4, 15, 5, 7, 2, 12, 3)
```

```
> scores.Jordon <- baskets.Balls.Jordon * c(2, 3)        #计算得分向量
> scores.Jordon                                          #列出得分向量
 [1] 24  9 16  6 18 12 30 15 14  6 24  9
> sum(scores.Jordon)                                     #列出Jordon 6场比赛总得分
[1] 183
> scores.Average.Jordon <- sum(scores.Jordon) / 6        #求出Jordon 6场比赛平均得分
> scores.Average.Jordon                                  #列出Jordon 6场比赛平均得分
[1] 30.5
>
```

由上述实例可以看到 baskets.Balls.Jordon 的奇数元素会乘以 c（2, 3）中的 2，偶数元素会乘以 c（2, 3）中的 3，所以可以产生得分 scores.Jordon 向量对象，其中奇数元素是 2 分球产生的分数，偶数元素是 3 分球产生的分数。接着可以很轻松地计算 6 场比赛的总得分和平均得分。

4-9 向量对象的元素名称

4-9-1 建立简单含元素名称的向量对象

虽然我们可以使用索引很方便地取得向量对象的元素，R 语言有一个强大的功能是为向量对象的每一个元素命名，未来我们也可以利用对象的元素名称引用元素内容。下列是建立向量对象，同时给对象元素命名的方法。

object <- c（name1 = data1, name2 = data2, …）

实例 ch4_81：为 Jordon 的前三场 NBA 比赛的得分，建立一个含元素名称的向量对象。在本实例中，除了建立此含元素名称的向量对象 baskets.NBA.Jordon 外，同时列出各元素名称、元素值和此对象的结构。

```
> baskets.NBA.Jordon <- c(first = 28, second = 31, third = 35)
> baskets.NBA.Jordon[1]
first
   28
> baskets.NBA.Jordon[2]
second
   31
> baskets.NBA.Jordon[3]
third
   35
> str(baskets.NBA.Jordon)
 Named num [1:3] 28 31 35
 - attr(*, "names")= chr [1:3] "first" "second" "third"
>
```

4-9-2 names（）函数

使用 names（）函数可以查询向量对象元素的名称，也可更改向量对象元素的名称。

实例 ch4_82：查询前一实例所建的元素名称。

```
> names(baskets.NBA.Jordon)
[1] "first"   "second" "third"
>
```

names（）函数也可以用来修改元素名称。

实例 ch4_83：修改对象 baskets.NBA.Jordon 的元素名称，并验证结果。

```
> names(baskets.NBA.Jordon) = c("Game1", "Game2", "Game3")   #修改元素名称
> baskets.NBA.Jordon
Game1 Game2 Game3
   28    31    35
>
```

如果想要删除向量对象的元素名称，只要将其设为 NULL 即可，例如下列指令可以将上述实例所建向量对象 baskets.NBA.Jordon 的元素名称删除。

names（baskets.NBA.Jordon）<- NULL

month.name 是系统内建的一个数据集，此向量对象的内容如下所示。

```
> month.name
 [1] "January"   "February"  "March"     "April"     "May"
 [6] "June"      "July"      "August"    "September" "October"
[11] "November"  "December"
>
```

有了以上数据集，我们可以用另一种方式为向量对象建立元素名称。

实例 ch4_84：建立一个月份表，这个月份表的元素含当月月份的英文名称和当月天数。

```
> month.data <- c (31, 28, 31, 30, 31, 30, 31, 31, 30, 31, 30, 31)
> names(month.data) <- month.name
> month.data                      #列出结果
  January  February     March     April       May      June      July
       31        28        31        30        31        30        31
   August September   October  November  December
       31        30        31        30        31
>
```

实例 ch4_85：列出天数为 30 天的月份。

```
> names(month.data[month.data == 30])
[1] "April"     "June"      "September" "November"
>
```

4-9-3　使用系统内建的数据集 islands

这个数据集含有全球 48 个岛屿的名称及面积，其内容如下所示。

```
> islands
           Africa       Antarctica             Asia         Australia
            11506             5500            16988              2968
     Axel Heiberg           Baffin            Banks            Borneo
               16              184               23               280
          Britain          Celebes            Celon              Cuba
               84               73               25                43
            Devon        Ellesmere           Europe         Greenland
               21               82             3745               840
           Hainan       Hispaniola         Hokkaido            Honshu
               13               30               30                89
          Iceland          Ireland             Java            Kyushu
               40               33               49                14
            Luzon       Madagascar         Melville          Mindanao
               42              227               16                36
         Moluccas      New Britain       New Guinea   New Zealand (N)
               29               15              306                44
   New Zealand (S)     Newfoundland    North America     Novaya Zemlya
               58               43             9390                32
  Prince of Wales         Sakhalin    South America       Southampton
               13               29             6795                16
      Spitsbergen          Sumatra           Taiwan          Tasmania
               15              183               14                26
  Tierra del Fuego           Timor        Vancouver          Victoria
               19               13               12                82
>
```

上述数据集是依照英文首字母排列数据元素的，下列是一系列取此数据集子集的实例。

实例 ch4_86：取子集并依岛屿大小从大到小排列。

```
> newislands <- sort(islands, decreasing = TRUE)
> newislands
             Asia           Africa    North America    South America
            16988            11506             9390             6795
       Antarctica           Europe        Australia        Greenland
             5500             3745             2968              840
       New Guinea           Borneo       Madagascar           Baffin
              306              280              227              184
          Sumatra           Honshu          Britain        Ellesmere
              183               89               84               82
         Victoria          Celebes  New Zealand (S)             Java
               82               73               58               49
   New Zealand (N)             Cuba     Newfoundland            Luzon
               44               43               43               42
          Iceland         Mindanao          Ireland    Novaya Zemlya
               40               36               33               32
       Hispaniola         Hokkaido         Moluccas         Sakhalin
               30               30               29               29
         Tasmania            Celon            Banks            Devon
               26               25               23               21
 Tierra del Fuego     Axel Heiberg         Melville      Southampton
               19               16               16               16
      New Britain      Spitsbergen           Kyushu           Taiwan
```

15	15	14	14
Hainan	Prince of Wales	Timor	Vancouver
13	13	13	12

实例 ch4_87：取面积最小的 10 个岛屿。

```
> small10.islands <- tail(sort(islands, decreasing = TRUE), 10)
> small10.islands
    Melville    Southampton   New Britain   Spitsbergen
        16             16            15            15
     Kyushu         Taiwan          Hainan Prince of Wales
        14             14            13            13
      Timor      Vancouver
        13             12
>
```

如果只想取得岛屿的名称，可参考如下实例。

实例 ch4_88：取面积最大的 10 个岛屿的名称，且只列出名称。

```
> big10.islands <- names(head(sort(islands, decreasing = TRUE), 10))
> big10.islands
 [1] "Asia"         "Africa"        "North America" "South America"
 [5] "Antarctica"   "Europe"        "Australia"     "Greenland"
 [9] "New Guinea"   "Borneo"
>
```

实例 ch4_89：以不用 head () 函数的方式，完成前一个实例。

```
> big10.islands <- names(sort(islands, decreasing = TRUE)[1:10])
> big10.islands
 [1] "Asia"         "Africa"        "North America" "South America"
 [5] "Antarctica"   "Europe"        "Australia"     "Greenland"
 [9] "New Guinea"   "Borneo"
>
```

本章习题

一、判断题

( ) 1. 有如下两个命令。

```
> x <- -2.5:-3.9
> length(x)
```

上述命令的执行结果如下所示。

[1] 3

( ) 2. 有如下两个命令。

```
> x <- 1:3
> y <- x + 9:11
```

上述命令执行后，下列的执行结果是正确的。

```
> y
[1] 10 11 12
```

( ) 3. 下列命令在执行时会出现 Warning message。

```
> x <- 1:5
> y <- x + 1:10
```

( ) 4. 在 R 语言的 Console 窗口，若某行命令以数学符号（ +、-、*、/ ）作结尾，此时 R 语言的编译程序会知道下一行是接续此行的。

( ) 5. 有如下两个命令。

```
> x <- c(7, 12, 6, 20, 9)
> sort(x)
```

上述命令的执行结果如下所示。

[1] 20 12 9 7 6

( ) 6. 有如下命令。

```
> sum(c(99, NA, 101, NA), na.rm = TRUE)
```

上述命令在执行时会有错误信息产生。

( ) 7. 字符串是可以用双引号（ " " ）也可以用单引号（ ' ' ）包夹的。

( ) 8. 有如下 4 个命令。

```
> x1 <- c(1:2)
> x2 <- c(1.5:2.5)
> x3 <- c(x1, x2)
> class(x3)
```

上述命令的执行结果如下所示。

```
[1] "numeric"
```

( ) 9. 有如下两个命令。

```
> x <- 1:5
> x[-(2:5)]
```

上述命令的执行结果如下所示。

```
[1] 1
```

( ) 10. 有如下两个命令。

```
> head(letters)
[1] "a" "b" "c" "d" "e" "f"
> letters[c(1, 5)]
```

上述命令的执行结果如下所示。

```
[1] "e"
```

( ) 11. 有如下两个命令。

```
> x <- c(10, NA, 3, 8)
> x[x > 6]
```

上述命令的执行结果如下所示。

```
[1] 10 NA  8
```

( ) 12. 有如下 3 个命令。

```
> x <- c(10, Inf, 3, 8)
> y <- x > 6
> any(y)
```

上述命令的执行结果如下所示。

```
[1] FALSE
```

( ) 13. 有如下 3 个命令。

```
> x <- c(5, 7)
> names(x) <- c("Game1", "Game2")
> names(x) <- NULL
```

上述命令相当于是将 x 向量对象的元素值设为 0。

( ) 14. 有如下两个命令。

```
> x.small <- names(head(sort(islands)))
> y.small <- names(sort(islands)[1:6])
```

上述 x.small 和 y.small 两个向量对象的内容相同。

( ) 15. R 语言逻辑运算的结果只可能有两种：TRUE 与 FALSE。

( ) 16. 有如下命令。

```
> x[ is.na(x) ] <- 0
```

上述命令执行后，会将 x 对象内的所有缺失值以 0 替代。

（　　）17. 有如下命令。

```
> x <- seq(-10, 10, 15)
```

上述命令执行后，x 向量对象的最大值是 10。

二、单选题

（　　）1. 假设有 n 个字母，想了解这 n 个字母的排列组合方法，下列哪一个函数可以最方便解决这类问题？

    A. max（）   B. mean（）   C. sd（）   D. prod（）

（　　）2. 以下命令会得到以下哪个数值结果？

```
> x <- 1:3
> y <- x + 1:6
> y
```

    A. [1] 1 3 5   B. [1] 2 4 5

    C. [1] 2 4 6 5 7 9   D. [1] 2 4 5 6 8 9

（　　）3. 以下命令会得到以下哪个数值结果？

```
> seq(1, 9, length.out = 5)
```

    A. [1] 1 3 5 7 9   B. [1] 1 6

    C. [1] 1 2 3 4 5 6   D. [1] 5 6 7 8 9

（　　）4. 以下命令会得到以下哪个数值结果？

```
[1] 2 2 2
```

    A. > rep(3, 2)   B. > rep(2, 3)

    C. > rep(2, 2, 2)   D. > rep(3, 2, 2)

（　　）5. 以下命令会得到以下哪个数值结果？

```
> x <- mean(8:12)
> x
```

    A. [1] 10   B. [1] 8   C. [1] 12   D. [1] 5

（　　）6. 以下命令会得到以下哪个数值结果？

```
> x <- c(12, 7, 8, 4, 19)
> rank(x)
```

    A. [1] 12 7 8 4 19   B. [1] 4 7 8 12 19

    C. [1] 4 2 3 1 5   D. [1] 19 12 8 7 4

（　　）7. 以下命令会得到以下哪个数值结果？

```
> max(c(9, 99, Inf, NA))
```

A. [1] 9   B. [1] 99   C. [1] Inf   D. [1] NA

(   ) 8. 以下命令会得到以下哪个数值结果？

```
> max(c(9, 99, Inf, NA), na.rm = TRUE)
```

A. [1] 9   B. [1] 99   C. [1] Inf   D. [1] NA

(   ) 9. 以下命令会得到以下哪个数值结果？

```
> x <- c("Hi!", "Good", "Morning")
> nchar(x)
```

A. [1] 3 4 7   B. [1] 3   C. [1] 14   D. [1] 7 7

(   ) 10. 以下命令会得到以下哪个数值结果？

```
> head(letters, 5)
[1] "a" "b" "c" "d" "e"
> letters[c(1, 5)]
```

A. [1] "a"   B. [1] "a" "e"   C. [1] "b"   D. [1] "b" "c" "d"

(   ) 11. 以下命令会得到以下哪个数值结果？

```
> x <- c(8, 12, 19, 4, 5)
> which.max(x)
```

A. [1] 19   B. [1] 3   C. [1] 4   D. [1] 5

(   ) 12. 以下命令会得到以下哪个数值结果？

```
> x <- c(6, 9, NA, 4, 2)
> x[x > 5 & !is.na(x)]
```

A. [1] 6 9   B. [1] 6 9 NA   C. [1] 6 9 NA 4 2   D. [1] 4 2

(   ) 13. 有以下命令。

```
> x1 <- c(9, 6, 8, 3, 4)
> x2 <- c(6, 10, 1, 2, 5)
> y <- x1 >= x2
```

将 y 放进哪一个函数内可以得到下列结果。

[1] FALSE

A. any ()   B. rev ()   C. sort ()   D. all ()

(   ) 14. 使用 head () 或 tail () 函数，若省略第 2 个参数，系统将自动返回多少个元素。

A. 1   B. 3   C. 5   D. 6

(   ) 15. 有以下命令。

```
> x <- 1:10
> names(x) <- letters[x]
> x
 a  b  c  d  e  f  g  h  i  j
 1  2  3  4  5  6  7  8  9 10
```

以下哪种方法不能传回 x 向量的前 5 个元素，即：

```
a b c d e
1 2 3 4 5
```

A. x["a" ," b" ," c" ," d" ," e"]　　B. x[1:5]

C. head（x, 5）　　　　　　　　　　D. x[letters[1:5]]

（　　）16. 以下命令集会得到以下哪个数值结果？

```
> x <- seq(-2, 2, 0.5)
> length(x)
```

A. [1] 5　　　　　　B. [1] 9　　　　　　C. [1] 2　　　　　　D. [1] 8

（　　）17. 以下命令集会得到以下哪个数值结果？

```
> c(3, 2, 1) == 2
```

A. [1] TRUE　　　　　　　　　　　B. [1] FALSE

C. [1] FALSE TRUE FALSE　　　　D. [1] NA

三、多选题

（　　）1. 以下哪些方式可以用来计算 1, 2, 3, 4 的平均值，执行结果如下所示？（选择两项）

[1] 2.5

A. mean（1, 2, 3, 4）　　　　　　B. mean（c（1, 2, 3, 4））

C. sum（c（1, 2, 3, 4））/4　　　　D. max（c（1, 2, 3, 4））

E. ave（c（1, 2, 3, 4））

（　　）2. 以下哪些函数可以用来产生如下 x 向量？（选择 3 项）

```
[1]  1  2  3  4  5  6  7  8  9 10
```

A. seq（10）　　　　　　　　　　B. seq_len（10）

C. numeric（10）　　　　　　　　D. 1:10

E. seq（1,10,10）

四、实际操作题（如果题目有描述不周详时，请自行假设条件）

1. 建立家人的向量数据。

（1）将家人或亲人（至少 10 人）的血型建立为字符向量对象，同时为每一个元素建立名称，并打印出来。

（2）将家人名字（至少 10 人）建立为字符串向量对象，可用英文，同时为每一个元素建立名称，并打印出来。

（3）将家人或亲人（至少 10 人）的年龄建立为整数向量对象，同时为每一个元素建立名称，并打印出来。

（4）将上述所建的向量对象，进行从小到大排序，然后从大到小排序。

2. 建立 5 位同队 NBA 球星的得分数据向量对象。

（1）到美国 NBA 或运动网站查询自己喜欢的球队以及球星，为他们的 10 场比赛建立 5 场进球数的向量对象，以及罚球数的向量对象。

（2）假设上一题的 5 位球星，每场比赛会进一个 3 分球（如果该场次未进球，则此为 0），请计算这 5 位球星的总得分以及平均得分。

（3）请计算该队 5 人的进球数和得分总数。

（4）请列出每场比赛得分最多的球员。

3. 参考实例 ch4_84，列出当月有 31 天的月份。

4. 使用系统内建数据集 islands，列出排序第 30 和 35 名的岛名称和面积。

5. 使用系统内建数据集 islands，列出前 15 大和最后 15 大的岛名称和面积。

6. 使用系统内建数据集 islands，分别列出排在奇数位和偶数位的岛名称和面积。

05

CHAPTER

处理矩阵与更高维数据

向量（Vector）对象相当于是 Microsoft Excel 表格的一列（row）或一行（column），同时存放着相同类型的数据。在真实的世界里，这是不够的，我们常碰上需要处理不同类型的数据的情况。

在数据中，一维数据称向量（Vector）对象、二维数据称矩阵（Matrix）对象，超过二维的数据称三维或多维数组（Array）对象，如下图所示。

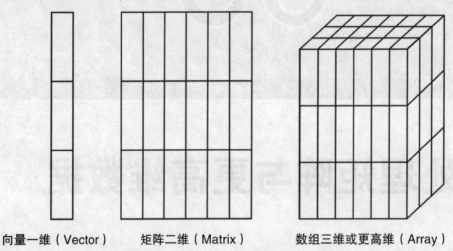

向量一维（Vector）　　　矩阵二维（Matrix）　　　数组三维或更高维（Array）

此外，也可将 Vector 称一维 Array，将矩阵（Matrix）称二维 Array，其余则依维度数称 N 维 Array。

5-1 矩阵 Matrix

若是将向量想成线，则可将矩阵想成面，如上图所示。对 R 程序设计师而言，首先要思考的是如何建立矩阵。

5-1-1 建立矩阵

建立矩阵可使用 matrix（）函数，格式如下所示。

matrix（data, nrow = ?, ncol = ?, byrow = logical, dimnames = NULL）

❑ data：数据。

❑ nrow：预计行的数量。

❑ ncol：预计列的数量。

❑ byrow：逻辑值。默认是 FALSE，表示先按列（Column）填数据，第 1 列填满再填第 2 列，其他依此类推，因此，若先填列则可省略此参数。如果是 TRUE 则先填行（Row），第 1 行填满再填第 2 行，其他依此类推。

❑ dimnames：矩阵的属性。

实例 ch5_1：建立 first.matrix，数据为 1:12，4 行的矩阵。

```
> first.matrix <- matrix(1:12, nrow = 4)
> first.matrix
     [,1] [,2] [,3]
[1,]    1    5    9
[2,]    2    6   10
[3,]    3    7   11
[4,]    4    8   12
>
```

实例 ch5_2：建立 second.matrix，数据为 1:12，4 行的矩阵，byrow 设为 TRUE。

```
> second.matrix <- matrix(1:12, nrow = 4, byrow = TRUE)
> second.matrix
     [,1] [,2] [,3]
[1,]    1    2    3
[2,]    4    5    6
[3,]    7    8    9
[4,]   10   11   12
>
```

实例 ch5_3：建立 third.matrix，数据为 1:12，4 行的矩阵，byrow 设为 FALSE。这个实例的执行结果与 ch5_1 相同。

```
> third.matrix <- matrix(1:12, nrow = 4, byrow = FALSE)
> third.matrix
     [,1] [,2] [,3]
[1,]    1    5    9
[2,]    2    6   10
[3,]    3    7   11
[4,]    4    8   12
>
```

5-1-2 认识矩阵的属性

使用 str () 函数也可以查看矩阵对象的结构。

实例 ch5_4：使用 str () 函数查看 first.matrix 和 second.matrix 的结构。

```
> str(first.matrix)
 int [1:4, 1:3] 1 2 3 4 5 6 7 8 9 10 ...
> str(second.matrix)
 int [1:4, 1:3] 1 4 7 10 2 5 8 11 3 6 ...
>
```

使用 nrow () 函数可以得到矩阵的行数。

实例 ch5_5：使用 nrow () 函数查看 first.matrix 和 second.matrix 的行数。

```
> nrow(first.matrix)
[1] 4
```

```
> nrow(second.matrix)
[1] 4
>
```

使用 ncol（）函数可以得到矩阵的列数。

实例 ch5_6：使用 ncol（）函数查看 first.matrix 和 second.matrix 的列数。

```
> ncol(first.matrix)
[1] 3
> ncol(second.matrix)
[1] 3
>
```

使用 dim（）函数则可以获得矩阵对象的行数和列数。

实例 ch5_7：使用 dim（）函数查看 first.matrix 和 second.matrix 的行数和列数。

```
> dim(first.matrix)
[1] 4 3
> dim(second.matrix)
[1] 4 3
>
```

此外，length（）函数也可用于取得矩阵（Matrix）或三维或多维数组（Array）对象的元素个数。

实例 ch5_8：取得 first.matrix 和 second.matrix 的元素个数。

```
> length(first.matrix)
[1] 12
> length(second.matrix)
[1] 12
>
```

is.matrix（）函数可用于检查对象是否是矩阵（Matrix）。

实例 ch5_9：检查 first.matrix 和 second.matrix 是否是矩阵（Matrix）。

```
> is.matrix(first.matrix)
[1] TRUE
> is.matrix(second.matrix)
[1] TRUE
>
```

is.array（）函数可用于检查对象是否是 Array。

实例 ch5_10：检查 first.matrix 和 second.matrix 是否是 Array。

```
> is.array(first.matrix)
[1] TRUE
> is.array(second.matrix)
[1] TRUE
>
```

5-1-3 将向量组成矩阵

R 语言提供的 rbind () 函数可将两个或多个向量组成矩阵，每个向量各自占用一行。

实例 ch5_11：使用 rbind () 函数，简单地将两个向量组成矩阵的实例。

```
> v1 <- c(7, 11, 15)          #向量1
> v2 <- c(5, 10, 9)           #向量2
> a1 <- rbind(v1, v2)         #组合
> a1
   [,1] [,2] [,3]
v1   7   11   15
v2   5   10    9
>
```

由上图可以看到矩阵左边保留了原向量对象的名称，后面章节会介绍如何使用这个向量名称。

实例 ch5_12：矩阵也可以和向量组合成矩阵。

```
> v3 <- c(3, 6, 12)               #向量3
> a2 <- rbind(a1, v3)             #组合
> a2
   [,1] [,2] [,3]
v1   7   11   15
v2   5   10    9
v3   3    6   12
>
```

在上一章笔者讲解了有关 baskets.NBA2016.Jordon 和 baskets.NBA2016.Lin 这两个向量对象，下列是将这两个对象组成矩阵的实例。

实例 ch5_13：将 baskets.NBA2016. Jordon 和 baskets.NBA2016.Lin 组成矩阵的实例。

```
> baskets.NBA2016.Lin
[1]  7  8  6 11  9 12
> baskets.NBA2016.Jordon
[1] 12  8  9 15  7 12
> baskets.NBA2016.Team <- rbind(baskets.NBA2016.Lin, baskets.NBA2016.Jordon)
> baskets.NBA2016.Team
                      [,1] [,2] [,3] [,4] [,5] [,6]
baskets.NBA2016.Lin      7    8    6   11    9   12
baskets.NBA2016.Jordon  12    8    9   15    7   12
>
```

cbind () 函数可将两个或多个向量组成矩阵，功能类似 rbind ()。不过，它是以每个向量各占一列的方式来组织向量的。

实例 ch5_14：使用 cbind () 函数重新设计实例 ch5_11。

```
> v1 <- c(7, 11, 15)          #向量1
> v2 <- c(5, 10, 9)           #向量2
> a3 <- cbind(v1, v2)         #组合
> a3
```

```
        v1 v2
[1,]    7  5
[2,]   11 10
[3,]   15  9
>
```

实例 ch5_15：使用 cbind () 将两个向量与 1 个矩阵组成矩阵的应用实例。

```
> cbind(1:3, 11:13, matrix(21:26, nrow = 3))
     [,1] [,2] [,3] [,4]
[1,]    1   11   21   24
[2,]    2   12   22   25
[3,]    3   13   23   26
>
```

5-2 取得矩阵元素的值

使用索引执行矩阵元素的存取与上一章所述存取向量元素的方法类似。

5-2-1 矩阵元素的取得

与向量相同，索引值必须在中括号内，中括号中的第一个参数是行（Row），第二个参数是列（Column）。

实例 ch5_16：使用实例 ch5_12 所建矩阵对象 a2，取得 a2[2, 1] 和 a2[1, 3] 对应的值。

```
> a2
   [,1] [,2] [,3]
v1    7   11   15
v2    5   10    9
v3    3    6   12
> a2[2, 1]
v2
 5
> a2[1, 3]
v1
15
>
```

在取得矩阵元素内容时，如果原矩阵有行名或列名，那么行名与列名也将同时列出。假设有一个 my.matrix 矩阵（Matrix），其内容如下。

```
> my.matrix <- matrix(1:20, nrow = 4)
> my.matrix
     [,1] [,2] [,3] [,4] [,5]
[1,]    1    5    9   13   17
[2,]    2    6   10   14   18
[3,]    3    7   11   15   19
[4,]    4    8   12   16   20
>
```

下列是一系列取得 my.matrix 矩阵内容值的实例（ch5_17 至 ch5_22）。

实例 ch5_17：取得 my.matrix[3, 5] 的实例。

```
> my.matrix[3, 5]
[1] 19
>
```

实例 ch5_18：取得 my.matrix[2,] 的实例，相当于取得第 2 行的所有元素。

```
> my.matrix[2, ]
[1]  2  6 10 14 18
>
```

 当某一索引被省略时，则代表该维度的行或列均必须被计算在内。

实例 ch5_19：取得 my.matrix[, 3]，相当于取得第 3 列的所有元素。

```
> my.matrix[ , 3]
[1]  9 10 11 12
>
```

实例 ch5_20：取得 my.matrix[2, c（3,4）]，相当于取得第 2 行第 3 列和第 4 列的元素。

```
> my.matrix[2, c(3,4)]
[1] 10 14
>
```

也可将上述指令改写成下列的指令格式。

实例 ch5_21：取得 my.matrix[3:4, 4:5]，相当于取得第 3 行到第 4 行和第 4 列到第 5 列的元素。所取得的也是一个矩阵。

```
> my.matrix[3:4, 4:5]
     [,1] [,2]
[1,]   15   19
[2,]   16   20
>
```

实例 ch5_22：取得第 3 行和第 4 行的所有元素。

```
> my.matrix[3:4, ]
     [,1] [,2] [,3] [,4] [,5]
[1,]    3    7   11   15   19
[2,]    4    8   12   16   20
>
```

5-2-2　使用负索引取得矩阵元素

对于矩阵，使用负索引，相当于拿掉负索引所指的行（Row）或列（Column）。

实例 ch5_23：取得第 3 行，第 4 列以外的所有元素。

```
> my.matrix
     [,1] [,2] [,3] [,4] [,5]
[1,]   1    5    9   13   17
[2,]   2    6   10   14   18
[3,]   3    7   11   15   19
[4,]   4    8   12   16   20
> my.matrix[-3, -4]
     [,1] [,2] [,3] [,4]
[1,]   1    5    9   17
[2,]   2    6   10   18
[3,]   4    8   12   20
>
```

实例 ch5_24：取得第 3 行和第 4 行，第 4 列以外的所有元素。

```
> my.matrix
     [,1] [,2] [,3] [,4] [,5]
[1,]   1    5    9   13   17
[2,]   2    6   10   14   18
[3,]   3    7   11   15   19
[4,]   4    8   12   16   20
> my.matrix[-c(3:4), -4]
     [,1] [,2] [,3] [,4]
[1,]   1    5    9   17
[2,]   2    6   10   18
>
```

5-3 修改矩阵的元素值

修改矩阵（Matrix）的元素值与修改向量（Vector）的元素值类似。

实例 ch5_25：将 my.matrix[3, 2] 的值修改为 100。

```
> my.matrix                      #修改前
     [,1] [,2] [,3] [,4] [,5]
[1,]   1    5    9   13   17
[2,]   2    6   10   14   18
[3,]   3  100   11   15   19
[4,]   4    8   12   16   20
> my.matrix[3, 2] <- 100         #修改
> my.matrix                      #修改后
     [,1] [,2] [,3] [,4] [,5]
[1,]   1    5    9   13   17
[2,]   2    6   10   14   18
[3,]   3  100   11   15   19
[4,]   4    8   12   16   20
>
```

我们也可以直接更改整行（Row）或整列（Column）的元素值。

实例 ch5_26：修改 my.matrix 矩阵，将整个第 3 行（Row）的元素值改成 101 的应用实例。

```
> my.matrix              #修改前
     [,1] [,2] [,3] [,4] [,5]
[1,]    1    5    9   13   17
[2,]    2    6   10   14   18
[3,]    3  100   11   15   19
[4,]    4    8   12   16   20
> my.matrix[3, ] <- 101
> my.matrix              #修改后
     [,1] [,2] [,3] [,4] [,5]
[1,]    1    5    9   13   17
[2,]    2    6   10   14   18
[3,]  101  101  101  101  101
[4,]    4    8   12   16   20
>
```

实例 ch5_27：修改 my.matrix 矩阵，将整个第 4 列（Column）的元素值修改的应用实例。

```
> my.matrix              #修改前
     [,1] [,2] [,3] [,4] [,5]
[1,]    1    5    9   13   17
[2,]    2    6   10   14   18
[3,]  101  101  101  101  101
[4,]    4    8   12   16   20
> my.matrix[ , 4] <- c(3, 9)
> my.matrix              #修改后
     [,1] [,2] [,3] [,4] [,5]
[1,]    1    5    9    3   17
[2,]    2    6   10    9   18
[3,]  101  101  101    3  101
[4,]    4    8   12    9   20
>
```

实例 ch5_28：修改 my.matrix 矩阵，将整个第 4 列（Column）的元素值修改的应用实例。

```
> my.matrix              #修改前
     [,1] [,2] [,3] [,4] [,5]
[1,]    1    5    9    3   17
[2,]    2    6   10    9   18
[3,]  101  101  101    3  101
[4,]    4    8   12    9   20
> my.matrix[ , 4] <- c(25:28)
> my.matrix              #修改后
     [,1] [,2] [,3] [,4] [,5]
[1,]    1    5    9   25   17
[2,]    2    6   10   26   18
[3,]  101  101  101   27  101
[4,]    4    8   12   28   20
>
```

实例 ch5_29：修改矩阵子集的应用实例，这个实例将修改 my.matrix[3:4, 2:3]。

```
> my.matrix                    #修改前
     [,1] [,2] [,3] [,4] [,5]
[1,]    1    5    9   25   17
[2,]    2    6   10   26   18
[3,]  101  101  101   27  101
[4,]    4    8   12   28   20
> my.matrix[3:4 , 2:3] <-  c(10, 31, 22, 99)
> my.matrix                    #修改后
     [,1] [,2] [,3] [,4] [,5]
[1,]    1    5    9   25   17
[2,]    2    6   10   26   18
[3,]  101   10   22   27  101
[4,]    4   31   99   28   20
>
```

实例 ch5_30：用一个小矩阵，修改原矩阵的子集。

```
> my.matrix                    #修改前
     [,1] [,2] [,3] [,4] [,5]
[1,]    1    5    9   25   17
[2,]    2    6   10   26   18
[3,]  101   10   22   27  101
[4,]    4   31   99   28   20
> my.matrix[3:4 , 2:3] <-  matrix(1:4, nrow = 2)
> my.matrix                    #修改后
     [,1] [,2] [,3] [,4] [,5]
[1,]    1    5    9   25   17
[2,]    2    6   10   26   18
[3,]  101    1    3   27  101
[4,]    4    2    4   28   20
>
```

实例 ch5_31：用一个小矩阵，修改原矩阵的子集，采用行（Row）优先排列的方式。

```
> my.matrix                    #修改前
     [,1] [,2] [,3] [,4] [,5]
[1,]    1    5    9   25   17
[2,]    2    6   10   26   18
[3,]  101    1    3   27  101
[4,]    4    2    4   28   20
> my.matrix[3:4 , 2:3] <-  matrix(5:8, nrow = 2, byrow = TRUE)
> my.matrix                    #修改后
     [,1] [,2] [,3] [,4] [,5]
[1,]    1    5    9   25   17
[2,]    2    6   10   26   18
[3,]  101    5    6   27  101
[4,]    4    7    8   28   20
>
```

5-4　降低矩阵的维度

使用负索引取得矩阵的部分元素时，如果所取得的部分元素仅有一行或一列，那么 R 语言将自动将对象降低维度，从矩阵对象变向量对象。

实例 ch5_32：将 3 行 4 列矩阵降为向量的应用实例，这个实例会舍弃第 2 行和第 3 行。

```
> simple.matrix <- matrix(1:12, nrow = 3)
> simple.matrix
     [,1] [,2] [,3] [,4]
[1,]    1    4    7   10
[2,]    2    5    8   11
[3,]    3    6    9   12
> simple.matrix[-c(2, 3), ]
[1]  1  4  7 10
>
```

其实，如果舍弃一个矩阵对象的某个元素，那么整个矩阵对象也将降为向量对象。

实例 ch5_33：将 3 行 4 列矩阵降为向量的应用实例，这个实例会舍弃"2""3"元素，最后整个矩阵将变为向量。

```
> simple.matrix <- matrix(1:12, nrow = 3)
> simple.matrix
     [,1] [,2] [,3] [,4]
[1,]    1    4    7   10
[2,]    2    5    8   11
[3,]    3    6    9   12
> simple.matrix[-c(2, 3)]
 [1]  1  4  5  6  7  8  9 10 11 12
>
```

假设有数行（Row）或数列（Column）的矩阵，其部分元素被舍弃，只剩一行或一列时，如果仍希望此对象以矩阵方式呈现，那么可增加"drop = FALSE"参数。

实例 ch5_34：类似实例 ch5_32 将 3 行 4 列的矩阵降为 1 行 4 列，但对象仍保持矩阵格式。

```
> simple.matrix <- matrix(1:12, nrow = 3)
> simple.matrix
     [,1] [,2] [,3] [,4]
[1,]    1    4    7   10
[2,]    2    5    8   11
[3,]    3    6    9   12
> simple.matrix[-c(2, 3), , drop = FALSE]
     [,1] [,2] [,3] [,4]
[1,]    1    4    7   10
>
```

5-5 矩阵的行名和列名

其实直接输入矩阵对象的名称就可以了解该矩阵对象的行名（Row Name）和列名（Column Name）。

实例 ch5_35：了解前一节所建的 simple.matrix 矩阵对象的行名和列名。

```
> simple.matrix
     [,1] [,2] [,3] [,4]
[1,]    1    4    7   10
[2,]    2    5    8   11
[3,]    3    6    9   12
>
```

从上述执行结果可知，simple.matrix 是没有行名和列名。

实例 ch5_36：了解程序实例 ch5_13 所建 baskets.NBA2016.TEAM 对象的行名和列名。

```
> baskets.NBA2016.Team
                      [,1] [,2] [,3] [,4] [,5] [,6]
baskets.NBA2016.Lin      7    8    6   11    9   12
baskets.NBA2016.Jordon  12    8    9   15    7   12
>
```

由上述执行结果可知，baskets.NBA2016.TEAM 对象有两个行名，分别是 baskets.NBA2016.Lin 和 baskets.NBA2016.Jordon。不过，此对象没有列名。

5-5-1　取得和修改矩阵对象的行名和列名

rownames（）函数可以取得和修改矩阵对象的行名。

colnames（）函数可以取得和修改矩阵对象的列名。

实例 ch5_37：使用 rownames（）函数取得 baskets.NBA2016.Team 和 simple.matrix 的行名。

```
> rownames(simple.matrix)          #取得行名
NULL
> rownames(baskets.NBA2016.Team)   #取得行名
[1] "baskets.NBA2016.Lin"     "baskets.NBA2016.Jordon"
>
```

从上述实例可知，我们已经使用 rownames（）函数取得了 baskets.NBA2016.Team 的行名，但是名称似乎太长了，下一个实例是更改行名。

实例 ch5_38：将矩阵对象 baskets.NBA2016.Team 的两个行名分别改成 Lin 和 Jordon。

```
> rownames(baskets.NBA2016.Team) <- c("Lin", "Jordon")
> rownames(baskets.NBA2016.Team)
[1] "Lin"    "Jordon"
>
```

从实例 ch5_36 可知 baskets.NBA2016.Team 矩阵对象共有 6 列，其实每一列代表每一场球，我们可参考下列实例，设定对象的列名。

实例 ch5_39：设定 baskets.NBA2016.Team 对象的列名。

```
> colnames(baskets.NBA2016.Team)     #了解对象目前没有列名
[1] "1st" "2nd" "3th" "4th" "5th" "6th"
```

```
> colnames(baskets.NBA2016.Team) <- c("1st", "2nd", "3th", "4th", "5th", "6th")  #设定列名
> colnames(baskets.NBA2016.Team)      #验证结果
[1] "1st" "2nd" "3th" "4th" "5th" "6th"
> baskets.NBA2016.Team                 #另一方式验证结果
       1st 2nd 3th 4th 5th 6th
Lin      7   8   6  11   9  12
Jordon  12   8   9  15   7  12
>
```

如果我们想要修改某个列名，那么可参考下列实例。

实例 ch5_40：将第 4 列的列名由 "4th"，改成 "4"。本实例笔者会先复制一份矩阵对象 baskets. NEW，然后再使用这份新的对象进行修改列名的操作。

```
> baskets.NBA2016.Team
       1st 2nd 3th 4th 5th 6th
Lin      7   8   6  11   9  12
Jordon  12   8   9  15   7  12
> baskets.New <- baskets.NBA2016.Team
> colnames(baskets.New)[4] <- "4"
> baskets.New          #验证结果
       1st 2nd 3th  4 5th 6th
Lin      7   8   6 11   9  12
Jordon  12   8   9 15   7  12
>
```

如果我们想要将整个列名或行名删除，那么只要将整个列名或行名设为 NULL 即可。

实例 ch5_41：baskets.New 对象的列名删除。

```
> baskets.New          #检查列名
       1st 2nd 3th  4 5th 6th
Lin      7   8   6 11   9  12
Jordon  12   8   9 15   7  12
> colnames(baskets.New) <- NULL
> baskets.New          #验证结果
       [,1] [,2] [,3] [,4] [,5] [,6]
Lin      7    8    6   11    9   12
Jordon  12    8    9   15    7   12
>
```

5-5-2 dimnames（）函数

行名和列名事实上是存在于 dimnames 的属性中的，我们可以使用 dimnames（）函数取得和修改这个属性值。

实例 ch5_42：使用 dimnames（）函数取得矩阵对象的行名和列名。

```
> dimnames(baskets.New)
[[1]]
[1] "Lin"     "Jordon"

[[2]]
NULL
```

由上述执行结果可以知道，目前 baskets.New 对象的两个行名分别是"Lin""Jordon"，没有列名。

实例 ch5_43：使用 dimnames（）函数设定矩阵对象的列名。

```
> dimnames(baskets.New)[[2]] <- c("1st", "2nd", "3rd", "4th", "5th", "6th")
> dimnames(baskets.New)
[[1]]
[1] "Lin"     "Jordon"

[[2]]
[1] "1st" "2nd" "3rd" "4th" "5th" "6th"

>
```

5-6 将行名或列名作为索引

R 的重要特色是，当一个矩阵有了行名和列名后，可以用这些名称代替数字型的索引，取得矩阵对象的元素，让整个程序的可读性更高。

实例 ch5_44：使用 baskets.New 对象，取得 Lin 第 3 场的进球数。

```
> baskets.New["Lin", "3rd"]
[1] 6
>
```

实例 ch5_45：使用 baskets.New 对象，取得 Jordon 第 2 场和第 5 场的进球数。

```
> baskets.New["Jordon", c("2nd", "5th")]
2nd 5th
  8   7
>
```

实例 ch5_46：使用 baskets.New 对象，取得 Jordon 所有场次的进球数。

```
> baskets.New["Jordon", ]
1st 2nd 3rd 4th 5th 6th
 12   8   9  15   7  12
>
```

实例 ch5_47：使用 baskets.New 对象，取得第 5 场所有球员的进球数。

```
> baskets.New[ , "5th"]
   Lin Jordon
     9      7
>
```

5-7 矩阵的运算

5-7-1 矩阵与一般常数的四则运算

当碰上矩阵对象与一般常数的运算时，只要将各个元素与该常数分别执行运算即可。在正式介绍实例前，笔者先建立下列 m1.matrix 矩阵。

```
> m1.matrix <- matrix(1:12, nrow = 3)
> m1.matrix
     [,1] [,2] [,3] [,4]
[1,]    1    4    7   10
[2,]    2    5    8   11
[3,]    3    6    9   12
```

实例 ch5_48：将 m1.matrix 矩阵加 3 的实例。

```
> m2.matrix <- m1.matrix + 3
> m2.matrix
     [,1] [,2] [,3] [,4]
[1,]    4    7   10   13
[2,]    5    8   11   14
[3,]    6    9   12   15
>
```

实例 ch5_49：将 m2.matrix 矩阵减 1 的实例。

```
> m3.matrix <- m2.matrix - 1
> m3.matrix
     [,1] [,2] [,3] [,4]
[1,]    3    6    9   12
[2,]    4    7   10   13
[3,]    5    8   11   14
>
```

实例 ch5_50：将 m3.matrix 矩阵乘 5 的实例。

```
> m4.matrix <- m3.matrix * 5
> m4.matrix
     [,1] [,2] [,3] [,4]
[1,]   15   30   45   60
[2,]   20   35   50   65
[3,]   25   40   55   70
>
```

实例 ch5_51：将 m4.matrix 矩阵除 2 的实例。

```
> m5.matrix <- m4.matrix / 2
> m5.matrix
     [,1] [,2] [,3] [,4]
[1,]  7.5 15.0 22.5 30.0
[2,] 10.0 17.5 25.0 32.5
[3,] 12.5 20.0 27.5 35.0
>
```

实例 ch5_52：将 m1.matrix 加上 m2.matrix，执行两个矩阵相加的实例。

```
> m6.matrix <- m1.matrix + m2.matrix
> m6.matrix
     [,1] [,2] [,3] [,4]
[1,]    5   11   17   23
[2,]    7   13   19   25
[3,]    9   15   21   27
>
```

特别需要留意的是，两个矩阵能进行四则运算的先决条件是它们彼此的维度相同，否则会出现错误信息。有意思的是，R 是允许矩阵对象和向量对象相加的，只要矩阵的行数与向量长度相同即可，可参考下列实例。

实例 ch5_53：矩阵与向量相加的运算实例。

```
> m1.matrix
     [,1] [,2] [,3] [,4]
[1,]    1    4    7   10
[2,]    2    5    8   11
[3,]    3    6    9   12
> m7.matrix <- m1.matrix + 11:13
> m7.matrix
     [,1] [,2] [,3] [,4]
[1,]   12   15   18   21
[2,]   14   17   20   23
[3,]   16   19   22   25
>
```

如果矩阵的列数与向量长度相同，也可以进行相加运算，但一般不常用，读者可以自行测试了解。矩阵也可与向量相乘，只要向量长度与矩阵行数相同即可。

实例 ch5_54：矩阵与向量相乘的运算实例。

```
> m1.matrix
     [,1] [,2] [,3] [,4]
[1,]    1    4    7   10
[2,]    2    5    8   11
[3,]    3    6    9   12
> m8.matrix <- m1.matrix * 1:3
> m8.matrix
     [,1] [,2] [,3] [,4]
[1,]    1    4    7   10
[2,]    4   10   16   22
[3,]    9   18   27   36
>
```

上述命令在执行时，相当于矩阵第一行的所有元素与向量的第一个元素相乘，此例是乘 1。矩阵第二行所有元素与向量的第二个元素相乘，此例是乘 2。矩阵第三行的所有元素与向量的第三个元素相乘，此例是乘 3。

特别需要说明的是，"*"乘号是单一元素逐步操作的，如果是要计算矩阵的内积，则需使用另一个特殊的矩阵相乘符号"%*%"，将在 5-7-4 节说明。

5-7-2 行（Row）和列（Column）的运算

在 4-2 节中笔者介绍了向量对象常用的函数 sum () 和 mean ()，这些函数已被修改可应用于矩阵。

- ❑ rowSums ()：计算行中元素的总和。
- ❑ colSums ()：计算行中元素的总和。
- ❑ rowMeans ()：计算行中元素的平均值。
- ❑ colMeans ()：计算列中元素的平均值。

实例 ch5_55：利用 rowSums () 和 rowMeans () 函数，以及 baskets.New 对象计算 Lin 和 Jordon 的总进球数和平均进球数。

```
> baskets.New
       [,1] [,2] [,3] [,4] [,5] [,6]
Lin       7    8    6   11    9   12
Jordon   12    8    9   15    7   12
> rowSums(baskets.New)      #计算总进球数
   Lin Jordon
    53     63
> rowMeans(baskets.New)     #计算平均进球数
     Lin    Jordon
 8.833333 10.500000
>
```

使用上述 rowSums () 和 rowMeans () 函数一次可计算所有行的数据，假设只想要一个人的数据，可回头使用 sum () 和 mean () 函数。

实例 ch5_56：利用 sum () 和 mean () 函数，以及 baskets.New 对象计算 Lin 的总进球数和平均进球数。

```
> baskets.New
        1st 2nd 3rd 4th 5th 6th
Lin       7   8   6  11   9  12
Jordon   12   8   9  15   7  12
> sum(baskets.New["Lin", ])
[1] 53
> mean(baskets.New["Lin", ])
[1] 8.833333
>
```

R 语言——迈向大数据之路

实例 ch5_57：使用 baskets.New 对象计算各场次的总进球数和平均每位球员的进球数。

```
> baskets.New
       1st 2nd 3rd 4th 5th 6th
Lin      7   8   6  11   9  12
Jordon  12   8   9  15   7  12
> colSums(baskets.New)
1st 2nd 3rd 4th 5th 6th
 19  16  15  26  16  24
> colMeans(baskets.New)
 1st  2nd  3rd  4th  5th  6th
 9.5  8.0  7.5 13.0  8.0 12.0
>
```

使用上述 colSums（）和 colMeans（）函数一次可计算所有列的数据，假设只想要一场比赛的数据，可回头使用 sum（）和 mean（）函数。

实例 ch5_58：使用 baskets.New 对象计算第 3 场次的总进球数和平均每位球员的进球数。

```
> baskets.New
       1st 2nd 3rd 4th 5th 6th
Lin      7   8   6  11   9  12
Jordon  12   8   9  15   7  12
> sum(baskets.New[ , "3rd"])
[1] 15
> mean(baskets.New[ , "3rd"])
[1] 7.5
>
```

5-7-3 转置矩阵

t（）函数可执行矩阵转置，转置矩阵后，矩阵的行列元素将互相对调。

实例 ch5_59：将 baskets.New 矩阵执行转置。

```
> baskets.New
       1st 2nd 3rd 4th 5th 6th
Lin      7   8   6  11   9  12
Jordon  12   8   9  15   7  12
> t(baskets.New)
    Lin Jordon
1st   7     12
2nd   8      8
3rd   6      9
4th  11     15
5th   9      7
6th  12     12
>
```

5-7-4 %*% 矩阵相乘

矩阵对象相乘的运算基本上和数学矩阵相乘是一样的。

实例 ch5_60：分别使用 "*" 和 "%*%" 计算矩阵和向量的乘法。

```
> m1.matrix
     [,1] [,2] [,3] [,4]
[1,]   1    4    7   10
[2,]   2    5    8   11
[3,]   3    6    9   12
> m9.matrix <- m1.matrix * 1:4
> m9.matrix
     [,1] [,2] [,3] [,4]
[1,]   1   16   21   20
[2,]   4    5   32   33
[3,]   9   12    9   48
> m10.matrix <- m1.matrix %*% 1:4
> m10.matrix
     [,1]
[1,]   70
[2,]   80
[3,]   90
>
```

读者可以试着比较上述运算结果。

实例 5_61：两个 3 行 3 列矩阵乘法的应用。

```
> m11.matrix <- matrix(1:9, nrow = 3)
> m11.matrix %*% m11.matrix
     [,1] [,2] [,3]
[1,]   30   66  102
[2,]   36   81  126
[3,]   42   96  150
>
```

矩阵相乘时最常发生的错误是两个相乘矩阵的维度不符合矩阵运算原则，此时会出现"非调和自变量"错误信息，如。

```
> n1 <- matrix(1:9, nrow = 3)
> n2 <- matrix(1:8, nrow = 2)
> n1 %*% n2
Error in n1 %*% n2：非调和自变量
>
```

5-7-5　diag（）

diag（）函数很活，当第一个参数是矩阵时，可传回矩阵对角线的向量值。

实例 ch5_62：在各种不同维度的数组中，传回矩阵对角线的向量值。

```
> m1.matrix
     [,1] [,2] [,3] [,4]
[1,]   1    4    7   10
[2,]   2    5    8   11
[3,]   3    6    9   12
```

```
> diag(m1.matrix)
[1] 1 5 9
> baskets.New
       1st 2nd 3rd 4th 5th 6th
Lin      7   8   6  11   9  12
Jordon  12   8   9  15   7  12
> diag(baskets.New)
[1] 7 8
>
```

diag（）函数的另一个用法是传回矩阵，此矩阵的对角线是使用 x 向量值，其余填 0。该命令的格式如下所示。

diag（x, nrow, ncol）

其中 x 是向量，nrow 是矩阵行数，ncol 是矩阵列数。若省略 nrow 和 ncol 则用 x 向量元素个数（假设是 n）建立 n 行 n 列矩阵。

实例 ch5_63：使用 diag（）函数传回矩阵的实例。

```
> diag(1:5)
     [,1] [,2] [,3] [,4] [,5]
[1,]    1    0    0    0    0
[2,]    0    2    0    0    0
[3,]    0    0    3    0    0
[4,]    0    0    0    4    0
[5,]    0    0    0    0    5
> diag(1, 3, 3)
     [,1] [,2] [,3]
[1,]    1    0    0
[2,]    0    1    0
[3,]    0    0    1
> diag(1, 2, 4)
     [,1] [,2] [,3] [,4]
[1,]    1    0    0    0
[2,]    0    1    0    0
> diag(1:2, 3, 4)
     [,1] [,2] [,3] [,4]
[1,]    1    0    0    0
[2,]    0    2    0    0
[3,]    0    0    1    0
```

5-7-6 solve（）

使用 solve（）函数可传回反矩阵，使用这个函数时要小心，有时会碰上小数字数被舍弃的问题。

实例 ch5_64：反矩阵的应用。

```
> n3 <- matrix(1:4, nrow = 2)
> solve(n3)
     [,1] [,2]
[1,]   -2  1.5
[2,]    1 -0.5
>
```

5-7-7 det ()

det 是指数学中的行列式（Determinant），这个函数可以计算矩阵的行列式值（Determinant）。

实例 ch5_65：det () 函数的应用。

```
> n3
     [,1] [,2]
[1,]   1   3
[2,]   2   4
> det(n3)
[1] -2
>
```

5-8 三维或高维数组

在 R 语言中，如果将矩阵的维度加 1，则得三维数组，这个维度是可视需要而持续增加的。虽然 R 程序设计师较少用到三维或更高维的数据结构，但在某些含时间序列的应用中，是有可能用到的。

5-8-1 建立三维数组

array () 函数可用于建立三维数组，笔者直接以实例解说。

实例 5_66：建立一个元素为 1:24 的三维数组，行数是 3，列数是 4，表格数是 2。

```
> first.3array <- array(1:24, dim = c(3, 4, 2))
> first.3array
, , 1

     [,1] [,2] [,3] [,4]
[1,]   1    4    7   10
[2,]   2    5    8   11
[3,]   3    6    9   12

, , 2

     [,1] [,2] [,3] [,4]
[1,]  13   16   19   22
[2,]  14   17   20   23
[3,]  15   18   21   24

>
```

由上述实例可知，第一个表格填完后再填第二格表，而填表方式与填矩阵方式相同。此外，我们也可以使用 dim () 函数建立三维数组，方法是将一个向量，利用 dim () 函数转成三维数组。

实例 5_67 : 用 dim () 函数重建上一个实例的三维数组的实例。

```
> second.3array <- 1:24
> dim(second.3array) <- c(3, 4, 2)
> second.3array
, , 1

     [,1] [,2] [,3] [,4]
[1,]   1    4    7   10
[2,]   2    5    8   11
[3,]   3    6    9   12

, , 2

     [,1] [,2] [,3] [,4]
[1,]  13   16   19   22
[2,]  14   17   20   23
[3,]  15   18   21   24

>
```

5-8-2 identical () 函数

identical () 函数主要是用于比较两个对象是否完全相同。

实例 ch5_68 : 比较 first.3array 和 second.3array 对象是否完全相同。

```
> identical(first.3array, second.3array)
[1] TRUE
>
```

5-8-3 取得三维数组的元素

取得三维数组的元素的方法与取得向量或矩阵元素的方法相同也是使用索引，可参考下列实例。

实例 ch5_69 : 取得第 2 个表格，第 1 行，第 3 列的元素。

```
> first.3array[1, 3, 2]
[1] 19
>
```

实例 ch5_70 : 取得第 2 个表格中，除去第 3 行，第 1 至 3 列的元素。

```
> first.3array[-3, 1:3, 2]
     [,1] [,2] [,3]
[1,]  13   16   19
[2,]  14   17   20
>
```

由上述结果可以发现，原先 first.3array 为数组对象经筛选后，变成矩阵。如果期待筛选完，对象仍是三维数组，那么可加上参数 "drop = FALSE"。

实例 ch5_71：重新设计 ch5_70，保持筛选结果是三维数组。

```
> first.3array[-3, 1:3, 2, drop = FALSE]
, , 1

     [,1] [,2] [,3]
[1,]   13   16   19
[2,]   14   17   20

>
```

实例 ch5_72：筛选出每个表格的第 3 行的数据。

```
> first.3array[3, , ]
     [,1] [,2]
[1,]    3   15
[2,]    6   18
[3,]    9   21
[4,]   12   24
>
```

细心的读者应该发现，原先第 3 行的数据，已经不是筛选后第 3 行的数据了。这是因为降维度后，第 1 个表格的数据以列优先方式先填充，第 2 个表格再依此填充，所以可以得到上述结果。

实例 ch5_73：筛选出每个表格的第 2 列的数据。

```
> first.3array[ , 2, ]
     [,1] [,2]
[1,]    4   16
[2,]    5   17
[3,]    6   18
>
```

5-9 再谈 class（）函数

在前一章我们介绍使用 class（）函数时，如果将向量变量放在此函数内时，可列出此向量变量元素的数据类型，如果将矩阵放入此函数内，结果如何呢？

实例 ch5_74：class（）函数的参数是矩阵变量的应用。

```
> first.matrix <- matrix(1:12, nrow = 4)
> class(first.matrix)
[1] "matrix"
>
```

上述命令的执行结果是 "Matrix"。

实例 ch5_75：class（）函数的参数是数组变量的应用。

```
> first.3array <- array(1:24, dim = c(3, 4, 2))
> class(first.3array)
[1] "array"
>
```

上述命令的执行结果是"array"。同样的方法可以应用于未来几章要介绍的因子（Factor）、数据框（Data Frame）和串行（List）。但是如果 class（）函数放入的参数是变量（例如，矩阵）的特定元素，则将显示该元素的数据型态。

实例 ch5_76：class（）函数的参数是矩阵特定元素的应用。

```
> first.matrix <- matrix(1:12, nrow = 4)
> class(first.matrix[2, 3])
[1] "integer"
>
```

本章习题

一、判断题

( ) 1. 使用 rbind () 将两个向量做行合并，向量的长度不一定要相等。

( ) 2. 有如下两个命令。

```
> x <- matrix(1:12, nrow = 4, byrow = TRUE)
> x
```

上述命令执行后，下列的执行结果是正确的。

```
     [,1] [,2] [,3]
[1,]   1    5    9
[2,]   2    6   10
[3,]   3    7   11
[4,]   4    8   12
```

( ) 3. 有如下命令。

```
> str(x)
 int [1:4, 1:3] 1 2 3 4 5 6 7 8 9 10 ...
```

由上述执行结果可知，x 是一个矩阵（Matrix）。

( ) 4. 有如下两个命令。

```
> x <- matrix(1:12, nrow = 4)
> is.array(x)
```

上述命令的执行结果如下所示。

[1] TRUE

( ) 5. 有如下两个命令。

```
> x <- matrix(1:12, nrow = 3)
> x[-c(2, 3)]
```

上述命令的执行结果如下所示。

```
     [,1] [,2] [,3] [,4]
[1,]   1    4    7   10
```

( ) 6. 使用 names () 函数可以更改矩阵的行名和列名。

( ) 7. 有如下命令。

```
> dimnames(x)
[[1]]
[1] "A" "B" "C"

[[2]]
NULL
```

由上述执行结果可以知道，目前 x 对象的行名分别是 "A"、"B"、"C"，没有列名。

（　　）8. R 是允许矩阵和向量相加的，只要矩阵的行数与向量长度相同即可。

（　　）9. 有如下两个命令。

```
> x1 <- matrix(1:9, nrow = 3)
> x2 <- matrix(1:8, nrow = 2)
> x1 %*% x2
```

上述命令的执行结果如下所示。

```
     [,1] [,2] [,3]
[1,]   30   66  102
[2,]   36   81  126
[3,]   42   96  150
```

（　　）10. 有如下命令。

```
> diag(1, 3, 3)
```

上述命令的执行结果如下所示。

```
     [,1] [,2] [,3]
[1,]    1    0    0
[2,]    0    1    0
[3,]    0    0    1
```

（　　）11. 可使用下列命令，建立一个元素为 1:24 的三维数组，行数是 3，列数是 4，表格数是 2。

```
> x <- array(1:24, dim = c(3, 4, 2))
```

二、单选题

（　　）1. 已知如下 3 个向量。

a <- c（1, 2, 3）

b <- c（4, 5, 6）

c <- c（7, 8, 9）

想要生成如下矩阵。

1	2	3
4	5	6
7	8	9

可以使用下列哪个命令？

A. cbind（a, b, c）　　　　　　　　B. rbind（a, b, c）

C. matrix（a, b, c）　　　　　　　　D. matrix（c（a, b, c），ncol = 3）

（　　）2. 以下命令会得到哪个输出结果？

```
> x <- c(1, 3, 5)
> y <- c(3, 2, 10)
> cbind(x, y)
```

A. 长度为 3 的 Vector　　　　　　　B. 一个 3*2 的 Matrix

C. 一个 3*3 的 Matrix　　　　　　　D. 一个 2*3 的 Matrix

(　) 3.　以下命令会得到哪个输出结果？

```
> x <- matrix(4:15, nrow = 3 )
> x
```

A.
```
     [,1] [,2] [,3] [,4]
[1,]    4    7   10   13
[2,]    5    8   11   14
[3,]    6    9   12   15
```

B.
```
     [,1] [,2] [,3]
[1,]    4    8   12
[2,]    5    9   13
[3,]    6   10   14
[4,]    7   11   15
```

C.
```
     [,1] [,2] [,3] [,4]
[1,]    4    5    6    7
[2,]    8    9   10   11
[3,]   12   13   14   15
```

D.
```
     [,1] [,2] [,3]
[1,]    4    5    6
[2,]    7    8    9
[3,]   10   11   12
[4,]   13   14   15
```

(　) 4.　以下命令会得到下列哪个结果？

```
> x <- matrix(1:12, nrow = 3)
> x[2, 3]
```

A. [1] 6　　　　　　B. [1] 5　　　　　　C. [1] 8　　　　　　D. [1] 9

(　) 5.　以下命令会得到哪个输出结果？

```
> x <- matrix(1:12, nrow = 3)
> ncol(x)
```

A. [1] 3　　　　　　B. [1] 4　　　　　　C. [1] 5　　　　　　D. [1] 6

(　) 6.　以下命令会得到哪个结论？

```
> dim(x)
[1] 3 4
```

A. x 对象的行数是 3　　　　　　B. x 对象的行数是 4

C. x 对象的列数是 3　　　　　　D. x 对象的行数是 7

(　) 7.　以下命令会得到哪个输出结果？

```
> dim(x)
[1] 3 4
> length(x)
```

A. [1] 3　　　　　　B. [1] 4　　　　　　C. [1] 7　　　　　　D. [1] 12

(　) 8.　以下命令会得到哪个输出结果？

```
> cbind(4:6, 11:13, matrix(1:6, nrow = 3))
```

A.
```
     [,1] [,2] [,3] [,4]
[1,]   1    4    7   10
[2,]   2    5    8   11
[3,]   3    6    9   12
```

B.
```
     [,1] [,2] [,3] [,4]
[1,]   4    7   10   13
[2,]   5    8   11   14
[3,]   6    9   12   15
```

C.
```
     [,1] [,2] [,3] [,4]
[1,]   4   11    1    4
[2,]   5   12    2    5
[3,]   6   13    3    6
```

D.
```
     [,1] [,2] [,3] [,4]
[1,]   2    5    8   11
[2,]   3    6    9   12
[3,]   4    7   10   13
```

( ) 9. 以下命令会得到哪个输出结果?

```
> x <- matrix(10:21, nrow = 3)
> x[2, ]
```

A. [1] 11 14 17 20

B. [1] 10 13 16 19

C. [1] 10 11 12

D. [1] 13 14 15

( ) 10. 以下命令会得到哪个输出结果?

```
> x <- matrix(1:20, nrow = 4)
> x[3:4, 4:5]
```

A.
```
     [,1] [,2]
[1,]   9   13
[2,]  10   14
```

B.
```
     [,1] [,2]
[1,]  15   19
[2,]  16   20
```

C.
```
     [,1] [,2]
[1,]   3    7
[2,]   4    8
```

D.
```
     [,1] [,2]
[1,]   6   10
[2,]   7   11
```

( ) 11. 以下命令会得到哪个输出结果?

```
> x <- matrix(1:20, nrow = 4)
> x[-c(3:4), -2]
```

A.
```
     [,1] [,2] [,3] [,4]
[1,]   1    9   13   17
[2,]   2   10   14   18
```

B.
```
     [,1] [,2] [,3] [,4]
[1,]   5    9   13   17
[2,]   6   10   14   18
```

C.
```
     [,1] [,2] [,3] [,4]
[1,]   2   10   14   18
[2,]   3   11   15   19
[3,]   4   12   16   20
```

D.
```
     [,1] [,2] [,3]
[1,]   1    5   17
[2,]   3    7   19
[3,]   4    8   20
```

( ) 12. 以下命令会得到哪个输出结果?

```
> x <- matrix(1:20, nrow = 4)
> rowSums(x)
```

A. [1] 2.5 6.5 10.5 14.5 18.5

B. [1] 10 26 42 58 74

C. [1] 45 50 55 60

D. [1] 9 10 11 12

（　） 13. 以下命令会得到哪个输出结果？

```
> x <- array(1:24, dim = c(3, 4, 2))
> x[1, 2, 2]
```

A. [1] 13　　　　　B. [1] 14　　　　　C. [1] 15　　　　　D. [1] 16

（　） 14. 以下命令会得到哪个输出结果？

```
> x <- array(1:24, dim = c(3, 4, 2))
> class(x[1, 2, 2])
```

A. [1] "integer"　　　　　　　B. [1] "array"

C. [1] "character"　　　　　　D. [1] "matrix"

三、多选题

（　） 1. 以下哪些 class 命令的执行结果为"matrix"？（选择 3 项）

A. > class(cbind(c(1, 2), c(2, 4)))

B. > class(c(1, 2))

C. > a <- 1:6
　> dim(a) <- c(2, 3)
　> class(a)

D. > a <- matrix(0,1,2)
　> class(a)

E. > class(1+2*3/4-5)

（　） 2. 有一个如下命令。

```
> x <- matrix(1:12, nrow = 3)
```

以下哪些命令可将矩阵的行名分别设为"R1"、"R2"和"R3"？（选择两项）

A. > rownames(x) <- c("R1", "R2", "R3")

B. > colnames(x) <- c("R1", "R2", "R3")

C. > rownames(x) <- ("R1", "R2", "R3")

D. > dimnames(x)[[1]] <- c("R1", "R2", "R3")

E. > dimnames(x)[[2]] <- c("R1", "R2", "R3")

四、实际操作题（如果题目有描述不周详时，请自行假设条件）

1. 建立以下元素内容为 1:30 矩阵。

（1）5 行 6 列的矩阵，排列使用默认值。

（2）5 行 6 列的矩阵，排列使用 byrow = TRUE。

（3）使用 str（）函数列出上述矩阵。

2. 有如下 3 个向量。

x1 <- c（10, 12, 14）

x2 <- c（7, 14, 5）

x3 <- c（15, 3, 19）

（1）使用 rbind（）将上述向量组成矩阵 A1。

（2）使用 cbind（）将上述向量组成矩阵 A2。

（3）列出 A1 矩阵中 [1:2,] 对应的元素。

（4）列出 A1 矩阵中 [1:2, 2:3] 对应的元素。

（5）列出 A2 矩阵中 [, 2:3] 对应的元素。

（6）列出 A2 矩阵中 [2:2, 2:3] 对应的元素。

（7）取得 A1 矩阵中第 1 行以外的矩阵元素。

（8）取得 A2 矩阵中第 2 列以外的矩阵元素。

3. 将第 2 章实际操作题中的习题 2 的 NBA 球星 5 人向量组成矩阵。

4. 为上一题的 NBA 球星数据矩阵设定行名（使用球星名字）和列名（使用场次编号）。

5. 使用 rowSums（）函数为上述球星计算总得分。

6. 使用 rowMeans（）函数为上述球星计算平均得分。

7. 收集 2 个班级，5 位同学，数学和 R 语言的成绩，学生数据用 ID 表示，然后将数据建立为 3 维数组（Array）。

06

因子 Factor

在真实的世界中，我们会遇上各类的数据。例如，形容天气，可用"晴天""阴天""雨天"。列举球类运动，可用"篮球""棒球""足球"。形容汽车颜色，可用"蓝色""黑色""银色"等。是非题，可用"Yes"和"No"。在 R 语言中，我们称以上分类的数据为分类数据（Categorical Data）。

在分类数据中，有些数据是可以排序或是有顺序关系称有序因子（Ordered Factor）。

在 R 语言中有一个特别的数据结构称因子（Factor），这也是本章讨论的重点。不论是字符串数据或数值数据，皆可转换成因子。

6-1 使用 factor () 或 as.factor () 函数建立因子

使用 factor () 函数最重要的参数包括以下两个。

1）　x 向量：这是欲转换为因子的向量。

2）　levels：原 x 向量内元素的可能值。

实例 ch6_1：使用 factor () 函数建立一个简单的因子。

```
> yes.Or.No <- c("Yes", "No", "No", "Yes", "Yes")
> first.factor <- factor(yes.Or.No)
> first.factor
[1] Yes No  No  Yes Yes
Levels: No Yes
>
```

对上述实例 ch6_1 而言，我们可以说，我们已经建立了一个 Yes 和 No 的类别。对上述实例而言，我们也可以使用 as.factor () 函数取代 factor () 函数。

实例 ch6_2：使用 as.factor () 函数建立与 ch6_1 相同的因子。

```
> yes.Or.No <- c("Yes", "No", "No", "Yes", "Yes")
> second.factor <- as.factor(yes.Or.No)
> second.factor
[1] Yes No  No  Yes Yes
Levels: No Yes
>
```

由上述执行结果可以看到，我们已经使用 as.factor () 函数建立与 ch6_1 相同的因子了。如果现在仔细看 Levels，可以看到类别顺序是先有 No，然后是 Yes，这是因为 R 语言是依照字母顺序排列的。但是在我们的习惯里，一般顺序是先有 Yes，然后是 No，这样比较顺。如果想要如此，我们可以参考实例 6_3，在建立因子时，使用参数 levels 强制设定分类数据的顺序。

实例 ch6_3：重新建立实例 ch6_1 所建的因子，此次使用 levels 强制设置 Yes 和 No 的顺序。

```
> yes.Or.No <- c("Yes", "No", "No", "Yes", "Yes")
> third.factor <- factor(yes.Or.No, levels = c("Yes", "No"))
```

```
> third.factor
[1] Yes No  No  Yes Yes
Levels: Yes No
>
```

从上述执行结果可以看到，我们已经成功的更改 Levels 的顺序了。

6-2 指定缺失的 Levels 值

有时我们收集的向量数据是不完整的。碰上这类状况也可以使用 levels 参数设置完整的 Levels 数据。

实例 ch6_4：先建立一个方向数据不完整的因子，缺少"South"。

```
> directions <- c("East", "West", "North", "East", "West" )
> fourth.factor <- factor(directions)
> fourth.factor
[1] East  West  North East  West
Levels: East North West
>
```

从上述执行结果可以看到 Levels 缺少"South"。在实际的应用中，方向数据应该包含 4 个方向，下面的实例会将"South"补上去。

实例 ch6_5：为 fourth.factor 因子补上"South"。

```
> fifth.factor <- factor(fourth.factor, levels = c("East", "West", "South",
"North"))
> fifth.factor
[1] East  West  North East  West
Levels: East West South North
>
```

从上述执行结果可以看到 Levels 类别顺序内有"South"了。

6-3 labels 参数

使用 factor () 函数建立因子时，如果有需要，可以使用第 3 个参数 labels。假设在实例 ch6_5 中，我们想为"East""West""South""North"建立缩写"E""W""S""N"，那么这时就可以使用 labels 了。

实例 ch6_6：建立 sixth.factor，以缩写显示因子的 Levels 内容。

```
> sixth.factor <- factor(fourth.factor, levels = c("East", "West", "South",
"North"), labels = c("E", "W", "S", "N"))
> sixth.factor
[1] E W N E W
```

```
Levels: E W S N
>
```

由上述执行结果可以看到，我们成功以缩写显示了。

6-4 因子的转换

在某些时候，我们可能想将因子转换成字符串向量或数值向量，这时可以使用下列函数。

as.character（）：可将因子转换成字符串向量。

as.numeric（）：可将因子转换成数值向量。

实例 ch6_7：将实例 ch6_5 所建的 fifth.factor 因子转换成字符串向量。

```
> fifth.factor
[1] East  West  North East  West
Levels: East West South North
> as.character(fifth.factor)
[1] "East"  "West"  "North" "East"  "West"
>
```

实例 ch6_8：将实例 ch6_5 所建的 fifth.factor 因子转换成数值向量。

```
> fifth.factor
[1] East  West  North East  West
Levels: East West South North
> as.numeric(fifth.factor)
[1] 1 2 4 1 2
>
```

需要特别注意的是，在建立因子时，levels 为 "East" "West" "South" "North"，相对应 as.numeric（）函数的返回值分别是 1、2、3、4。所以，"East" "West" "North" "East" "West" 的返回值分别是 1, 2, 4, 1, 2。

6-5 数值型因子在转换时常见的错误

假设有一个数值型的因子记录着摄氏温度天气，如下所示。

```
> temperature <- factor(c(28, 32, 30, 34, 32, 34))
>
```

如果现在用 str（）函数了解此 temperature 因子，可以得到下列结果。

```
> str(temperature)
 Factor w/ 4 levels "28","30","32",..: 1 3 2 4 3 4
>
```

可以得到 levels 有 4 个值，分别是 "28" "30" "32" "34"，分别对应 1, 2, 3, 4。所以对于 "28" "32" "30" "34" "32" "34" 可以传回 "1, 3, 2, 4, 3, 4"。

现在如果将 temperature 因子转成字符串向量，将可以得到下列结果。

```
> as.character(temperature)
[1] "28" "32" "30" "34" "32" "34"
>
```

这是预期的结果，但是如果将此 temperature 因子转成数值向量，将可以得到下列结果。

```
> as.numeric(temperature)
[1] 1 3 2 4 3 4
>
```

很明显这不是我们想要的结果。碰到这类问题时，可使用下列方式解决。

```
> as.numeric(as.character(temperature))
[1] 28 32 30 34 32 34
>
```

也就是将 as.character（temperature）的返回值，当作 as.numeric（）函数的参数。

6-6 再看 levels 参数

对于任何因子而言，我们都可以使用 str（）函数查看此因子的结构。例如，参考 fifth.factor，如下所示。

```
> str(fifth.factor)
 Factor w/ 4 levels "East","West",..: 1 2 4 1 2
>
```

由上述执行结果可知，fifth.factor 因子有 4 个 Levels 的值，分别是 "East" "West" ……这些值对应的整数分别是 1, 2, 3, 4。

对于任何因子而言，如果查看它的 Levels，均可以使用 levels（）函数。

实例 ch6_9：使用 levels（）函数，了解 fifth.factor 的 Levels。

```
> levels(fifth.factor)
[1] "East"  "West"  "South" "North"
>
```

nlevels（）函数可传回 levels 的数量。

实例 ch6_10：使用 nlevel（）函数，了解 fifth.factor 的 Levels 的数量。

```
> nlevels(fifth.factor)
[1] 4
>
```

由上述执行结果可知，nlevels（）传回的是一个数值向量，此数值代表 Levels 的数量。length（）则可传回因子元素的数量。

实例 ch6_11：使用 length（）函数传回 fifth.factor 的元素数量。如果 length（）函数参数放的是 levels（fifth.factor），则可传回 Levels 的数量。

```
> length(fifth.factor)
[1] 5
> length(levels(fifth.factor))
[1] 4
>
```

R 语言也允许 levels () 函数配合索引使用，只取 Levels 的部分内容。

实例 ch6_12：只取 fifth.factor 的 levels 的后 3 个。

```
> levels(fifth.factor)[2:4]
[1] "West"  "South" "North"
>
```

6-7 有序因子（Ordered Factor）

有序因子主要是处理有序的数据，可使用下列两种方法建立有序因子。

1) ordered () 函数。

2) factor () 函数，增加参数 "ordered = TRUE"。

实例 ch6_13：建立系列字符 "A" "B" "A" "C" "D" "B" "D" 的有序因子。

```
> str1 <- c("A", "B", "A", "C", "D", "B", "D")
> str1.order <- ordered(str1)
> str1.order
[1] A B A C D B D
Levels: A < B < C < D
>
```

在上述执行结果中，留意，Levels 中的方向符号 "<"，可由这个符号，知道这是有序因子。在上述实例中，R 语言是直接依字符顺序排列的，但有时对一些类别的数据，可能需要我们自己定义顺序，例如，成绩系统，A 的等级是最高，依次是 B, C, D 等，我们可以使用下列实例解决这个问题。

实例 ch6_14：重新设计实例 ch6_13，使 Levels 顺序如下。

D < C < B < A

```
> str1 <- c("A", "B", "A", "C", "D", "B", "D")
> str2.order <- factor(str1, levels = c("D", "C", "B", "A"), ordered = TRUE)
> str2.order
[1] A B A C D B D
Levels: D < C < B < A
>
```

在有序因子中，我们未来可以使用逻辑运算符，筛选想要的元素。在介绍下列实例前，笔者先介绍 which () 函数，这个函数参数是一个逻辑比较，将向量、矩阵或因子对象和逻辑条件比较，然后将符合比较条件的索引值传回。

实例 ch6_15：筛选 str2.order 有序因子内，成绩大于或等于 B 的元素所对应的索引值。

```
> str2.order
[1] A B A C D B D
Levels: D < C < B < A
>
> which(str2.order >= "B")
[1] 1 2 3 6
>
```

由结果看索引值 1（对应 A）、索引值 2（对应 B）、索引值 3（对应 A）、索引值 6（对应 B）
所以我们已经获得想要的结果了。

6-8 table（）函数

这个函数可以自动统计在因子的所有元素中，Levels 中各值出现的次数。

实例 ch6_16：使用 table（）函数测试因子 first.factor 和有序因子 str2.order。

```
> first.factor
[1] Yes No  No  Yes Yes
Levels: No Yes
> table(first.factor)
first.factor
 No Yes
  2   3
> str2.order
[1] A B A C D B D
Levels: D < C < B < A
> table(str2.order)
str2.order
D C B A
2 1 2 2
>
```

由上述执行结果可以看到，对于一般因子 first.factor，输出结果是依照英文字母的顺序打印出
现次数的。对有序因子 str2.order 而言，输出结果是依照 Levels（D，C，B，A）的顺序打印出现
次数的。这对于大数据分析师作数据分析是很有帮助的。

本节结束前，再举一个使用 table（）函数测试一个向量和有序因子的实例，有一系列如下数据。

```
> size <- c("small","large", "med", "large", "small", "large")
>
```

如果此时使用 table（）函数测试，可以得到下列结果。

```
> table(size)
size
large   med small
    3     1     2
>
```

实例 ch6_17：建立一个有序因子，同时用 table（）函数测试。

```
> size.order <- factor(size, levels = c("small", "med", "large"), ordered =
TRUE)
> size.order
[1] small large med   large small large
Levels: small < med < large
> table(size.order)
size.order
small   med large
    2     1    3
>
```

6-9 认识系统内建的数据集

state.name 是一个向量对象，这个对象依字母顺序排列了美国 50 个州，如下所示。

```
> state.name
 [1] "Alabama"        "Alaska"         "Arizona"       "Arkansas"
 [5] "California"     "Colorado"       "Connecticut"   "Delaware"
 [9] "Florida"        "Georgia"        "Hawaii"        "Idaho"
[13] "Illinois"       "Indiana"        "Iowa"          "Kansas"
[17] "Kentucky"       "Louisiana"      "Maine"         "Maryland"
[21] "Massachusetts"  "Michigan"       "Minnesota"     "Mississippi"
[25] "Missouri"       "Montana"        "Nebraska"      "Nevada"
[29] "New Hampshire"  "New Jersey"     "New Mexico"    "New York"
[33] "North Carolina" "North Dakota"   "Ohio"          "Oklahoma"
[37] "Oregon"         "Pennsylvania"   "Rhode Island"  "South Carolina"
[41] "South Dakota"   "Tennessee"      "Texas"         "Utah"
[45] "Vermont"        "Virginia"       "Washington"    "West Virginia"
[49] "Wisconsin"      "Wyoming"
>
```

state.region 是一个因子，记录每一个州是属于美国哪一区的，如下所示。

```
> state.region
 [1] South         West          West          South
 [5] West          West          Northeast     South
 [9] South         South         West          West
[13] North Central North Central North Central North Central
[17] South         South         Northeast     South
[21] Northeast     North Central North Central South
[25] North Central West          North Central West
[29] Northeast     Northeast     West          Northeast
[33] South         North Central North Central South
[37] West          Northeast     Northeast     South
[41] North Central South         South         West
[45] Northeast     South         West          South
[49] North Central West
Levels: Northeast South North Central West
>
```

由上述因子可知美国可分成东北区（Northeast）、南区（South）、中央北区（North Central）和西区（West）。

可用 table（）函数统计各区分别有多少州，如下所示。

```
> table(state.region)
state.region
      Northeast         South North Central          West
              9            16            12            13
>
```

本章习题

一、判断题

（   ）1. 有如下两个命令。

```
> x <- c("Yes", "No", "Yes", "No", "Yes")
> y <- factor(x)
```

上述 y 的 Levels 数量有 5。

（   ）2. 建立因子（Factor）时，如果想要缩写 Levels 的值，可以使用 labels 参数配合 levels 参数做设定。

（   ）3. as.character（）函数：可将因子转换成字符串向量。

（   ）4. as.numeric（）函数：可将数值向量转换成因子。

二、单选题

（   ）1. 有如下命令。

```
> x <- c("Yes", "No", "Yes", "No", "Yes")
```

用哪一个命令，可以得到下列结果？

```
x
 No Yes
  2   3
```

A. rev（x）   B. table（x）   C. factor（x）   D. ordered（x）

（   ）2. 以下命令会得到哪种执行结果？

```
> x <- c("Yes", "No", "Yes", "No", "Yes")
> y <- factor(x, levels = c("Yes", "No"))
> y
```

A. ```
[1] Yes No Yes No Yes
Levels: Yes No
```

B. ```
[1] Yes No  Yes No  Yes
Levels: No Yes
```

C. ```
[1] Yes No Yes No Yes
Levels: No < Yes
```

D. ```
[1] Y N Y N Y
Levels: Y N
```

（   ）3. 以下命令会得到哪种执行结果？

```
> x <- c("Yes", "No", "Yes", "No", "Yes")
> y <- factor(x, levels = c("Yes", "No"),
+ labels = c("Y", "N"))
> y
```

A. ```
[1] Yes No Yes No Yes
Levels: Yes No
```

B. ```
[1] Yes No  Yes No  Yes
Levels: No Yes
```

C. **[1] Yes No Yes No Yes**
Levels: No < Yes

D. **[1] Y N Y N Y**
Levels: Y N

( ) 4. 以下命令会得到哪种执行结果？

```
> x <- c("Yes", "No", "Yes", "No", "Yes")
> y <- ordered(x)
> y
```

A. **[1] Yes No Yes No Yes**
Levels: Yes No

B. **[1] Yes No Yes No Yes**
Levels: No Yes

C. **[1] Yes No Yes No Yes**
Levels: No < Yes

D. **[1] Y N Y N Y**
Levels: Y N

( ) 5. 以下命令会得到哪种执行结果？

```
> x <- c("Yes", "No", "Yes", "No", "Yes")
> y <- factor(x)
> as.numeric(y)
```

A. [1] 1 2 1 2 1

B. [1] 2 1 2 1 2

C. [1] 1 1 1 2 2

D. [1] 2 2 1 1 1

( ) 6. 以下命令会得到哪种执行结果？

```
> x <- c("A", "B", "C", "D", "A", "A")
> y <- factor(x)
> nlevels(y)
```

A. [1] 3   B. [1] 4   C. [1] 5   D. [1] 6

( ) 7. 以下命令会得到哪种执行结果？

```
> x <- c("A", "B", "C", "D", "A", "A")
> y <- factor(x)
> length(y)
```

A. [1] 3   B. [1] 4   C. [1] 5   D. [1] 6

( ) 8. 以下命令会得到哪种执行结果？

```
> x <- c("A", "B", "C", "D", "A", "A")
> y <- factor(x, levels = c("D", "C", "B", "A"),
+ ordered = TRUE)
> which(y >= "A")
```

A. [1] 2 3 4   B. [1] 1 1 1   C. [1] 1 5 6   D. [1] 2 4 6

三、多选题

( ) 1. 有一个如下执行结果。

[1] A B C D A A
Levels: A B C D

下列哪些命令可以得到上述执行结果？（选择 3 项）

A. > x <- c("A", "B", "C", "D", "A", "A")
   > factor(x)

B. > x <- c("A", "B", "C", "D", "A", "A")
   > as.factor(x)

C. > x <- c("A", "B", "C", "D", "A", "A")
   > ordered(x)

D. > x <- c("A", "B", "C", "D", "A", "A")
   > factor(x, ordered = is.ordered(x))

E. > x <- c("A", "B", "C", "D", "A", "A")
   > factor(x, levels = c("D", "C", "B", "A"))

四、实际操作题（如果题目有描述不周详时，请自行假设条件）

1. 将第 4 章第 1 题 a 题目，家人的血型向量，转成因子。

2. 重复前一题，建立因子时，使用 levels 将血型类别顺序设为"A""AB""B""O"。

3. 统计（或自行假设）班上 20 人的考试成绩，计分方式如下所示。

A. 90 分（含）以上

B. 80 ~ 89

C. 70 ~ 79

D. 60 ~ 69

F. 60 以下

请将上述数据建为有序因子，排列方式为 A > B > C > D > F，并按下列要求输出结果。

（1）请列出成绩为 B 以上的人。

（2）请列出成绩为 F 的人。

（3）请使用 table（）函数了解个成绩的分布。

07

CHAPTER

数据框 Data Frame

至今所介绍的资料，不论是向量（Vector）或矩阵（Matrix）或三维数组（Array），所探讨的皆是相同类型的数据。但在真实的世界里，我们需要处理不同类型的资料，例如，在公司行号、薪资是整数，姓名是字符串，地址或电话号码等，这些数据是无法放入相同矩阵的。

R 语言提供了一个新的数据结构，称数据框（Data Frame），可以解决这类问题，这也是本章的重点。

7-1 认识数据框

数据框（Data Frame）是由一系列的列向量（Column Vector）所组成的，我们可以将它视为矩阵的扩充。对单独的向量与矩阵而言，它们的元素必须相同，但对数据框而言，不同列的向量的元素类别可以不同。数据框还有其他以下特色。

1) 每个列（Column）皆有一个名称，如果没有设置，R 语言默认该列的名称是 V1、V2 … 等，可使用 names () 和 colnames () 函数查询或设置数据框列（Column）的名称。

2) 每一个行（Row）也要有一个名称，R 语言默认该行名称是 "1" "2" ……等，相当于数字编号，但这些数字是字符串类型，可使用 row.names () 函数查询或设定行（Row）的名称。

7-1-1 建立第一个数据框

假设有如下 3 个向量。

```
> mit.Name <- c("Kevin", "Peter", "Frank", "Maggie")
> mit.Gender <- c("M", "M", "M", "F")
> mit.Height <- c(170, 175, 165, 168)
>
```

❑ mit.Name：是姓名的字符串向量。

❑ mit.Gender：是性别的字符向量。

❑ mit.Height：是身高的数值向量。

data.frame () 函数，可将上述 3 个向量组成数据框。

实例 ch7_1：建立第 1 个数据框 mit.info，同时验证结果的实例，如下所示。

```
> mit.info <- data.frame(mit.Name, mit.Gender, mit.Height)
> mit.info
  mit.Name mit.Gender mit.Height
1    Kevin          M        170
2    Peter          M        175
3    Frank          M        165
4   Maggie          F        168
>
```

从上述执行结果可知，已经成功建立 mit.info 数据框了。

7-1-2 验证与设置数据框的列名和行名

尽管从实例 ch7_1 的执行结果，已经可以看出向量名称将是数据框的列名，不过这里笔者还是执行验证。先前笔者有说过，可使用 names () 和 colnames () 查询或设定数据框列（Column）的名称，可参考下列实例。

实例 ch7_2：分别使用 names () 和 colnames () 函数查询 mit.info 数据框的列名。

```
> names(mit.info)
[1] "mit.Name"    "mit.Gender" "mit.Height"
> colnames(mit.info)
[1] "mit.Name"    "mit.Gender" "mit.Height"
>
```

实例 ch7_3：使用 row.names () 函数查询行（Row）的名称。

```
> row.names(mit.info)
[1] "1" "2" "3" "4"
>
```

实例 ch7_4：将 mit.info 数据框的第 1 列的列名改成 "m.Name"。

```
> names(mit.info)[1] <- "m.Name"
> names(mit.info)
[1] "m.Name"      "mit.Gender" "mit.Height"
>
```

从上述执行结果可以看到已经成功修改数据框的第一个列名了，当然也可以一次修改所有的列名，可参考下列实例。

实例 ch7_5：一次更改所有 mit.info 数据框的列名，分别改成 "Name" "Gender" "Height"。

```
> names(mit.info) <- c("Name", "Gender", "Height")
> names(mit.info)
[1] "Name"    "Gender" "Height"
> mit.info
    Name Gender Height
1  Kevin      M    170
2  Peter      M    175
3  Frank      M    165
4 Maggie      F    168
>
```

7-2 认识数据框的结构

如果使用 str () 函数，了解数据框的结构时，会发现一个问题，如下所示。

```
> str(mit.info)
'data.frame':   4 obs. of  3 variables:
 $ Name  : Factor w/ 4 levels "Frank","Kevin",..: 2 4 1 3
 $ Gender: Factor w/ 2 levels "F","M": 2 2 2 1
 $ Height: num  170 175 165 168
>
```

因子

我们在 7-1-1 节建立数据框时，mit.Name（现已改成 Name）和 mit.Gender（现已改成 Gender）分明是字符串向量，但在建立数据框时却成了因子变量。其实这是 R 语言的默认情况，如果不想要如此，那么在使用 data.frame（）函数建立数据框时，可以增加参数 "stringsAsFactors = FALSE"。

> 注　有时候在数据框内的某个字段是因子变量时，对建立汇总数据报表是有帮助的，相关知识将在第 15 章和第 16 章予以说明。

实例 ch7_6：重新建立数据框，使其仍保持是字符串数据类别，同时验证原字符串向量。

```
> mit.Newinfo <- data.frame(mit.Name, mit.Gender, mit.Height, stringsAsFacto
rs = FALSE)
> str(mit.Newinfo)
'data.frame':   4 obs. of  3 variables:
 $ mit.Name  : chr  "Kevin" "Peter" "Frank" "Maggie"
 $ mit.Gender: chr  "M" "M" "M" "F"
 $ mit.Height: num  170 175 165 168
>
```

由上述执行结果可以看到，mit.Name 和 mit.Gender 的数据类别仍是字符串（"chr"）。

7-3　取得数据框的内容

7-3-1　一般取得

若想要取得数据框的值，可以将数据框当作矩阵处理。

实例 ch7_7：列出所有学生姓名。

```
> mit.Newinfo[ , "mit.Name"]
[1] "Kevin"  "Peter"  "Frank"  "Maggie"
>
```

实例 ch7_8：列出 2 号学生的资料。

```
> mit.Newinfo[ 2, ]
  mit.Name mit.Gender mit.Height
2    Peter          M        175
>
```

实例 ch7_9：列出 3 号学生的姓名。

```
> mit.Newinfo[ 3, "mit.Name"]
[1] "Frank"
>
```

在上述实例 ch7_9 中，我们在列名称中是直接使用数据框为该列所建的列名。由上述实例可知，mit.Name 是数据框的第一列，我们也可以在索引中直接指明是读第几列的数据。

实例 ch7_10：以直接指明是读第几列的方式重新列出 3 号学生的姓名。

```
> mit.Newinfo[ 3, 1]
[1] "Frank"
>
```

7-3-2 特殊字符 $

再查看一次 mit.Newinfo 数据框，如下所示。

```
> str(mit.Newinfo)
'data.frame':   4 obs. of  3 variables:
 $ mit.Name  : chr  "Kevin" "Peter" "Frank" "Maggie"
 $ mit.Gender: chr  "M" "M" "M" "F"
 $ mit.Height: num  170 175 165 168
>
```

可以看到每个列名前面皆有 " $ " 符号，这个符号主要是为了方便读取数据框的列名内的数据。

实例 ch7_11：列出所有学生姓名。

```
> mit.Newinfo$mit.Name
[1] "Kevin"  "Peter"  "Frank"   "Maggie"
>
```

当然我们也可以用索引方式取得所有学生姓名，如下所示。

```
> mit.Newinfo[ , 1]
[1] "Kevin"  "Peter"  "Frank"   "Maggie"
> mit.Newinfo[ , "mit.Name"]
[1] "Kevin"  "Peter"  "Frank"   "Maggie"
>
```

任何一个程序设计师一定有许多工作，所设计的程序，时间一久可能早就忘了，哪一个对象有哪些字段。所以由程序设计师的观点，使用实例 ch7_11 的方式，可让程序未来更容易阅读。

7-3-3 再看取得的数据

对于对象 X 而言，当使用 X[, n] 时，是取得对象 X 的第 n 列，所获得的结果是一个向量，本节之前的所有实例皆是如此。如果使用 X[n] 方式可取得 X 对象的第 n 列，则所返回的是数据框。如果使用 X[-n] 方式，则表示取得 X 对象的非第 n 列，所返回的数据也是数据框。

实例 ch7_12：列出所有学生姓名，但此次所返回的是数据框，并列出所有除了学生姓名以外的数据框数据，下列是列出所有学生姓名的实例。

```
> mit.Newinfo[1]
  mit.Name
1    Kevin
2    Peter
3    Frank
4    Maggie
> str(mit.Newinfo[1])
'data.frame':    4 obs. of  1 variable:
 $ mit.Name: chr  "Kevin" "Peter" "Frank" "Maggie"
>
```

下列是列出除了学生姓名以外的数据框数据的实例。

```
> mit.Newinfo[-1]
  mit.Gender mit.Height
1          M        170
2          M        175
3          M        165
4          F        168
> str(mit.Newinfo[-1])
'data.frame':    4 obs. of  2 variables:
 $ mit.Gender: chr  "M" "M" "M" "F"
 $ mit.Height: num  170 175 165 168
>
```

在阅读下一节前，先将 mit.Newinfo 的列名修改为 "Name" "Gender" "Height"。

```
> names(mit.Newinfo) <- c("Name", "Gender", "Height")
> mit.Newinfo
    Name Gender Height
1  Kevin      M    170
2  Peter      M    175
3  Frank      M    165
4 Maggie      F    168
>
```

由上述执行结果可知列名修改成功了。

7-4 使用 rbind（）函数增加数据框的行数据

假设有一位学生 "Amy" "F" "161"，想加入数据框，可参考下列实例。

实例 ch7_13：将数据 "Amy" "F" "161"，加入 mit.Newinfo 数据框。

```
> Mit.Newinfo <- rbind(mit.Newinfo, c("Amy", "F", 161))
> Mit.Newinfo
    Name Gender Height
1  Kevin      M    170
2  Peter      M    175
```

```
3 Frank      M      165
4 Maggie     F      168
5   Amy      F      161
>
```

由上述执行结果可以看到 Mit.Newinfo 已经增加 Amy 的数据了。如果想要一次增加多笔数据，例如，"Tony" "M" "171" "Julia" "F" "163"，我们可以先将这多条行数据组合成一个数据框，然后再使用 rbind() 函数将两个数据框组合即可，可参考下列实例。

实例 ch7_14：使用 rbind() 函数实现两个数据框的组合，执行结果将增加编号 6 和 7 的 "Tony"、"M"、"171" 和 "Julia"、"F"、"163" 的相关数据。

```
> mit.Newstu <- data.frame(Name = c("Tony", "Julia"), Gender = c("M", "F"),
Height = c(171, 163))      #新建一个数据框放新学生的数据
> Mit.Newinfo2 <- rbind(Mit.Newinfo, mit.Newstu)
> Mit.Newinfo2
    Name Gender Height
1 Kevin     M     170
2 Peter     M     175
3 Frank     M     165
4 Maggie    F     168
5   Amy     F     161
6  Tony     M     171
7 Julia     F     163
>
```

上述实例的第一个指令是新建数据框，需要特别留意的是，所建数据框的列名必须与想要合并组合的数据框相同，然后使用 rbind() 函数将两个数据框组合，即可得到想要的结果。当然我们也可以直接使用索引值增加数据框的行数据。

实例 ch7_15：使用索引值增加数据框的行数据，执行结果将增加编号 8 和 9 的 "Ivan"、"M"、"181" 和 "Ira"、"M"、"166" 的相关数据。

```
> Mit.Newinfo2[c("8", "9"), ] <- c("Ivan", "Ira", "M", "M", 181, 166 )
> Mit.Newinfo2
    Name Gender Height
1 Kevin     M     170
2 Peter     M     175
3 Frank     M     165
4 Maggie    F     168
5   Amy     F     161
6  Tony     M     171
7 Julia     F     163
8  Ivan     M     181
9   Ira     M     166
>
```

7-5 使用 cbind() 函数增加数据框的列数据

在数据处理过程中，一定会碰上想将新的字段数据加到数据框内的情况，这也是本节要讨论

的主题。

7-5-1　使用 $ 符号

本节为简便将重新使用 mit.Newinfo 对象，如下所示。

```
   Name Gender Height
1  Kevin      M    170
2  Peter      M    175
3  Frank      M    165
4  Maggie     F    168
>
```

假设想增加 Weight 列数据，数据分别是 65, 71, 58, 55。有好几个方法可以实现增加列数据，本小节将介绍如何使用 $ 符号，一次加一条列数据。

实例 ch7_16：使用 $ 符号，为 mit.Newinfo 对象增加 Weight 列数据。

```
> Weight <- c(65, 71, 58, 55)
> mit.Newinfo$Weight <- Weight
> mit.Newinfo
   Name Gender Height Weight
1  Kevin      M    170     65
2  Peter      M    175     71
3  Frank      M    165     58
4  Maggie     F    168     55
>
```

需要特别留意的是 "mit.Newinfo ＄ Weight <- Weight" 指令，"＄" 符号右边的 Weight 是数据框将要新增的列名，也可以使用其他名称。至于最右边的 "Weight" 则是 Weight 向量的元素值。

7-5-2　一次加多个列数据

碰上需一次加多条列数据的情况，最简单的方法是为欲增加的列数据建立数据框，最后再使用 cbind () 函数，将两个数据框组合。

实例 ch7_17：为 mit.Newinfo 对象增加两个列数据，Age 列的数据分别是 19, 20, 20, 19，Score 列的数据分别是 88, 91, 75, 80。

```
> Age <- c(19, 20, 20, 19)
> Score <- c(88, 91, 75, 80)
> mit.addinfo <- data.frame(Age, Score)
> mit.Finalinfo <- cbind(mit.Newinfo, mit.addinfo)
> mit.Finalinfo
   Name Gender Height Weight Age Score
1  Kevin      M    170     65  19    88
2  Peter      M    175     71  20    91
3  Frank      M    165     58  20    75
4  Maggie     F    168     55  19    80
>
```

上述程序的第 3 行是将新增的 Age 和 Score 列数据组成数据框，第 4 行则是将原先数据框和新建数据框组合成最后结果的数据框。

7-6 再谈转置函数 t ()

请参考下列在实例 ch5_13 中使用 rbind () 函数所建的矩阵 baskets.NBA2016.Team。

```
> baskets.NBA2016.Team
       1st 2nd 3rd 4th 5th 6th
Lin      7   8   6  11   9  12
Jordon  12   8   9  15   7  12
>
```

在本章一开始，笔者介绍了数据框是由一系列的列向量所组成的。如果我们想将上述矩阵对象转成数据框，那么可依照下列 2 个步骤进行操作。

1) 使用 t () 函数，将由行向量组成的矩阵转成列向量格式。

2) 正式转成数据框。

实例 ch7_18：将 baskets.NBA2016.Team 矩阵对象，转成数据框对象。

```
> baskets.TNBA2016 <- t(baskets.NBA2016.Team)    #转置处理
> baskets.NBA.dfTeam <- data.frame(baskets.TNBA2016)
> baskets.NBA.dfTeam
     Lin Jordon
1st    7     12
2nd    8      8
3rd    6      9
4th   11     15
5th    9      7
6th   12     12
>
```

经以上转换后，以后就可参照先前章节执行数据框的操作了。

本章习题

一、判断题

（　　）1. 数据框（Data Frame）是由一系列的列向量（Column Vector）所组成的，我们可以将它视为矩阵的扩充。

（　　）2. colnames（）是唯一一个可查询和取得数据框（Data Frame）的函数。

（　　）3. 假设 x.df 是一个数据框（Data Frame），下列两个命令的执行结果相同。

```
> names(x.df)
```

或

```
> colnames(x.df)
```

（　　）4. 数据框（Data Frame）与矩阵（Matrix）的差别之一在于数据框中每一列（Column）的长度可以不相等，而矩阵中每一列（Column）的长度一定要相等。

（　　）5. 有如下系列命令。

```
> x.name <- c("John", "Mary")
> x.sex <- c("M", "F")
> x.weight <- c(70, 50)
> x.df <- data.frame(x.name, x.sex, x.weight)
> x.df[, 1]
```

执行后可以得到下列结果。

```
[1] John Mary
Levels: John Mary
```

（　　）6. 有如下系列命令。

```
> x.name <- c("John", "Mary")
> x.sex <- c("M", "F")
> x.weight <- c(70, 50)
> x.df <- data.frame(x.name, x.sex, x.weight, stringsAsFactors = FALSE)
> x.df[2, 1]
```

执行后可以得到下列结果。

```
[1] Mary
Levels: John Mary
```

（　　）7. cbind（）函数，可将两个数据框组合。

二、单选题

（　　）1. 下列哪一类型的数据结构可允许有不同数据型态？

　　　　A. 向量（Vector）　　　　　　　　　B. 矩阵（Matrix）

C. 数组（Array）　　　　　　　　D. 数据框（Data Frame）

（　　）2.　由以下命令可以判断，mtcars 对象是什么数据类型？

```
> str(mtcars)
'data.frame':   32 obs. of  11 variables:
 $ mpg : num  21 21 22.8 21.4 18.7 18.1 14.3 24.4 22.8 19.2
...
 $ cyl : num  6 6 4 6 8 6 8 4 4 6 ...
 $ disp: num  160 160 108 258 360 ...
 $ hp  : num  110 110 93 110 175 105 245 62 95 123 ...
 $ drat: num  3.9 3.9 3.85 3.08 3.15 2.76 3.21 3.69 3.92 3.
92 ...
 $ wt  : num  2.62 2.88 2.32 3.21 3.44 ...
 $ qsec: num  16.5 17 18.6 19.4 17 ...
 $ vs  : num  0 0 1 1 0 1 0 1 1 1 ...
 $ am  : num  1 1 1 0 0 0 0 0 0 0 ...
 $ gear: num  4 4 4 3 3 3 3 4 4 4 ...
 $ carb: num  4 4 1 1 2 1 4 2 2 4 ...
```

A. 向量（Vector）　　　　　　　　B. 矩阵（Matrix）

C. 因子（Factor）　　　　　　　　D. 数据框（Data Frame）

（　　）3.　由以下命令可以判断，mtcars 对象有多少列？

```
> str(mtcars)
'data.frame':   32 obs. of  11 variables:
```

A. 10　　　　　　　B. 11　　　　　　C. 12　　　　　　D. 13

（　　）4.　以下命令会得到哪种执行结果？

```
> x.name <- c("John", "Mary")
> x.sex <- c("M", "F")
> x.weight <- c(70, 50)
> x.df <- data.frame(x.name, x.sex, x.weight, stringsAsFactors = FALSE)
> x.df[1, 1]
```

A. `[1] "Mary"`　　　　　　　　　B. `[1] "John"`

C. `[1] Mary`　　　　　　　　　　D. `[1] John`
　`Levels: John Mary`　　　　　　　`Levels: John Mary`

（　　）5.　以下命令会得到哪种执行结果？

```
> x.name <- c("John", "Mary")
> x.sex <- c("M", "F")
> x.weight <- c(70, 50)
> x.df <- data.frame(x.name, x.sex, x.weight, stringsAsFactors = FALSE)
> names(x.df) <- c("name", "sex", "weight")
> x.df
```

A.
```
  name sex weight
1 John   M     70
2 Mary   F     50
```
B.
```
  x.name x.sex x.weight
1   John     M       70
2   Mary     F       50
```

C. `[1] Mary`　　　　　　　　　　D. `[1] John`
　`Levels: John Mary`　　　　　　　`Levels: John Mary`

（ ） 6. 以下命令执行后，可以获得多少个行数据？

```
> x.name <- c("John", "Mary")
> x.sex <- c("M", "F")
> x.weight <- c(70, 50)
> x.df <- data.frame(x.name, x.sex, x.weight, stringsAsFactors = FALSE)
> y.df <- rbind(x.df, c("Frankie", "M", 66))
```

A. 1   B. 2   C. 3   D. 4

（ ） 7. 以下命令会得到哪种执行结果？

```
> x.name <- c("John", "Mary")
> x.sex <- c("M", "F")
> x.weight <- c(70, 50)
> x.df <- data.frame(x.name, x.sex, x.weight)
> age <- c(23, 20)
> y.df <- data.frame(age)
> new.df <- cbind(x.df, y.df)
> new.df
```

```
A.   x.name x.sex x.weight
   1   John    M      70
   2   Mary    F      50
```

```
B.   x.name x.sex x.weight
   1   John    M      70
   2   Mary    F      50
   3 Frankie   M      66
```

```
C.   x.name x.sex x.weight age
   1   John    M      70   23
   2   Mary    F      50   20
```

```
D.   name sex weight
   1 John   M    70
   2 Mary   F    50
```

三、多选题

（ ） 1. 有如下命令。

```
> A <- c('A', 'B', 'A', 'A', 'B')
> B <- c('Winter', 'Summer', 'Summer', 'Spring', 'Fall')
> C <- c(7.4, 6.3, 8.6, 7.2, 8.9)
> my.df <- data.frame(A, B, C)
> abc = 1:5
```

若要将向量 abc 加入成为 my.df 的第 4 列，可以用下列哪些命令？（选择 3 项）

A. my.df（abc）<- abc   B. my.df $ abc <- abc

C. my.df[, "abc"] <- abc   D. my.df["abc",] <- abc

E. my.df[4] <- abc

四、实际操作题（如果题目有描述不周详时，请自行假设条件）

1. 请参考实例 ch7_1，建立自己家人的数据框 A1，至少 5 个行数据，并执行以下操作。

（1）请将列名分别更改为：name, gender, height。

（2）请为数据框增加 5 个行数据。

（3）请建立另一个数据框 A2，这个数据框有 3 个行数据，然后将 A2 数据框接在 A1 数据框的下方。

（4）请列出身高 170cm 以上的数据。

2　请建立数据框 B，这个数据框有两个字段（列数据），分别是 weight 和 gender，然后将数据框 B 接在数据框 A1 的右边。

（1）请列出性别为女性数据。

（2）请列出性别为男性，同时体重超过 70kg 的数据。

MEMO

08

串行 List

串行（List）是一种具有很大弹性的对象，在同一串行内可以有不同属性的元素，例如，字符、字符串或数值。也可拥有不同的对象，例如，向量（Vector）、矩阵（Matrix）、因子（Factor）、数据框（Data Frame）或其他串行（List）。

 注 研读至此，相信各位可以看到，数据框（Data Frame）可以视为数个向量所组成的串行（List）对象，但是数据框受限于各向量长度必须相同，串行则无此限制。

8-1 建立串行

建立串行（List）所需的函数是 list（）。其实可以将串行想成是一个大的袋子，这个袋子里面装满各式各样的对象，接下来，将分成几个小节讲解建立串行的知识。

8-1-1 建立串行对象——对象元素不含名称

在程序实例 ch5_39，我们曾经建立一个 baskets.NBA2016.Team 对象，接下来我们将以这个实例所建的矩阵为模板建立串行。

实例 ch8_1：将 baskets.NBA2016.Team 矩阵对象建立成一个串行，此串行内容除了有 basket.NBA2016.Team 对象外，还有两个字符串，分别是字符串"California"代表队名，字符串"2016-2017"代表季度。

```
> baskets.Cal <- list("California", "2016-2017", baskets.NBA2016.Team)
> baskets.Cal
[[1]]
[1] "California"

[[2]]
[1] "2016-2017"

[[3]]
       1st 2nd 3rd 4th 5th 6th
Lin      7   8   6  11   9  12
Jordon  12   8   9  15   7  12

>
```

由上述执行结果可以知道，串行已经建立成功了，此串行的名称是"baskets.Cal"，这个串行内有 3 个对象，"[[ ]]"内的编号是串行内对象元素的编号。由以上执行结果可知对象 1 的内容是"California"，对象 2 是"2016-2017"，对象 3 是原矩阵 baskets.NBA2016.Team 的内容。

8-1-2 建立串行对象——对象元素含名称

建立串行，并且同时为对象元素命名所使用的也是 list（）函数。

实例 ch8_2：建立 baskets.NewCal 串行，在建立串行时同时为串行内的对象元素命名。

```
> baskets.NewCal <- list(TeamName = "California", Season = "2016-2017",
score.Info = baskets.NBA2016.Team)
> baskets.NewCal
$TeamName
[1] "California"

$Season
[1] "2016-2017"

$score.Info
        1st 2nd 3rd 4th 5th 6th
Lin       7   8   6  11   9  12
Jordon   12   8   9  15   7  12

>
```

由上述执行结果可知，"[[ ]]"符号已经消失了，取而代之的是"＄"符号接着对象元素名称。"＄"用法和数据框（Data Frame）类似。其实我们可以将数据框（Data Frame）想成是串行（List）的一种特殊格式。本章接下来介绍的各种串行（List）用法，也均可以在数据框（Data Frame）中使用。

8-1-3 处理串行内对象元素的名称

names（）函数可以获得以及修改串行内对象元素的名称。

实例 ch8_3：分别获得串行 baskets.Cal 和 baskets.NewCal 内的对象元素的名称。

```
> names(baskets.Cal)
NULL
> names(baskets.NewCal)
[1] "TeamName"   "Season"        "score.Info"
>
```

对于 baskets.Cal 对象而言，由于我们在实例 ch8_1 建立时没有加名称，所以返回的是 NULL，而 baskets.NewCal 则返回在实例 ch8_2 所设的名称。

实例 ch8_4：将 basket.Cal 的第 1 个对象命名为"TName"。

```
> names(baskets.Cal)[1] <- "TName"
> baskets.Cal
$TName
[1] "California"

$<NA>
[1] "2016-2017"

$<NA>
        1st 2nd 3rd 4th 5th 6th
Lin       7   8   6  11   9  12
```

```
Jordon  12   8   9  15   7  12

> names(baskets.Cal)
[1] "TName" NA        NA
>
```

在上述实例中，笔者用了两个方法验证结果。很明显可以看到对于"California"字符串而言已经成功建立"TName"名称了，至于尚未建立名称的对象在输出结果中则用"NA"表示。

8-1-4 获得串行的对象元素个数

使用 length () 函数可以获得串行的元素个数。

实例 ch8_5：获得 baskets.NewCal 串行的元素个数。

```
> length(baskets.NewCal)
[1] 3
>
```

8-2 获得串行内对象的元素内容

串行内对象元素如果有名称，则可以使用"$"符号，取得对象元素内容。无论串行内的对象元素已有名称或尚未有名称，均可以使用"[[ ]]"符号取得对象元素内容。不论是使用"$"符号或是"[[ ]]"所传回的均是对象元素本身。

你也可以参考 8-2-4 节，使用"[ ]"，但所传回的数据类型是串行。

8-2-1 使用"$"符号取得串行内对象的元素内容

"$"符号的用法与 7-3-2 节数据框的"$"用法相同。

实例 ch8_6：使用"$"符号获得 baskets.NewCal 串行内所有元素的内容。

```
> baskets.NewCal$TeamName
[1] "California"
> baskets.NewCal$Season
[1] "2016-2017"
> baskets.NewCal$score.Info
       1st 2nd 3rd 4th 5th 6th
Lin      7   8   6  11   9  12
Jordon  12   8   9  15   7  12
>
```

实例 ch8_7：使用"$"符号获得 baskets.NewCal 串行内元素 Score.Info，Jordon 第 4 场的进球数。

```
> baskets.NewCal$score.Info[2, 4]
[1] 15
>
```

实例 ch8_8：使用"$"符号获得 baskets.NewCal 串行内元素 Score.Info，Lin 第 5 场的进球数。

```
> baskets.NewCal$score.Info[1, 5]
[1] 9
>
```

8-2-2　使用"[[ ]]"符号取得串行内对象的元素内容

这种用法也很简单，只要将"[[ ]]"内的数值想成是索引值即可。

实例 ch8_9：使用"[[ ]]"符号获得 baskets.Cal 串行内所有元素的内容。

```
> baskets.Cal[[1]]
[1] "California"
> baskets.Cal[[2]]
[1] "2016-2017"
> baskets.Cal[[3]]
       1st 2nd 3rd 4th 5th 6th
Lin      7   8   6  11   9  12
Jordon  12   8   9  15   7  12
>
```

实例 ch8_10：使用"[[ ]]"符号获得 baskets.NewCal 串行内所有元素的内容。

```
> baskets.NewCal[[1]]
[1] "California"
> baskets.NewCal[[2]]
[1] "2016-2017"
> baskets.NewCal[[3]]
       1st 2nd 3rd 4th 5th 6th
Lin      7   8   6  11   9  12
Jordon  12   8   9  15   7  12
>
```

实例 ch8_11：使用"[[ ]]"符号获得 baskets.NewCal 串行内元素 Score.Info，Jordon 第 4 场的进球数。

```
> baskets.NewCal[[3]][2, 4]
[1] 15
>
```

实例 ch8_12：使用"[[ ]]"符号获得 baskets.NewCal 串行内元素 Score.Info，Lin 第 5 场的进球数。

```
> baskets.NewCal[[3]][1, 5]
[1] 9
>
```

8-2-3　串行内对象的名称也可当索引值

前一小节在"[[ ]]"内，直接使用数字当索引，如果串行内的对象元素已有名称，也可以用这个对象元素名称当索引。

实例 ch8_13：使用"[[ ]]"符号配合对象元素名称当索引，获得 baskets.NewCal 串行内所有元素的内容。

```
> baskets.NewCal[["TeamName"]]
[1] "California"
> baskets.NewCal[["Season"]]
[1] "2016-2017"
> baskets.NewCal[["score.Info"]]
       1st 2nd 3rd 4th 5th 6th
Lin      7   8   6  11   9  12
Jordon  12   8   9  15   7  12
>
```

8-2-4　使用"[ ]"符号取得串行内对象的元素内容

使用"[ ]"也可取得串行内对象的元素内容，但所传回的数据类型是串行。使用"[ ]"符号的另一个特点是可以使用负索引。

实例 ch8_14：使用"[ ]"符号获得 baskets.NewCal 串行内所有元素的内容。

```
> baskets.NewCal[1]
$TeamName
[1] "California"

> baskets.NewCal[2]
$Season
[1] "2016-2017"

> baskets.NewCal[3]
$score.Info
       1st 2nd 3rd 4th 5th 6th
Lin      7   8   6  11   9  12
Jordon  12   8   9  15   7  12

>
```

实例 ch8_15：使用"[ ]"分别取得"1:2"和"2:3"索引值所对应的元素内容的实例。

```
> baskets.NewCal[1:2]
$TeamName
[1] "California"

$Season
[1] "2016-2017"

> baskets.NewCal[2:3]
$Season
[1] "2016-2017"

$score.Info
       1st 2nd 3rd 4th 5th 6th
```

```
Lin       7   8   6  11   9  12
Jordon   12   8   9  15   7  12

>
```

需要留意的是，上述两个实例所传回的皆是串行。

如果索引值是负数，则代表传回的串行不含负索引所指的对象元素。

实例 ch8_16：负索引的应用，所传回的串行将不含第 1 个对象元素 TeamName。

```
> baskets.NewCal[-1]
$Season
[1] "2016-2017"

$score.Info
        1st 2nd 3rd 4th 5th 6th
Lin       7   8   6  11   9  12
Jordon   12   8   9  15   7  12

>
```

由上述执行结果可知，R 语言在剔除 TeamName 对象元素后，将重新排列串行内对象的顺序。

实例 ch8_17：以另一种方式重新设计 ch8_16。这相当于传回非 TeamName 索引值以外的所有对象。

```
> baskets.NewCal[names(baskets.NewCal) != "TeamName"]
$Season
[1] "2016-2017"

$score.Info
        1st 2nd 3rd 4th 5th 6th
Lin       7   8   6  11   9  12
Jordon   12   8   9  15   7  12

>
```

8-3 编辑串行内对象的元素值

你可以像编辑修改其他对象的方式，编辑修改串行各个元素的内容。

8-3-1 修改串行元素的内容

我们可以使用 "[[ ]]" 和 " $ " 修改串行元素的内容，笔者将以不同方法逐步讲解，如何修改串行元素的内容。

实例 ch8_18：将 baskets.NewCal 串行的季度"Season"改成"2017–2018"。

```
> baskets.NewCal[[2]] <- "2017-2018"        #编辑修改
> baskets.NewCal                            #验证结果
$TeamName
[1] "California"

$Season
[1] "2017-2018"

$score.Info
        1st 2nd 3th 4th 5th 6th
Lin       7   8   6  11   9  12
Jordon   12   8   9  15   7  12

>
```

实例 ch8_19：以不同方法，将 baskets.NewCal 串行的季度"Season"改成"2018–2019"。

```
> baskets.NewCal[["Season"]] <- "2018-2019"     #编辑修改
> baskets.NewCal                                #验证结果
$TeamName
[1] "California"

$Season
[1] "2018-2019"

$score.Info
        1st 2nd 3th 4th 5th 6th
Lin       7   8   6  11   9  12
Jordon   12   8   9  15   7  12

>
```

实例 ch8_20：以不同方法，将 baskets.NewCal 串行的季度"Season"改成"2019–2020"。

```
> baskets.NewCal$Season <- "2019-2020"      #编辑修改
> baskets.NewCal                            #验证结果
$TeamName
[1] "California"

$Season
[1] "2019-2020"

$score.Info
        1st 2nd 3th 4th 5th 6th
Lin       7   8   6  11   9  12
Jordon   12   8   9  15   7  12

>
```

此外，也可以使用"[ ]"的方式实现串行元素内容的修改，方法可参考下列实例。

实例 ch8_21：以"[ ]"方法，将 baskets.NewCal 串行的季度"Season"改成"2020–2021"。

```
> baskets.NewCal[2] <- list("2020-2021")    #编辑修改
> baskets.NewCal                            #验证结果
$TeamName
[1] "California"
```

```
$Season
[1] "2020-2021"

$score.Info
      1st 2nd 3th 4th 5th 6th
Lin     7   8   6  11   9  12
Jordon 12   8   9  15   7  12

>
```

从以上实例，我们已经学会修改串行单一元素内容的方法了，如果想一次修改多个元素的内容，可参考下列实例。

实例 ch8_22：一次修改串行内两个元素的内容，本实例会将元素 1 改成 "Texas"，将元素 2 改成 "2016-2017"，本实例会先制作一份备份 "copy.baskets.NewCal"，然后再修改此对象的元素 1 和元素 2 的内容。

```
> copy.baskets.NewCal <- baskets.NewCal              #先制作一份备份
> copy.baskets.NewCal[1:2] <- list("Texas", "2016-2017")   #修改
> copy.baskets.NewCal                                #验证结果
$TeamName
[1] "Texas"

$Season
[1] "2016-2017"

$score.Info
      1st 2nd 3th 4th 5th 6th
Lin     7   8   6  11   9  12
Jordon 12   8   9  15   7  12

`
```

8-3-2 为串行增加更多元素

我们可以修改串行元素的值，也可以为串行增加新元素。此时可以使用索引，也可以使用 "$" 符号。

实例 ch8_23：为串行 baskets.NewCal 对象增加新的元素，元素名称是 "PlayerName"，内容是 "Lin" 和 "Jordon"。

```
> baskets.NewCal[["PlayerName"]] <- c("Lin", "Jordon")   #新增元素
> baskets.NewCal                                          #验证结果
$TeamName
[1] "California"

$Season
[1] "2020-2021"

$score.Info
      1st 2nd 3th 4th 5th 6th
Lin     7   8   6  11   9  12
Jordon 12   8   9  15   7  12
```

```
$PlayerName
[1] "Lin"     "Jordon"

>
```

由上述执行结果可以看到，我们成功地增加了"PlayerName"元素了。

实例 ch8_24：以不同方式为串行 baskets.NewCal 对象增加新的元素，元素名称是"PlayerAge"，内容是"25"和"45"。

```
> baskets.NewCal["PlayerAge"] <- list(c(25, 45))          #新增元素
> baskets.NewCal                                          #验证结果
$TeamName
[1] "California"

$Season
[1] "2020-2021"

$score.Info
      1st 2nd 3th 4th 5th 6th
Lin     7   8   6  11   9  12
Jordon 12   8   9  15   7  12

$PlayerName
[1] "Lin"     "Jordon"

$PlayerAge
[1] 25 45

>
```

实例 ch8_25：以不同方式为串行 baskets.NewCal 对象增加新的元素，元素名称是"Gender"，内容是"M"和"M"。

```
> baskets.NewCal$Gender   <- c("M", "M")                  #新增元素
> baskets.NewCal                                          #验证结果
$TeamName
[1] "California"

$Season
[1] "2020-2021"

$score.Info
      1st 2nd 3th 4th 5th 6th
Lin     7   8   6  11   9  12
Jordon 12   8   9  15   7  12

$PlayerName
[1] "Lin"     "Jordon"

$PlayerAge
[1] 25 45

$Gender
[1] "M" "M"

>
```

对于使用 "[ ]" 和 "[[ ]]" 而言，也可以在索引中直接以数值表示串行新增的第几个元素，可参考下列实例。

实例 ch8_26：以数值当索引重新设计 ch8_23，但此次使用对象 "copy.baskets.NewCal"。

```
> copy.baskets.NewCal[[4]] <- c("Lin", "Jordon")
> copy.baskets.NewCal
$TeamName
[1] "Texas"

$Season
[1] "2016-2017"

$score.Info
       1st 2nd 3rd 4th 5th 6th
Lin      7   8   6  11   9  12
Jordon  12   8   9  15   7  12

[[4]]
[1] "Lin"    "Jordon"

>
```

当然使用这种方式新增串行元素时，首先必须要知道串行内有多少元素，如果原串行已经有 4 个元素时，上述实例会成为修改第 4 个元素的内容，而不是新增第 4 个元素。

实例 ch8_27：以数值当索引重新设计 ch8_24，但此次使用对象 "copy.baskets.NewCal"。

```
> copy.baskets.NewCal[5] <- list(c(25, 45))
> copy.baskets.NewCal
$TeamName
[1] "Texas"

$Season
[1] "2016-2017"

$score.Info
       1st 2nd 3rd 4th 5th 6th
Lin      7   8   6  11   9  12
Jordon  12   8   9  15   7  12

[[4]]
[1] "Lin"    "Jordon"

[[5]]
[1] 25 45

>
```

同样的，使用这种方式新增串行元素时，首先是必须知道串行内有多少个元素，如果原串行已经有 5 个元素时，上述实例会成为修改第 5 个元素的内容，而不是新增第 5 个元素。

8-3-3　删除串行内的元素

如果想要删除串行内的元素，只要将此元素设为 NULL 即可。同时，如果所删除的元素非最后一个元素时，原先后面的元素会往前移。例如，如果我们删除第 4 个元素，则删除后第 5 个元素会变成第 4 个元素，其他依此类推。

实例 ch8_28：删除串行对象 "baskets.NewCal" 内的第 4 个元素 "PlayerName"。

```
> baskets.NewCal[[4]] <- NULL
> baskets.NewCal
$TeamName
[1] "California"

$Season
[1] "2020-2021"

$score.Info
       1st 2nd 3rd 4th 5th 6th
Lin      7   8   6  11   9  12
Jordon  12   8   9  15   7  12

$PlayerAge
[1] 25 45

$Gender
[1] "M" "M"

>
```

由上述执行结果很明显可以看到，原先第 5 个元素 "PlayerAge" 已经往前移了变成第 4 个元素了。

实例 ch8_29：以不同方法删除串行对象 "baskets.NewCal" 内的第 4 个元素 "PlayerAge"。

```
> baskets.NewCal["PlayerAge"] <- NULL
> baskets.NewCal
$TeamName
[1] "California"

$Season
[1] "2020-2021"

$score.Info
       1st 2nd 3rd 4th 5th 6th
Lin      7   8   6  11   9  12
Jordon  12   8   9  15   7  12

$Gender
[1] "M" "M"

>
```

实例 ch8_30：以不同方法删除串行对象 "baskets.NewCal" 内的第 4 个元素 "Gender"。

```
> baskets.NewCal$Gender <- NULL
> baskets.NewCal
$TeamName
[1] "California"

$Season
[1] "2020-2021"

$score.Info
       1st 2nd 3rd 4th 5th 6th
Lin      7   8   6  11   9  12
Jordon  12   8   9  15   7  12

>
```

8-4 串行合并

我们至今已经使用许多次 c () 函数了，字符 c 其实是 concatenate 的缩写，也就是合并，如果想将两个或多个串行合并，所使用的是 c () 函数。在正式执行串行合并操作前，笔者先建一个串行对象 "baskets.NewInfo"，其内容如下所示。

```
> baskets.NewInfo <- list(Heights = c(192, 199), Ages = c(25, 45))
> baskets.NewInfo
$Heights
[1] 192 199

$Ages
[1] 25 45

>
```

实例 ch8_31：执行 "baskets.NewCal" 串行和 "baskets.NewInfo" 串行合并。

```
> baskets.Merge <- c(baskets.NewCal, baskets.NewInfo)     #串列合并
> baskets.Merge
$TeamName
[1] "California"

$Season
[1] "2020-2021"

$score.Info
       1st 2nd 3rd 4th 5th 6th
Lin      7   8   6  11   9  12
Jordon  12   8   9  15   7  12
```

```
$Heights
[1] 192 199

$Ages
[1] 25 45

>
```

由上述执行结果可知，我们已经成功执行串行合并了。

8-5 解析串行的内容结构

本章最后笔者将要如何解析串行的内容结构，请执行 str（baskets.Merge）命令，可以得到下列执行结果。

```
> str(baskets.Merge)
List of 5
 $ TeamName  : chr "California"
 $ Season    : chr "2020-2021"
 $ score.Info: num [1:2, 1:6] 7 12 8 8 6 9 11 15 9 7 ...
  ..- attr(*, "dimnames")=List of 2
  .. ..$ : chr [1:2] "Lin" "Jordon"
  .. ..$ : chr [1:6] "1st" "2nd" "3rd" "4th" ...
 $ Heights   : num [1:2] 192 199
 $ Ages      : num [1:2] 25 45
>
```

1） 第 1 行，表示这是一个串行，此串行有 5 个元素。

2） 第 2 行，由 "$" 开头，表示这是第 1 个元素，此元素的名称是 "TeamName"，元素是字符串格式 "chr" 的，内容是 "California"。

3） 第 3 行，由 "$" 开头，表示这是第 2 个元素，此元素的名称是 "Season"，元素是字符串格式 "chr" 的，内容是 "2020–2021"。

4） 第 4 行，由 "$" 开头，表示这是第 3 个元素，此元素名称是 "score.Info"，元素是数值格式 "num" 的，这是一个 2 行 6 列的矩阵。

5） 第 5 行，开头是 ".."，表示这项内容属于上方元素，相当于第 3 个元素，其行名称（Row Name）和列名称（Column Name）是储存在 "dimnames" 属性内的，同时 "dimnames" 又是一个串行，内有两个元素。

6） 第 6 行和第 7 行，开头是 "...." 接 "$" 的缩排，表示这是属于上方第 3 个元素的数组内容，这两个向量均是字符串向量，长度分别为 2 和 6。

7） 第 7 行，由 "$" 开头，表示这是第 4 个元素，此元素的名称是 "Ages"，元素是数值格式 "num" 的，内容是 "192" 和 "199"。

8） 第 8 行，由 "＄" 开头，表示这是第 5 个元素，此元素名称是 "Heights"，元素是数值格式 "num" 的，内容是 "25" 和 "45"。

其实，str（）函数主要是可以使你了解对象的结构，由此你可以获得许多有用的信息。在本章实例 ch8_1 中我们建立了 "baskets.Cal" 对象，虽然后来经过修改，但我们可以再查看一次这个对象的结构，如下所示。

```
> str(baskets.Cal)
List of 3
 $ TName: chr "California"
 $ NA   : chr "2016-2017"
 $ NA   : num [1:2, 1:6] 7 12 8 8 6 9 11 15 9 7 ...
  ..- attr(*, "dimnames")=List of 2
  .. ..$ : chr [1:2] "Lin" "Jordon"
  .. ..$ : chr [1:6] "1st" "2nd" "3rd" "4th" ...
>
```

在上述执行结果可以看到 baskets.Cal 有 3 个元素，其中第 2 和 3 个元素的 "＄" 符号右边是 NA，代表这两个元素没有名称，其他内容则不难理解。

最后笔者建议，由于串行可以包含多种不同数据格式的元素，这将是您未来迈向 Big Data Engineer 很重要的工具，应该彻底理解，使用时每个元素都应该给予名称，方便未来使用。

本章习题

一、判断题

( ) 1. 数据框（Data Frame）与串行（List）的相同点在于可以同时储存数值数据与文字数据。

( ) 2. 数据框（Data Frame）与串行（List）的差别之一是串行中每一元素的长度可以不相等，而数据框中每一列向量的长度需相等。

( ) 3. 有如下两个命令。

```
> a <- c (1, 2, 3, 4)

> b <- list (1, 2, 3, 4)
```

执行命令后，a[[1]] 与 b[[1]] 的返回值均为 1。

( ) 4. 有如下两个命令。

```
> a <- c(1, 2, 3, 4)
> b <- list(1, 2, 3, 4)
```

上述指令执行后，a[[1]] 和 b[[1]] 的执行结果相同。

( ) 5. 有如下命令。

```
> x.list <- list(name = "x.name", gender = "x.sex")
```

对上述 x.list 对象而言，第 2 个元素的对象名称是 "x.sex"，未来我们可以使用 x.list \$ x.sex 存取此元素的内容。

( ) 6. 有如下系列命令。

```
> A = c('A', 'B', 'A', 'A', 'B')
> B = c('Winter', 'Summer', 'Summer', 'Spring', 'Fall')
> x.list <- list(A, B)
> length(x.list)
```

上述命令的执行结果如下所示。

[1] 10

( ) 7. 有如下两个命令。

```
> x.list <- list(name = "x.name", gender = "x.sex")
> x.list[["name"]]
```

上述命令执行时会有错误产生。

( ) 8. 有如下两个指令。

```
> x.list
$name
[1] "x.name"

$gender
[1] "x.sex"

> x.list$gender <- NULL
```

上述命令执行后，串行 x.list 将只剩下一个元素。

( ) 9. cbind () 函数一般也常用于串行合并，有如下系列命令。

```
> x.name <- c("John", "Mary")
> x.sex <- c("M", "F")
> x.age <- c(20, 23)
> x.weight <- c(70, 50)
> x.list1 <- list(x.name, x.sex)
> x.list2 <- list(age, x.weight)
> x.list3 <- cbind(x.list1, x.list2)
> x.list3
```

上述命令的执行结果如下所示。

```
> x.list3
[[1]]
[1] "John" "Mary"

[[2]]
[1] "M" "F"

[[3]]
[1] 23 20

[[4]]
[1] 70 50
```

( ) 10. 使用 "[ ]" 也可取得串行元素的内容，所返回的数据类型是串行。

二、单选题

( ) 1. 下列哪一类型的数据结构使用的弹性最大？

A. 向量 Vector   B. 矩阵 Matrix

C. 数据框 Data Frame   D. 串行 List

( ) 2. 有如下系列命令。

```
> id <- c(34453, 72456, 87659)
> name <- c("John", "Mary")
> lst1 <- list(stud.id = id, stud.name = name)
```

若要利用串行 "lst1" 得到字符串向量 "name" 中的数据 "John"，可以用以下哪一个命令？

A. lst1 $ name[1]   B. lst1["stud.name"][1]

C. lst1[[stud.name]][1]   D. lst1[[2]][1]

( ) 3. 有如下系列命令。

```
> id <- c(34453, 72456, 87659)
> name <- c("John", "Mary", "Jenny")
> gender <- c("M", "F", "F")
> height <- c(167, 156, 180)
```

下列哪一个命令是有问题的？

A. data.frame（id, name, gender, height）

B. list（id, name, gender, height）

C. matrix（id, name, gender, height）

D. cbind（id, name, gender, height）

（　　）4.　有如下系列命令。

```
> id <- c(34453, 72456, 87659)
> x.list <- list("NY", "2020", id)
```

下列哪一个命令可以取得串行第 2 个元素的内容？

A. > x.list[[2]]　　　　　　　　　　B. > x.list[[1]]

C. > x.list$2020　　　　　　　　　　D. > x.list$NY

（　　）5.　有一个串行，其内容如下所示。

```
> x.list
$City
[1] "NY"

$Season
[1] "2020"

$Number
[1] 34453 72456 87659
```

下列哪一个命令无法取得 x.list 串行 Number 的第 2 个数据的内容？

A. > x.list[[3]][2]　　　　　　　　　B. > x.list$Number[2]

C. > x.list[["Number"]][2]　　　　　D. > x.list["Number"][2]

（　　）6.　有一个串行，其内容如下所示。

```
> x.list
$City
[1] "NY"

$Season
[1] "2020"

$Number
[1] 34453 72456 87659
```

下列哪一个命令可以得到下列执行结果？

```
$Season
[1] "2020"

$Number
[1] 34453 72456 87659
```

A. > x.list[[c(2:3)]]　　　　　　　B. > c(x.list[[2]], x.list[[3]])

C. > x.list[[-1]]　　　　　　　　　D. > x.list[-1]

（　　）7. 有一个串行，其内容如下所示。

```
> x.list
$City
[1] "NY"

$Season
[1] "2020"

$Number
[1] 34453 72456 87659
```

下列哪一个命令无法为串行增加第 4 个元素？

A. > x.list[["Country"]] <- "USA"

B. > x.list["Country"] <- "USA"

C. > x.list"Country" <- "USA"

D. > x.list[4] <- "USA"

（　　）8. 请参考下列执行结果。

```
> str(baskets.Merge)
List of 5
 $ TeamName  : chr "California"
 $ Season    : chr "2020-2021"
 $ score.Info: num [1:2, 1:6] 7 12 8 8 6 9 11 15 9 7 ...
  ..- attr(*, "dimnames")=List of 2
  .. ..$ : chr [1:2] "Lin" "Jordon"
  .. ..$ : chr [1:6] "1st" "2nd" "3rd" "4th" ...
 $ Heights   : num [1:2] 192 199
 $ Ages      : num [1:2] 25 45
>
```

下列哪一个叙述是错的？

A. 第 1 行，表示这是一个串行，此串行有 5 个元素

B. 第 4 行，由 "$" 开头，表示这是第 3 个元素，此元素的名称是 "score.Info"，元素是数值格式 "num" 的，这是 1 个 2 行 4 列的矩阵

C. 第 8 行，由 "$" 开头，表示这是第 4 个元素，此元素的名称是 "Heights"，元素是数值格式 "num" 的，内容是 "192" 和 "199"

D. 第 9 行，由 "$" 开头，表示这是第 5 个元素，此元素的名称是 "Ages"，元素是数值格式 "num" 的，内容是 "25" 和 "45"

三、多选题

（　　）1. 下列哪些对象可以同时储存数值数据与字符串数据？（选择两项）

A. 串行 List　　　　　B. 矩阵 Matrix　　　C. 数组 Array

D. 数据框 Data Frame　　　　　　　　E. 向量 Vector

四、实际操作题（如果题目有描述不周详时，请自行假设条件）

1. 麻将是由下列数据组成的。

    （1）季节，春、夏、秋、冬，各 1 颗。

    （2）花色，梅、兰、竹、菊，各 1 颗。

    （3）红中、发财、白板，各 4 颗。

    （4）1 万到 9 万各 4 颗。

    （5）1 条到 9 条各 4 颗。

    （6）1 饼到 9 饼各 4 颗。

    请利用上述信息建立串行。

2. 建立一个串行 A，这个串行包含以下 3 个元素（可想成在某一年，某一城市认识的朋友）。

    （1）year：字符串。

    （2）city：字符串。

    （3）friend：5 个姓名字符串向量数据。

    对串行 A 进行下列操作

    （1）使用两种方法列出串行中 friend 字符串向量中第 2 个人的名字。

3. 将上述串行的元素分别命名为 year、city 和 friend。如果之前建立时已命名，则可忽略此题。

4. 请分别使用"[ ]"、"[[ ]]"和"$"传回对象的内容，并理解其差异。

5. 使用负索引，只返回 city 和 friend 元素的内容。

6. 将串行的 city 的字符串内容改成 LA。

7. 为串行增加新元素（可自行发挥），此元素有 3 个数据。

8. 请自行建立串行 B，这个串行内容可自行发挥，至少有 3 个元素数据。

9. 将所建的串行 A 和串行 B 合并。

09

CHAPTER

进阶字符串的处理

在 R 语言中，字符串的处理扮演着一个非常重要的角色，当各位读完前 8 章，相信对 R 语言已经有了一个基本认识，当你读完本章，相信可以让你的 R 语言功力更上一层。

9-1 语句的分割

在使用 R 语言时，常常需要将一个语句拆成单词作分割，此时可以使用 strsplit（）函数。

实例 ch9_1：建立一个字符串语句 "Hello R World"，建好后以空格为界，将此段语句分割成单词。

```
> x <- c("Hello R World")
> x
[1] "Hello R World"
> strsplit(x, " ")          #将语句拆成单词，以空格为界
[[1]]
[1] "Hello" "R"       "World"

>
```

由上述执行结果可以知道 strsplit（）函数的返回值是一个串行（List），此串行只有一个元素，这个元素是一个字符串向量（Vector）。

实例 ch9_2：延续前一个实例，使用 strsplit（）函数将一个语句拆成单词，同时存入向量 xVector 内。

```
> xVector <- strsplit(x, " ")[[1]]
> xVector
[1] "Hello" "R"       "World"
>
```

9-2 修改字符串的大小写

toupper（）：这个函数可以将字符串改成大写。

tolower（）：这个函数可以将字符串改成小写。

实例 ch9_3：将实例 ch9_2 所建的 xVector 字符串改成全大写。

```
> xVector                         #检查字符串内容
[1] "Hello" "R"       "World"
> toupper(xVector)
[1] "HELLO" "R"       "WORLD"
>
```

实例 ch9_4：将实例 ch9_2 所建的 xVector 字符串改成全小写。

```
> xVector                         #检查字符串内容
[1] "Hello" "R"       "World"
> tolower(xVector)
[1] "hello" "r"       "world"
>
```

9-3　unique（）函数的使用

这个函数的作用主要是让向量内容没有重复地出现。在以字符串作实例前，笔者先以数值数据为例子说明。在之前章节中，笔者曾介绍过一个数值向量对象，如下所示。

```
> baskets.NBA2016.Jordon
[1] 12  8  9 15  7 12
>
```

很明显此向量对象的元素值"12"出现 2 次，unique（）函数可以让所有元素内容不重复出现。

实例 ch9_5：使 baskets.NBA2016.Jordon 内的数值数据不重复出现。

```
> unique(baskets.NBA2016.Jordon)
[1] 12  8  9 15  7
>
```

从上述执行结果可以得到，原来元素值"12"出现 2 次，现在已经不重复出现了。其实 R 语言程序设计师在处理字符串问题时，偶尔也会有处理字符串向量内有单词重复的问题，此时也可以用这个函数处理。下列是一个语句，当建成字符串向量后，有单词"coffee"重复出现。

```
> coffee.Words <- "Coffee produced using the drying method is known as natur
al coffee"
>
```

实例 ch9_6：将"coffee.Words"字符串语句对象先分成个别单词，再将重复的单词处理成只出现一次。因为在这个例子中"Coffee"和"coffee"会被视为不同字，所以需先将此句子处理成全小写，再使用 unique（）函数再将重复的单词处理成只出现一次。

```
> coffee.NewWords <- strsplit(coffee.Words, " ")[[1]]      #将句子拆成单字
> unique(tolower(coffee.NewWords))    #先转成小写，再执行元素唯一化
 [1] "coffee"   "produced" "using"    "the"      "drying"   "method"   "is"
 [8] "known"    "as"       "natural"
>
```

由上述执行结果可以看到，"coffee"字符串只出现一次。

9-4　字符串的连接

学会了如何将语句拆成各个字符串或称单词后，接着本节会讲解如何将各个字符串或单词连接成语句，此时会用到 paste（）函数。

9-4-1　使用 paste（）函数常见的失败实例 1

实例 ch9_7：字符串连接失败的实例 1。

```
> coffee.fail1 <- paste(c("Boiling", "coffee", "brind", "out", "a", "bitterl
y", "taste"))
> coffee.fail1
[1] "Boiling" "coffee"  "brind"   "out"     "a"        "bitterly"
[7] "taste"
>
```

上述使用 paste () 函数之所以失败，最主要的原因是 paste () 函数内有 c () 函数，因为字符串经过 c () 函数处理后就会形成一个字符串向量。

9-4-2　使用 paste () 函数常见的失败实例 2

实例 ch9_8：字符串连接失败的实例 2。

```
> #建立字符串向量
> coffee.str <- c("Boiling", "coffee", "brings", "out", "a", "bitterly", "taste")
> paste(coffee.str)  # 执行字符串连接但失败实例2
[1] "Boiling" "coffee"  "brings"  "out"     "a"       "bitterly" "taste"
>
```

上述实例失败的原因和实例 ch9_7 相同。

9-4-3　字符串的成功连接与 collapse 参数

若是想用 paste () 函数成功将字符串向量内的字符串连接，须加上 collapse 参数。假设字符串是使用空白连接，则在 paste () 函数内加上 collapse = " " 即可。

实例 ch9_9：使用 paste () 函数搭配 collapse 参数，将字符串连接。

```
> paste(coffee.str, collapse = " ")
[1] "Boiling coffee brings out a bitterly taste"
>
```

由上述执行结果可以看到，我们成功地将字符串依照本意连接了。在实例 ch9_9 内，如果将参数设定成 "collapse = NULL"，会有何结果呢？可参考下列实例。

实例 ch9_10：重新设计实例 ch9_9，将 collapse 参数设为 NULL。

```
> paste(coffee.str, collapse = NULL)
[1] "Boiling" "coffee"  "brings"  "out"     "a"        "bitterly"
[7] "taste"
>
```

由上述执行结果可知，将 collapse 参数设为 NULL，与不加上此参数结果相同，可参考实例 ch9_8。其实 collapse 参数除了 NULL 外，可以是任何其他字符，这个字符将是连接各个单字的字符。

实例 ch9_11：重新设计实例 ch9_9，将单字间以 "－ "隔开。

```
> paste(coffee.str, collapse = "-")
[1] "Boiling-coffee-brings-out-a-bitterly-taste"
>
```

9-4-4 再谈 paste () 函数

paste () 函数的主要作用是将两个或多个向量连接。

实例 ch9_12：将两个向量连接的应用实例。

```
> str1 <- letters[1:6]
> str2 <- 1:6
> paste(str1, str2)   #两个向量的连接
[1] "a 1" "b 2" "c 3" "d 4" "e 5" "f 6"
>
```

由上述执行结果可知，向量 str1 的第 1 个元素和 str2 的第 1 个元素连接了，同时向量 str1 的第 2 个元素和 str2 的第 2 个元素连接，其他依此类推。在连接的结果向量中，每个元素间是以空格分开的，如果我们不想让元素间有空格，可以在 paste () 函数内加上 sep = " " 参数。

实例 ch9_13：将两个向量连接，连接的结果向量的元素间没有空格。

```
> str1 <- letters[1:6]
> str2 <- 1:6
> paste(str1, str2, sep = "")      #两个向量的连接
[1] "a1" "b2" "c3" "d4" "e5" "f6"
>
```

如果要连接的两个向量的长度（元素个数）不相同时，会如何呢？这时 R 会使用重复机制，让较短的向量重复，直至与较长向量的长度相等。

实例 ch9_14：将两个向量连接，但两个向量长度不相同。

```
> str3 <- 1:5
> paste(str1, str3, sep = "")
[1] "a1" "b2" "c3" "d4" "e5" "f1"
>
```

由上述执行结果可以知道，较短的向量必须重复，所以较短的字符串 str1 的第 1 个元素再和较长的字符串 str3 的第 6 个元素连接，再看一个实例。

实例 ch9_15：另一个将两个向量连接，但两个向量长度不相同的实例。

```
> paste("R", str3, sep = "")          #两个向量的连接
[1] "R1" "R2" "R3" "R4" "R5"
>
```

在上述例子中，短向量只有一个元素 "R"，所以只好重复 5 次，以配合较长的向量，这在 R 语言的功能中称 Recycling，即较短的向量元素被回收重复使用。其实 sep 参数的作用主要是设定两个元素间如何连接，下列是另一个实例。

实例 ch9_16：重新设计实例 ch9_13，将元素间用 "_" 隔开的实例。

```
> paste(str1, str2, sep = "_")      #两个向量的连接
[1] "a_1" "b_2" "c_3" "d_4" "e_5" "f_6"
>
```

最后，paste（）函数也可以将两个向量连接成一个向量，此时要使用之前曾用过的 collapse 参数。

实例 ch9_17：重新设计实例 ch9_15，使结果是一个字符串。

```
> paste("R", str3, sep = "", collapse = " ")
[1] "R1 R2 R3 R4 R5"
>
```

实例 ch9_18：重新设计实例 ch9_16，使结果是一个字符串。

```
> paste(str1, str2, sep = "_", collapse = " ")
[1] "a_1 b_2 c_3 d_4 e_5 f_6"
>
```

9-4-5　扑克牌向量有趣的应用

本小节将应用所学的知识，设计一个完整的扑克牌向量。

实例 ch9_19：建立一个扑克牌向量。

```
> cardsuit <- c("Spades", "Hearts", "Diamonds", "Clubs")
> cardnum <- c("A", 2:10, "J", "Q", "K")
> deck <- paste(rep(cardsuit, each = 13), cardnum)
> deck
 [1] "Spades A"      "Spades 2"      "Spades 3"      "Spades 4"      "Spades 5"
 [6] "Spades 6"      "Spades 7"      "Spades 8"      "Spades 9"      "Spades 10"
[11] "Spades J"      "Spades Q"      "Spades K"      "Hearts A"      "Hearts 2"
[16] "Hearts 3"      "Hearts 4"      "Hearts 5"      "Hearts 6"      "Hearts 7"
[21] "Hearts 8"      "Hearts 9"      "Hearts 10"     "Hearts J"      "Hearts Q"
[26] "Hearts K"      "Diamonds A"    "Diamonds 2"    "Diamonds 3"    "Diamonds 4"
[31] "Diamonds 5"    "Diamonds 6"    "Diamonds 7"    "Diamonds 8"    "Diamonds 9"
[36] "Diamonds 10"   "Diamonds J"    "Diamonds Q"    "Diamonds K"    "Clubs A"
[41] "Clubs 2"       "Clubs 3"       "Clubs 4"       "Clubs 5"       "Clubs 6"
[46] "Clubs 7"       "Clubs 8"       "Clubs 9"       "Clubs 10"      "Clubs J"
[51] "Clubs Q"       "Clubs K"
>
```

对这个实例而言，cardsuit 是代表扑克牌的 4 种花色，cardnum 是代表扑克牌的数字，先利用 rep（）函数产生 52 张牌的花色，然后利用 paste（）函数将花色与扑克牌数字组合。

9-5　字符串数据的排序

在数据的使用中，数据排序是一个常用的功能，在 R 语言中这是一个简单的功能，在第 4 章 4-2 节中笔者曾介绍 sort（）函数，将一个数值向量的元素值排序，本节将探讨如何为字符串向量排序。

实例 ch9_20：为字符串向量排序。

```
> coffee.str                          #了解字符串向量内容
[1] "Boiling" "coffee"   "brings"   "out"        "a"          "bitterly" "taste"

> sort(coffee.str)                    #排序
[1] "a"        "bitterly" "Boiling"  "brings"   "coffee"     "out"        "taste"
>
```

由上述执行结果可以知道，sort（）函数会为字符串向量的元素排序，默认是由小排到大，至于元素本身则不做排序。另外，对于 "Boiling"、"brings" 和 "bitterly" 而言，排序时如果碰上首字母 "b" 或 "B" 相同，会先比较下一个英文字母，此例是比较 "o" "r" "i"，最后再比大小写。另外，decreasing 参数默认是 FALSE，如果设为 TRUE，则排序是按由大排到小。

实例 ch9_21：为字符串向量排序的实例，主要是了解字母相同大小写不同的排序方式。

```
> sort(c("Bb", "bb"))
[1] "bb" "Bb"
> sort(c("Bb", "bb"), decreasing = TRUE)
[1] "Bb" "bb"
>
```

在上述实例中笔者故意使用大写和小写的 "B" 和 "b"，主要是供读者了解字母相同但大小写不同时的排序方式。

实例 ch9_22：重新设计实例 ch9_20 为字符串向量排序，将参数 decreasing 设为 TRUE。

```
> coffee.str
[1] "Boiling" "coffee"   "brings"   "out"        "a"          "bitterly"
[7] "taste"
> sort(coffee.str, decreasing = TRUE)
[1] "taste"    "out"        "coffee"   "brings"   "Boiling"  "bitterly"
[7] "a"
>
```

9-6 搜索字符串的内容

在介绍此节内容以及接下来几节内容前，我们首先了解一下 R 语言系统内建的数据集 state.name，如下所示。

```
> state.name
 [1] "Alabama"        "Alaska"         "Arizona"         "Arkansas"
 [5] "California"     "Colorado"       "Connecticut"     "Delaware"
 [9] "Florida"        "Georgia"        "Hawaii"          "Idaho"
[13] "Illinois"       "Indiana"        "Iowa"            "Kansas"
[17] "Kentucky"       "Louisiana"      "Maine"           "Maryland"
[21] "Massachusetts"  "Michigan"       "Minnesota"       "Mississippi"
[25] "Missouri"       "Montana"        "Nebraska"        "Nevada"
[29] "New Hampshire"  "New Jersey"     "New Mexico"      "New York"
[33] "North Carolina" "North Dakota"   "Ohio"            "Oklahoma"
[37] "Oregon"         "Pennsylvania"   "Rhode Island"    "South Carolina"
```

```
[41] "South Dakota"    "Tennessee"     "Texas"         "Utah"
[45] "Vermont"         "Virginia"      "Washington"    "West Virginia"
[49] "Wisconsin"       "Wyoming"
>
```

9-6-1　使用索引值搜索

如果我们知道所要搜索的字符串的索引值，那么可以使用 substr（）函数寻找，笔者将直接以实例说明 substr（）函数的用法。

实例 ch9_23：列出 state.name 数据集内第 2 到第 4 个子字符串。

```
> substr(state.name, start = 2, stop = 4)
 [1] "lab" "las" "riz" "rka" "ali" "olo" "onn" "ela" "lor" "eor" "awa"
[12] "dah" "lli" "ndi" "owa" "ans" "ent" "oui" "ain" "ary" "ass" "ich"
[23] "inn" "iss" "iss" "ont" "ebr" "eva" "ew " "ew " "ew " "ew " "ort"
[34] "ort" "hio" "kla" "reg" "enn" "hod" "out" "out" "enn" "exa" "tah"
[45] "erm" "irg" "ash" "est" "isc" "yom"
>
```

9-6-2　使用 grep（）函数搜索

grep（）是一个寻找功能非常强大的函数，grep 名称是从 Unix 系统而来，它的英文全名是 Global Regular Expression Print。例如，如果你去图书馆想找一本书，只知道是 Word 2013 的书，却不知道完整书名，那么可以只输入 "Word 2013"，系统即可搜索。这个函数的基本使用格式如下所示。

grep（pattern, x）

❑ pattern：代表搜索的目标内容。

❑ x：是字符串向量。

实例 ch9_24：搜索 state.name 数据集中，字符串含 "M" 的州。

```
> grep("M", state.name)
[1] 19 20 21 22 23 24 25 26 31
>
```

由上述执行结果，我们获得了字符串含 "M" 的州所对应的索引值。当然我们可以使用下列方式获得州名。

实例 ch9_25：获得前一个实例中，索引值是 19 的州名。

```
> state.name[19]
[1] "Maine"
>
```

我们获得州名了，但每一个州均须如此是有一点麻烦，如果想获得完整的州名，可使用下列方式优化。

实例 ch9_26：改良实例 ch9_24，获得完整的州名。

```
> state.name[grep("M", state.name)]
[1] "Maine"         "Maryland"      "Massachusetts" "Michigan"
[5] "Minnesota"     "Mississippi"   "Missouri"      "Montana"
[9] "New Mexico"
>
```

grep（）函数对于英文字母大小写是敏感的，例如，如果搜索的是 "m"，将有完全不同的结果。

实例 ch9_27：搜索 state.name 数据集中，字符串含 "m" 的州。

```
> state.name[grep("m", state.name)]
[1] "Alabama"       "New Hampshire" "Oklahoma"      "Vermont"
[5] "Wyoming"
>
```

美国有许多州是以 "New" 开头，下列是可以搜索州名含 "New" 的州实例。

实例 ch9_28：搜索 state.name 数据集中，州名含 "New" 的州。

```
> state.name[grep("New", state.name)]
[1] "New Hampshire" "New Jersey"    "New Mexico"    "New York"
>
```

如果在搜索时，找不到所搜索的内容，R 语言将返回 "character（0）"，表示是空的向量。

实例 ch9_29：搜索 state.name 数据集中，州名含 "new" 的州。

```
> state.name[grep("new", state.name)]
character(0)
>
```

如果要搜索州名含 2 个单字的州，可以使用搜索空格（""）处理。

实例 ch9_30：搜索 state.name 数据集中，州名含两个单字的州。

```
> state.name[grep(" ", state.name)]
 [1] "New Hampshire"  "New Jersey"    "New Mexico"     "New York"
 [5] "North Carolina" "North Dakota"  "Rhode Island"   "South Carolina"
 [9] "South Dakota"   "West Virginia"
>
```

9-7 字符串内容的更改

sub（）函数可以将搜索的字符串内容进行更改，这个函数的使用格式如下所示。

sub（pattern, replacement, x）

❑ pattern：要搜索的字符串。

❑ replacement：欲取代的字符串。

❑ x：字符串向量。

实例 ch9_31：将 state.name 数据集中，州名含有 "New" 的州名中的 "New"，改成 "Old" 字符串。

```
> sub("New", "Old", state.name)
 [1] "Alabama"        "Alaska"          "Arizona"        "Arkansas"
 [5] "California"     "Colorado"        "Connecticut"    "Delaware"
 [9] "Florida"        "Georgia"         "Hawaii"         "Idaho"
[13] "Illinois"       "Indiana"         "Iowa"           "Kansas"
[17] "Kentucky"       "Louisiana"       "Maine"          "Maryland"
[21] "Massachusetts"  "Michigan"        "Minnesota"      "Mississippi"
[25] "Missouri"       "Montana"         "Nebraska"       "Nevada"
[29] "Old Hampshire"  "Old Jersey"      "Old Mexico"     "Old York"
[33] "North Carolina" "North Dakota"    "Ohio"           "Oklahoma"
[37] "Oregon"         "Pennsylvania"    "Rhode Island"   "South Carolina"
[41] "South Dakota"   "Tennessee"       "Texas"          "Utah"
[45] "Vermont"        "Virginia"        "Washington"     "West Virginia"
[49] "Wisconsin"      "Wyoming"
>
```

在执行用一个字符串取代另一个字符串的指令时，如果是用空字符串（""）取代，相当于是将原字符串删除。

实例 ch9_32：有 3 个字符串分别是 "test1.xls"、"test2.xls" 和 "test3.xls"，将这 3 个字符串更改成 "1"、"2" 和 "3"。

```
> strtest <- c("test1.xls", "test2.xls", "test3.xls")
> str4 <- sub("test" , "", strtest)        #删除字符串test
> str4
[1] "1.xls" "2.xls" "3.xls"
> sub(".xls", "", str4)                     #删除字符串xls
[1] "1" "2" "3"
>
```

在上述实例中，笔者分两步删除部分字符串，第 1 步是删除 "test"，第 2 步是删除 ".xls"，最后得到上述结果。

9-8 正则表达式（Regular Expression）

在前几节我们学会了使用固定方式搜索和取代字符串，本节将介绍 R 语言内更复杂的正则表达式（Regular Expression），让搜索变得更复杂。

9-8-1 搜索具有可选择性

搜索具有可选择性，相当于具有 or 的特性，它的 R 语法是使用 "|" 符号，这个符号与 "\"在相同键。

实例 ch9_33：搜索 state.nme 中，州名含有 "New" 和 "South" 的州。

```
> state.name[grep("New|South", state.name)]
[1] "New Hampshire"  "New Jersey"      "New Mexico"      "New York"
[5] "South Carolina" "South Dakota"
>
```

上述实例中需要留意的是"New"、"|"和"South"间不可以有空格。

9-8-2 搜索分类字符串

可以使用"()"符号搭配前一小节的"|"符号，将所搜索的字符串分类。假设有一个字符串向量，如下所示。

```
> str5 <- c("ch6.xls","ch7.xls","ch7.c", "ch7.doc", "ch8.xls")
>
```

实例 ch9_34：使用 str5 对象，搜索其中含"ch6"或"ch7"并同时含".xls"的字符串。

```
> str5[grep("ch(6|7).xls", str5)]
[1] "ch6.xls" "ch7.xls"
>
```

9-8-3 搜索部分字符可重复的字符串

在搜索中可以添加"*"代表出现 0 次或多次，添加"+"代表 1 次或多次。假设有一个字符串向量，如下所示。

```
> str6 <- c("ch.xls","ch7.xls","ch77.xls", "ch87.xls", "ch88.xls")
>
```

实例 ch9_35：使用 str6 对象，搜索其中依次含"ch"，0 到多个"7"或"8"，".xls"的字符串。

```
> str6[grep("ch(7*|8*).xls", str6)]
[1] "ch.xls"   "ch7.xls"  "ch77.xls" "ch88.xls"
>
```

实例 ch9_36：使用 str6 对象，搜索其中依次含"ch"，1 到多个"7"或"8"，".xls"的字符串。

```
> str6[grep("ch(7+|8+).xls", str6)]
[1] "ch7.xls"  "ch77.xls" "ch88.xls"
>
```

对于实例 ch9_36 而言，字符串中必须至少要有一个"7"或"8"，所以使用的正则表达式符号是"+"，这使"ch.xls"不符合规则。

本章习题

一、判断题

( )1. 有如下两个命令。

```
> x <- c("Good Night")
> strsplit(x, " ")
[[1]]
[1] "Good"  "Night"
```

由上述执行结果可以知道 strsplit () 函数可以将此段语句拆散成单词，以空格为界，同时返回向量对象。

( )2. 有如下两个命令。

```
> x <- c("Hello R")
> toupper(x)
```

执行后可以得到下列输出结果。

```
[1] "HELLO R"
```

( )3. 有如下两个指令。

```
> x <- c("A", "B", "A", "C", "B")
> unique(x)
```

执行后可以得到下列输出结果。

```
[1] "A" "B" "C"
```

( )4. 有如下系列命令。

```
> x1 <- LETTERS[1:3]
> x2 <- 1:3
> paste(x1, x2)
```

执行后可以得到下列输出结果。

```
[1] "A1" "B2" "C3"
```

( )5. 有如下系列命令。

```
> x1 <- LETTERS[1:6]
> x2 <- 1:5
> paste(x1, x2)
```

上述命令执行后会有错误产生。

( )6. 下列命令可以搜索 state.name 数据集中，州名含 "M" 的州。

```
> substr("M", state.name)
```

( )7. 下列指令可以搜索 state.name 数据集中，州名含两个单字的州。

```
> state.name[grep(" ", state.name)]
```

( ) 8. 下列命令可以搜索 state.name 数据集中，州名含有 "New" 和 "South" 的州。

```
> state.name[grep("New | South", state.name)]
```

执行后可以得到下列输出结果。

```
[1] "New Hampshire"  "New Jersey"     "New Mexico"     "New York"
[5] "South Carolina" "South Dakota"
```

二、单选题

( ) 1. 有如下命令。

```
> x <- c("A", "B", "A", "C", "B")
```

下列哪一个命令执行后，可以得到下列输出结果？

```
[1] "A" "B" "C"
```

A. > sort(x)   B. > strsplit(x)

C. > unique(x)   D. > grap[unique(" ", x]

( ) 2. 有字符串 st，其内容如下所示。

```
> st
[1] "Silicon"   "Stone"      "Education"
```

下列哪一命令执行后可以得到下列输出结果？

```
[1] "Silicon Stone Education"
```

A. > paste(st)   B. > paste(st, collapse = NULL)

C. > paste(st, sep = "")   D. > paste(st, collapse = " ")

( ) 3. 有如下两个命令。

```
> str1 <- LETTERS[1:5]
> str2 <- 1:5
```

下列哪一命令执行后可以得到下列输出结果？

```
[1] "A1" "B2" "C3" "D4" "E5"
```

A. > paste(str1, str2, sep = "")

B. > paste(str1, str2, sep = " ")

C. > paste(str1, str2, collapse = NULL)

D. > paste(str1, str2, collapse = "")

( ) 4. 有如下两个命令。

```
> card <- c("Spades", "Hearts", "Diamonds", "Clubs")
> cnum <- c("A", 2:10, "J", "Q", "K")
```

下列哪一命令执行后可以得到下列输出结果?

```
 [1] "Spades A"     "Spades 2"     "Spades 3"     "Spades 4"     "Spades 5"
 [6] "Spades 6"     "Spades 7"     "Spades 8"     "Spades 9"     "Spades 10"
[11] "Spades J"     "Spades Q"     "Spades K"     "Hearts A"     "Hearts 2"
[16] "Hearts 3"     "Hearts 4"     "Hearts 5"     "Hearts 6"     "Hearts 7"
[21] "Hearts 8"     "Hearts 9"     "Hearts 10"    "Hearts J"     "Hearts Q"
[26] "Hearts K"     "Diamonds A"   "Diamonds 2"   "Diamonds 3"   "Diamonds 4"
[31] "Diamonds 5"   "Diamonds 6"   "Diamonds 7"   "Diamonds 8"   "Diamonds 9"
[36] "Diamonds 10"  "Diamonds J"   "Diamonds Q"   "Diamonds K"   "Clubs A"
[41] "Clubs 2"      "Clubs 3"      "Clubs 4"      "Clubs 5"      "Clubs 6"
[46] "Clubs 7"      "Clubs 8"      "Clubs 9"      "Clubs 10"     "Clubs J"
[51] "Clubs Q"      "Clubs K"
```

A. > paste(card[1:52], cnum)

B. > paste(rep(card, each = 13), cnum)

C. > paste(rep(card, each = 52), cnum)

D. > paste(card, cnum)

( ) 5. 搜索 R 语言内附的 state.name 数据,下列哪一命令可以搜索 state.name 内含 "New" 字符串的州,并且执行后可以得到下列输出结果?

```
[1] "New Hampshire" "New Jersey"    "New Mexico"    "New York"
```

A. > substr("New", state.name)

B. > grep("New", state.name)

C. > state.name[grep("New", state.name)]

D. > strsplit("New", state.name)

( ) 6. 搜索 R 语言内附的 state.name 数据,下列哪一命令可以搜索 state.name 内州名内含 "N" 或 "M" 的州,并且执行后可以得到下列输出结果?

```
 [1] "Maine"         "Maryland"      "Massachusetts" "Michigan"
 [5] "Minnesota"     "Mississippi"   "Missouri"      "Montana"
 [9] "Nebraska"      "Nevada"        "New Hampshire" "New Jersey"
[13] "New Mexico"    "New York"      "North Carolina" "North Dakota"
```

A. > grep("N|M", state.name)

B. > state.name[grep("N|M", state.name)]

C. > state.name[grep("N | M", state.name)]

D. > grep("N | M", state.name)

( ) 7. 有一个字符串内容如下所示。

```
> strtxt <- c("ch.txt", "ch3.txt", "ch33.txt", "ch83.txt" , "ch88.txt")
```

下列哪一命令执行后可以得到下列输出结果?

```
[1] "ch.txt"    "ch3.txt"  "ch33.txt" "ch88.txt"
```

  A. > strtxt[grep("ch(3|8).txt", strtxt)]

  B. > strtxt[grep("ch(3+|8+).txt", strtxt)]

  C. > strtxt[grep("ch(3*|8*).txt", strtxt)]

  D. > strtxt[grep("ch(3-|8-).txt", strtxt)]

( )8. 有一个字符串向量，其内容如下所示。

  > strtxt <- c("ch.txt", "ch3.txt", "ch33.txt", "ch83.txt" , "ch88.txt")

  下列哪一命令执行后可以得到下列结果？

  [1] "ch3.txt" "ch33.txt" "ch88.txt"

  A. > strtxt[grep("ch(3|8).txt", strtxt)]

  B. > strtxt[grep("ch(3+|8+).txt", strtxt)]

  C. > strtxt[grep("ch(3*|8*).txt", strtxt)]

  D. > strtxt[grep("ch(3-|8-).txt", strtxt)]

三、多选题

( )1. 下列哪些函数具有搜索字符串的功能？（选择两项）

  A. strsplit（）   B. strsearch（）

  C. grep（）   D. substr（）

  E. unique（）

四、实际操作题（如果题目有描述不周详时，请自行假设条件）

1. 请将自己的姓名转成英文，可以得到 3 个字符串。例如：

"Hung" "Jiin" "Kwei"

（1）请用 paste（）函数，将上述字符串转成下列字符串。

a. "Hung Jiin Kwei"。

b. "Jiin Kwei Hung"。

（2）请将 "Hung Jiin Kwei" 字符串转成 "Hung" "Jiin" "Kwei"。

2. 请建立 5 个姓名字符串数据，然后执行排序从小排到大和从大排到小。

3. 搜索 state.name 数据集中，字符串含 "South" 的州。

4. 搜索 state.name 数据集中，字符串含 "M" 的州，并将 "M" 改成 "m"。

5. 搜索 state.name 数据集中，州名只含一个单字的州。

6. 搜索 state.name 数据集中，州名含 "A" 和 "M" 的州。

MEMO

10

日期和时间的处理

在现实生活中，不论是怎样的数据，大都和时间有关。例如，作股市分析，一定要记录每天每一个时间点的股价。作气候分析，也必须要记录每天每个时间点的数据。笔者将在本章介绍 R 语言有关日期和时间的处理。

10-1 日期的设置与使用

R 语言有一系列的日期函数，本节将一一说明。

10-1-1 as.Date () 函数

as.Date () 函数可用于设置日期向量，这个函数的默认日期格式如下所示。

"YYYY-MM-DD"

Y 是代表年份，M 是代表月份，D 是代表日期。

实例 ch10_1：为 2016 年 8 月 1 日建立一个日期向量。

```
> x.date <- as.Date("2016-08-01")
> x.date
[1] "2016-08-01"
> str(x.date)
 Date[1:1], format: "2016-08-01"
>
```

日期向量也可以和数值向量一样，进行加法或减法运算，分别获得加上几天或减上几天的结果。

实例 ch10_2：列出未来 30 天的日期向量。

```
> x.date + 0:30
 [1] "2016-08-01" "2016-08-02" "2016-08-03" "2016-08-04" "2016-08-05"
 [6] "2016-08-06" "2016-08-07" "2016-08-08" "2016-08-09" "2016-08-10"
[11] "2016-08-11" "2016-08-12" "2016-08-13" "2016-08-14" "2016-08-15"
[16] "2016-08-16" "2016-08-17" "2016-08-18" "2016-08-19" "2016-08-20"
[21] "2016-08-21" "2016-08-22" "2016-08-23" "2016-08-24" "2016-08-25"
[26] "2016-08-26" "2016-08-27" "2016-08-28" "2016-08-29" "2016-08-30"
[31] "2016-08-31"
>
```

实例 ch10_3：列出过去 6 天的日期向量。

```
> x.date - 0:6
[1] "2016-08-01" "2016-07-31" "2016-07-30" "2016-07-29" "2016-07-28"
[6] "2016-07-27" "2016-07-26"
>
```

10-1-2 weekdays () 函数

weekdays () 函数可返回某个日期是星期几。

实例 ch10_4：列出 2016 年 8 月 1 日，也就是 x.date 日期对象是星期几。

```
> weekdays(x.date)
[1] "周一"
>
```

上述指令返回的是中文"周一"，这是因为在安装 R 语言时，R 语言会先检测目前所使用操作系统的语言版本，自动将 weekdays（）函数或下一节要介绍的 months（）函数先进行本地化处理。更多细节会在 10-1-5 节进行说明。

实例 ch10_5：列出 2016 年 8 月 1 日，也就是 x.date 日期对象以及未来 6 天是星期几。

```
> weekdays(x.date + 0:6)
[1] "周一" "周二" "周三" "周四" "周五" "周六" "周日"
>
```

10-1-3　months（）函数

months（）函数可返回某个日期对象是几月。

实例 ch10_6：列出 2016 年 8 月 1 日，也就是 x.date 日期对象是几月。

```
> months(x.date)
[1] "8月"
>
```

10-1-4　quarters（）函数

quarters（）函数可返回某个日期对象是第几季。

实例 ch10_7：列出 2016 年 8 月 1 日，也就是 x.date 日期对象是第几季。

```
> quarters(x.date)
[1] "Q3"
>
```

10-1-5　Sys.localeconv（）函数

Sys.localeconv（）函数可以让你了解目前所使用系统的本地化的各项参数的使用格式。

实例 ch10_8：了解目前所使用系统的本地化的各项参数的使用格式。

```
> Sys.localeconv()
     decimal_point       thousands_sep            grouping    int_curr_symbol
               "."                  ""                  ""             "TWD "
   currency_symbol mon_decimal_point mon_thousands_sep       mon_grouping
             "NT$"                 "."                 ","         "\003\003"
     positive_sign       negative_sign      int_frac_digits         frac_digits
                ""                 "-"                 "2"                 "2"
     p_cs_precedes       p_sep_by_space       n_cs_precedes      n_sep_by_space
```

```
            "1"                 "0"              "1"                 "0"
      p_sign_posn         n_sign_posn
            "1"                 "4"
>
```

10-1-6　Sys.Date（）函数

Sys.Date（）函数可以返回目前的系统日期。

实例 ch10_9：取得目前的系统日期。

```
> Sys.Date()
[1] "2015-08-05"
>
```

10-1-7　再谈 seq（）函数

在第 4 章的 4-1-3 节笔者曾介绍过 seq（）函数，使用这个函数可以建立向量对象，我们也可以使用这个函数建立与日期有关的向量对象。再看一次这个函数的使用格式，如下所示。

seq（from, to, by = width, length.out = numbers）

对于将 seq（）函数应用在日期向量，最重要的是 "by =" 参数，它可以是多少天 "days"，多少周 "weeks"，也可以是多少个月 "months"。

实例 ch10_10：仍以 2016 年 8 月 1 日，也就是 x.date 日期对象为基础，每加 1 个月产生 1 个元素，共产生 12 个元素。

```
> new.date <- seq(x.date, by = "1 months", length.out = 12)
> new.date
 [1] "2016-08-01" "2016-09-01" "2016-10-01" "2016-11-01" "2016-12-01"
 [6] "2017-01-01" "2017-02-01" "2017-03-01" "2017-04-01" "2017-05-01"
[11] "2017-06-01" "2017-07-01"
>
```

实例 ch10_11：以现在的系统日期为基础，每隔两周产生一个元素，共产生 6 个元素。

```
> new.current.date <- seq(current.date, by = "2 weeks", length.out = 6)
> new.current.date
[1] "2015-08-05" "2015-08-19" "2015-09-02" "2015-09-16" "2015-09-30"
[6] "2015-10-14"
>
```

实例 ch10_12：以 2016 年 8 月 1 日，也就是 x.date 日期对象为基础，每加 3 天产生一个元素，共产生 10 个元素。

```
> new.date2 <- seq(x.date, by = "3 days", length.out = 10)
> new.date2
 [1] "2016-08-01" "2016-08-04" "2016-08-07" "2016-08-10" "2016-08-13"
 [6] "2016-08-16" "2016-08-19" "2016-08-22" "2016-08-25" "2016-08-28"
>
```

10-1-8　使用不同格式表示日期

使用这么多次 as.Date（）函数，相信各位已经了解这个函数的默认格式了，其实 R 语言支持将各式的日期格式转成 as.Date（）函数的日期格式的功能。

实例 ch10_13：将 2016 年 8 月 1 日"1 8 2016"，转成 as.Date（）函数的日期格式。

```
> as.Date("1 8 2016", format = "%d %m %Y")
[1] "2016-08-01"
>
```

在上述实例中可以发现 as.Date（）函数的第 1 个参数，数字彼此是用空格隔开的，所以参数 format 双引号内的格式代码彼此也是用空格隔开。在介绍"%d"、"%m"和"%Y"格式代码前，请再看一个实例。

实例 ch10_14：将 2016 年 8 月 1 日"1/ 8 /2016"，转成 as.Date（）函数的日期格式。

```
> as.Date("1/8/2016", format = "%d/%m/%Y")
[1] "2016-08-01"
>
```

实例 ch10_14 与实例 10_13 相比最大的差别在于 as.Date（）函数的第 1 个参数的日期数据间是用"/"隔开的，所以第 2 个参数 format 的双引号内的格式代码也需用"/"隔开。有关日期的常见格式代码可参考下列说明。

%B：本地化的月份名称。

%b：本地化的月份名称的缩写。

%d：2 位数的日期，前面为 0 时可省略。

%m：2 位数的月份，前面为 0 时可省略。

%Y：4 位数的公元年。

%y：2 位数的公元年，若是 69-99 代表开头是 19，00-68 代表开头是 20。

若想要有更详细的说明，可使用"help（strptime）"。

实例 ch10_15：将本地化的日期，转化成 as.Date（）格式。

```
> as.Date("1 8月 2016", format = "%d %B %Y")
[1] "2016-08-01"
>
```

对上述实例而言，需要特别注意的是参数内的月份"8 月"，所以日期的格式代码笔者用"%B"。

10-2　时间的设置与使用

数据在使用时，有日期是不够的，我们常常需要更精确的时间，这也是本节的重点。

10-2-1　Sys.time () 函数

Sys.time () 函数可以返回目前的系统时间。

实例 ch10_16：返回目前的系统时间。

```
> Sys.time()
[1] "2015-08-05 16:59:13 CST"
>
```

上述执行结果中的 "CST" 代表笔者目前所在位置中国台湾所在时区的代码。其他常见的时区有 "GMT" 格林尼治时区，"UTC" 是协调世界时（Universal Time Coordinated）的缩写。

10-2-2　as.POSIXct () 函数

POSIX 是 UNIX 系统上所使用的名称，R 语言予以沿用。as.POSIXct () 函数主要是用于设定时间向量，这个时间向量默认由 1970 年 1 月 1 日开始计数，以秒为单位。

实例 ch10_17：建立一个系统时间向量对象，时间为 1970 年 1 月 1 日 02:00:00。

```
> x.time <- "1 1 1970, 02:00:00"
> x.time.fmt <- "%d %m %Y, %H:%M:%S"
> x.Times <- as.POSIXct(x.time, format = x.time.fmt)
> x.Times
[1] "1970-01-01 02:00:00 CST"
>
```

在上述实例中，笔者使用了一些时间格式代码，有关时间的常见格式代码可参考下列说明。

%H：小时数（00-23）。

%I：小时数（00-12）。

%M：分钟数（00-59）。

%S：秒钟数（00-59）。

%p：AM/FM。

与日期格式代码一样，若想要有更详细的说明，可使用 "help（strptime）"。

由于 as.POSIXct () 函数所返回的是秒数，所以可以用加减秒数，更新此时间的向量对象。

实例 ch10_18：为时间 1970 年 1 月 1 日 02:00:00 增加 330 秒，相当于 5 分 30 秒，以实例 ch10_17 所建的 x.Times 为基础。

```
> x.Times + 330
[1] "1970-01-01 02:05:30 CST"
>
```

所有时间要从 1970 年 1 月 1 日算起是有一点麻烦，其实 as.POSIXct () 函数有一些参数可让此函数在使用上变得更灵活，如以下所示。

as.POSIXct（x, tz = "　"，origin = ）

x：一个对象，可以被转换。

tz：代表时区。

origin =：可指定时间的起算点。

实例 ch10_19：从 2000 年 1 月 1 日起算，时区是格林尼治时区 "GMT"，获得经过 3600 秒后的时间结果。

```
> as.POSIXct(3600, tz = "GMT", origin = "2000-01-01")
[1] "2000-01-01 01:00:00 GMT"
>
```

10-2-3 时间也是可以作比较的

第 4 章 4-7 节所介绍的逻辑向量也可以用在时间的比较上，可参考下列实例。

实例 ch10_20：将实例 ch10_17 所建的 1970 年 1 月 1 日 02:00:00 时间对象和 Sys.time（）函数所传回的时间作比较。

```
> x.Times > Sys.time()
[1] FALSE
> x.Times < Sys.time()
[1] TRUE
>
```

10-2-4 seq（）函数与时间

seq（）函数也可以应用于时间的处理，可参考下列实例。

实例 ch10_21：使用 x.Times 对象，每一年增加一个对象，让时间向量长度为 6。

```
> xNew.Times <- seq(x.Times, by = "1 years", length.out = 6)
> xNew.Times
[1] "1970-01-01 02:00:00 CST" "1971-01-01 02:00:00 CST"
[3] "1972-01-01 02:00:00 CST" "1973-01-01 02:00:00 CST"
[5] "1974-01-01 02:00:00 CST" "1975-01-01 02:00:00 CST"
>
```

10-2-5 as.POSIXlt（）函数

这个函数也可用于设定时间和日期，设定方式和 as.POSIXct（）函数相同。但和 as.POSIXct（）函数不同的是，as.POSIXct（）函数所产生的对象是向量对象，而 as.POSIXlt（）函数则是产生串行（List）对象，所以如果要取得此串行对象的元素，方法和取向量对象元素的方法不同。

实例 ch10_22：使用 as.POSIXlt（）函数，重新设计实例 ch10_17。

```
> xlt.time <- "1 1 1970, 02:00:00"
> xlt.time.fmt <- "%d %m %Y, %H:%M:%S"
```

```
> xlt.Times <- as.POSIXlt(xlt.time, format = xlt.time.fmt)
> xlt.Times
[1] "1970-01-01 02:00:00 CST"
>
```

既然知道 as.POSIXlt ( ) 函数所产生的是串行对象，因此可以使用取串行元素的方法取得元素内容。

实例 ch10_23：列出前一实例所建 xlt.Times 对象的年份。

```
> xlt.Times$year
[1] 70
>
```

实例 ch10_24：列出前一实例所建 xlt.Times 对象的日期。

```
> xlt.Times$mday
[1] 1
>
```

如果想要更了解 as.POSIXlt ( ) 函数所产生的串行对象的结构，可使用 unclass ( ) 函数，下列是执行结果。

```
> unclass(xlt.Times)
$sec
[1] 0

$min
[1] 0

$hour
[1] 2

$mday
[1] 1

$mon
[1] 0

$year
[1] 70

$wday
[1] 4

$yday
[1] 0

$isdst
[1] 0

$zone
[1] "CST"

$gmtoff
[1] NA

>
```

上述实例中＄mon 月份值应该是"1"，结果列出"0"，这应该是 R 系统的 List 的内部规划。

10-3 时间序列

R 软件内与时间有关的变量称时间序列（ts），将数据设为时间序列的格式和各参数的意义如下所示。

ts（x, start, end, frequency）

❏ x：可以是向量（Vector）、矩阵（Matrix）或三维数组（Array）。

❏ start：时间起点，可以是单一数值，也可以是含两个数字的向量，后面会以实例说明。

❏ end：时间终点，它的数据格式应与 start 相同，通常可以省略。

❏ frequency：相较于 start 时间起点的频率。

实例 ch10_25：中国台湾 2001 年至 2010 年的出生人口的统计如下表所示。

年份	人口出生数
1998	271450
1999	283661
2000	305312
2001	260354
2002	247530
2003	227070
2004	216419
2005	205854
2006	204459
2007	204414

为上述数据建立一个年份的时间序列，指令如下所示。

```
> num <- c(271450, 283661, 305312, 260354, 247530, 227070, 216419, 205854,
204459, 204414)
> num.birth <- ts(num, start = 1998, frequency = 1)
```

下列是验证执行的结果。

```
> num.birth
Time Series:
Start = 1998
End = 2007
Frequency = 1
 [1] 271450 283661 305312 260354 247530 227070 216419 205854 204459
[10] 204414
>
```

由上述执行结果中的"start = 1998"和"frequency = 1"可以判断时间序列是从 1998 年开始，每年统计一次。

实例 ch10_27：石门水库 2016 年 1 月至 12 月水位高度的统计如下表所示。

月份	水位高度
Jan.	240
Feb.	236
March	232
April	231
May	238
June	241
July	243
Aug.	243
Sep.	241
Oct.	242
Nov.	240
Dec.	239

为上述数据建立一个月份的时间序列，代码如下所示。

```
> water <- c(240, 236, 232, 231, 238, 241, 243, 243, 241, 242, 240, 239)
> water.levels <- ts(water, start = c(2016, 1), frequency = 12)
>
```

下列是验证执行的结果。

```
> water.levels
     Jan Feb Mar Apr May Jun Jul Aug Sep Oct Nov Dec
2016 240 236 232 231 238 241 243 243 241 242 240 239
>
```

由上述代码中的"start = c（2016, 1）"和"frequency = 12"可以判断时间序列是从 2016 年 1 月开始，每月统计一次。

实例 ch10_28：天魁数字公司 2016 年每季季底现金部位的统计数据如下表所示。

季度	现金部位
Q1	89778
Q2	92346
Q3	102311
Q4	157800

为上述数据建立一个季度的时间序列，代码如下所示。

```
> cash <- c(89978, 92346, 102311, 157800)
> cash.info <- ts(cash, start = c(2016, 1), frequency = 4)
>
```

下列是验证执行的结果。

```
> cash.info
      Qtr1   Qtr2   Qtr3   Qtr4
2016  89978  92346 102311 157800
>
```

上述由"start = c（2016, 1）"和"frequency = 4"可以判断时间序列是从 2016 年 1 月开始的，每季统计一次。

实例 ch10_29：从 2016 年 2 月 11 日起，每天记录开销花费，记录了 10 天，数据如下表所示。

花费	500	345	220	218	670	1280	760	2000	280	320

为上述数据建立一个日期的时间序列，代码如下所示。

```
> cost <- c(500, 345, 220, 218, 670, 1280, 760, 2000, 280, 320)
> cost.info <- ts(cost, start = c(2016, 42), frequency = 365)
>
```

下列是验证执行的结果。

```
> cost.info
Time Series:
Start = c(2016, 42)
End = c(2016, 51)
Frequency = 365
 [1]  500  345  220  218  670 1280  760 2000  280  320
>
```

由上述执行结果中的"start = c（2016, 42）"和"frequency = 365"可以判断时间序列是从 2016 年第 42 天开始（相当于 2 月 11 日开始），每天统计一次。

本章习题

一、判断题

( ) 1. 有如下命令。

```
> x.date <- as.Date("2016-01-01")
```

以下指令可返回 x.date 和过去 3 天的星期数据。

```
> weekdays(x.date - 0:3)
```

( ) 2. 有如下两个命令。

```
> x.date <- as.Date("2016-01-01")
> months((x.date))
```

执行后可以得到下列结果。

```
[1] "7月"
```

( ) 3. Sys.time () 可以取得格林尼治（GMT）时间。

( ) 4. as.POSIXct () 函数所返回的是秒数，所以可以用加减秒数，更新此时间的向量对象。

( ) 5. 有如下命令。

```
> x.time <- "1 1 1970, 02:00:00"
> x.time.fmt <- "%d %m %Y, %H:%M:%S"
> x.Times <- as.POSIXct(x.time, format = x.time.fmt)
> x.Times > Sys.time()
```

上述命令执行后会返回 TRUE。

二、单选题

( ) 1. 下列哪一个函数，可以返回日期对象是第几季？

A. days () B. months ()

C. weekdays () D. quarters ()

( ) 2. 下列哪一个函数，可以仅返回目前的系统日期？

A. as.Date () B. Sys.localeconv ()

C. Sys.Date () D. Sys.time ()

( ) 3. 下列哪一个函数，可以返回目前的系统时间？

A. as.Date () B. Sys.localeconv ()

C. Sys.Date () D. Sys.time ()

( ) 4. 有如下两个命令。

```
> num <- c(222222, 333333, 444444, 555555)
> num.info <- ts(num, start = 2015, frequency = 1)
```

下列哪一项的说法是错的?

A. 时间序列对象的最后一个数据是 2018 年的

B. 时间序列频率是 1 天

C. 时间序列对象的第一个数据是 2015 年的

D. 上述 num 向量代表 4 年的数据

(   ) 5. 有如下两个命令。

```
> num <- c(240, 250, 272, 263, 255, 261)
> num.info <- ts(num, start = c(2016, 1), frequency = 12)
```

下列哪一项的说法是错的?

A. 时间序列对象的第一个数据是 2016 年 1 月的

B. 时间序列对象的最后一个数据是 2016 年 6 月的

C. 时间序列的频率是 12 天

D. 上述 num 向量有 6 个月的数据

(   ) 6. 有如下两个命令。

```
> x.date <- as.Date("2016-01-01")
> x.Ndate <- seq(x.date, by = "1 months", length.out = 6)
```

请问执行下列命令可以得到什么结果?

```
> x.Ndate[2]
```

A. [1] "2016-01-01"   B. [1] "2016-02-01"

C. [1] "2016-05-01"   D. [1] "2016-04-01"

三、多选题

(   ) 1. 在使用 as.POSIXct()和 as.POSIXlt()函数时,下列哪些格式代码与小时数有关?(选择两项)

A. %H   B. %I   C. %M   D. %S   E. %p

四、实际操作题(如果题目有描述不周详时,请自行假设条件)

1. 请建立自己国家每年人口出生数量的时间数列,共 30 年的数据。

2. 请挑选 3 只股票,记录每季季初的股票价格,记录 5 年,然后建立时间序列。

3. 请挑选 3 个水库,记录每月月初的水位,记录 2 年,然后建立时间序列。

4. 请记录自己每天的花费,记录一整个月,然后建立时间序列。

MEMO

11

编写自己的函数

学习了前面 10 章内容，可以发现 R 语言一个很大的特色是拥有丰富的内建函数，或一些 R 语言专家提供的额外的数据集（在这些数据集中，也包含一系列有用的函数）供使用。但在真实的程序设计环境中，那些内建或额外数据集的函数依旧无法满足程序设计师的需求。因此，若想成为一个合格的 R 语言数据分析师（Data Analyst）或大数据工程师（Big Data Engineer），学习编写自己的函数是必要的。

11-1 正式编写程序

在前面章节中，我们使用了 R 语言的直译器（Interpretor）功能，在 RStudio 窗口左下方的 Console 窗口的代码区输入代码，立即可在此窗口获得执行结果。从现在起，我们将在 RStudio 窗口左上方的 Source 窗口编辑所有程序代码，然后储存，最后再编译和执行。

11-2 函数的基本组成

所谓的函数，其实就是一系列代码叙述所组成，它的目的有以下两个。

1) 当我们在设计一个大型程序时，若是能将这些程序依照功能，分割成较小的功能，然后依照这些小功能的要求，编写函数，如次不仅使程序简单化，同时也使得最后程序的检错变得容易。

2) 在一个程序中，也许会发生某些功能（由相同的一系列代码组成），被重复的书写在程序各个不同的地方，若是我们能将这些重复的代码编写成一个函数，需要时再加以调用，如此，不仅减少编辑程序的时间，同时更可使程序精简、清晰和易懂，如下图所示。

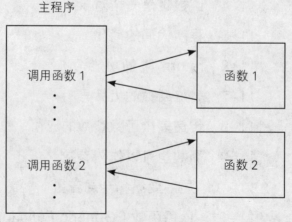

主程序调用函数图

当一个程序调用一个函数时，R 语言会自动跳到被调用的函数上运行程序，调用完后，R 语言会再回到原程序的执行位置，然后继续往下运行程序。

11-3 设计第一个函数

在正式讨论设计函数前，笔者先介绍一个实例。

实例 ch11_1.R：设计一个可以计算百分比的程序，同时使用四舍五入，保留到小数点后第 2 位，代码如下所示。

```
1  #
2  # 实例ch11_1.R
3  #
4  x <- c(0.8932, 0.2345, 0.07641, 0.77351)    #设定数值向量
5  x.percent <- round(x * 100, digits = 2)      #执行转换
6  x.final <- paste(x.percent, sep = "", "%")   #加上百分比
7  print(x.final)                               #打印结果
```

[执行结果]

```
> source('~/Rbook/ch11/ch11_1.R')
[1] "89.32%" "23.45%" "7.64%"  "77.35%"
>
```

在执行结果的第 1 行，你可以单击在 RStudio 窗口左上角 Source 窗口的 "Source" 按钮，即可产生 "source（'~/Rbook/ch11/ch11_1.R'）"，相当于运行此程序。上述实例的第 5 行笔者使用了 round () 函数，由于要计算百分比，所以先将数值向量乘以 100。笔者将这个函数的第 2 个参数设为 2，表示可将数值计算到小数点后第 2 位。对于第 2 个参数笔者省略了 digits，这个地方也可写成 "digits = 2"，更多 round () 函数的用法可参考第 3 章的 3-2-8 节。程序的第 6 行，主要是将计算结果加上 "%" 百分比符号，同时，计算结果和百分比符号间没有空格。在前 10 章中，直接在 R 的 Console 窗口输入向量，例如，"x.final"，可以在 Console 窗口直接获得执行结果，但使用 R 的编译程序，必须将欲输出的结果放在 print () 函数内，利用 print () 函数输出执行结果。由上述执行结果，可以发现，这个程序的确获得了我们想要的结果。

上述程序最大的不便之处在于，如果我们有其他一系列数据要处理，则要修改程序第 4 行的数值向量。接下来笔者将介绍如何编写自己的函数，来改良此缺点，函数格式如下所示。

函数名称 <- function（参数 1, 参数 2, … ）{

　　程序代码

　　程序代码

　　…

}

有的 R 语言程序设计师喜欢让程序看来清爽，同时容易阅读，会将 function 叙述右边的左大括号独立放在 1 行，如下所示。

函数名称 <- function（参数 1, 参数 2, … ）

```
{
    程序代码
    程序代码
    …
}
```

实例 ch11_2.R：设计一个可将数值向量转成百分比的函数，同时用四舍五入计算到小数点后第 2 位，函数名称是 ch11_2 ()。

```
1  #
2  # 实例ch11_2.R
3  #
4  ch11_2 <- function( x )
5  {
6    x.percent <- round(x * 100, digits = 2)        #执行转换
7    x.final <- paste(x.percent, sep = "", "%")     #加上百分比
8    return(x.final)                                #返回
9  }
```

[执行结果]

```
> source('~/Rbook/ch11/ch11_2.R')
> new.x <- c(0.8932, 0.2345, 0.07641, 0.77351)
> ch11_2(new.x)
[1] "89.32%" "23.45%" "7.64%"  "77.35%"
>
```

在上述执行结果中，执行 source () 后，所设计的函数 ch11_2 () 已被加载，所以以后我们可以自由使用这个函数。

11-4 函数也是一个对象

其实函数也是一个对象，例如，在 Console 窗口直接输入对象名称，可以看到此对象的内容，在此例可以看到函数的程序代码，如下所示。

```
> ch11_2
function( x )
{
  x.percent <- round(x * 100, digits = 2)        #执行转换
  x.final <- paste(x.percent, sep = "", "%")     #加上百分比
  return(x.final)                                #返回
}
>
```

需要特别要注意的是，不可加 "()" 号，若加上 "()" 括号，则表示引用此函数，此时必须有参数在 "()" 括号内，否则会有错误产生。

我们也可以设定一个新的对象等于这个函数对象，可参考下列实例。

```
> convert.percent <- ch11_2
>
```

上述代码执行后，convert.percent 将是一个与 ch11_2 相同内容的函数对象，如下所示。

```
> convert.percent
function( x )
{
  x.percent <- round(x * 100, digits = 2)      #执行转换
  x.final <- paste(x.percent, sep = "", "%")   #加上百分比
  return(x.final)                              #返回
}
>
```

R 语言这个功能虽然好用，但风险是若是不小心设一个与这个函数相同的变量名称，此时，这个函数就会被系统删除。例如，笔者不小心将一个数值向量设给此函数对象 convert.percent，如下所示。

```
> convert.percent <- c(12, 18)
>
```

此时再输入一次此对象 convert.percent，可以发现对象内容已被改成数值向量了，如下所示。

```
> convert.percent
[1] 12 18
>
```

所以为对象取名字时是要小心，尽量避免出现相同的名字。

11-5 程序代码的简化

其实对于程序实例 ch11_2.R 而言，最后一行的"return（x.final）"是可以省略的，R 语言默认是会传回最后一行程序代码的值，可参考实例 ch11_3.R。

实例 ch11_3.R：重新设计实例 ch11_2.R，这个实例将省略"return（x.final）"。

```
1  #
2  # 实例ch11_3.R
3  #
4  ch11_3 <- function( x )
5  {
6    x.percent <- round(x * 100, digits = 2)     #执行转换
7    x.final <- paste(x.percent, sep = "", "%")  #加上百分比
8  }
```

[执行结果]

```
> source('~/Rbook/ch11/ch11_3.R')
> ch11_3(new.x)
>
```

上述执行结果什么也没看到，原因是 ch11_3（）函数的最后一行，只是将转换结果的百分比设

定给 "x.final"，所以没看到任何结果。但是执行上述程序后，事实上，整个所设计的 ch11_3（）函数已经被加载 RStudio 窗口的 Workspace 工作区，如果想看到执行结果，在 RStudio 窗口的 Console 窗口可使用 print（）函数，可参考下列执行结果。

```
> print(ch11_3(new.x))
[1] "89.32%" "23.45%" "7.64%"  "77.35%"
>
```

由上述执行结果可知，该程序的确获得我们所想要的结果了。

实例 ch11_4.R：改良版的 ch11_3.R，差别在于程序的第 7 行，省略了设定给 "x.final" 的动作，这样又可以获得 ch11_2.R 的结果。

```
1  #
2  # 实例ch11_4.R
3  #
4  ch11_4 <- function( x )
5  {
6    x.percent <- round(x * 100, digits = 2)      #执行转换
7    paste(x.percent, sep = "", "%")              #加上百分比并输出
8  }
```

[执行结果]

```
> source('~/Rbook/ch11/ch11_4.R')
> ch11_4(new.x)
[1] "89.32%" "23.45%" "7.64%"  "77.35%"
>
```

11-6 return（）的功能

看了前几节的叙述，好像 return（）是多余的，非也。函数在运行时，有时会面临某些状况的发生，需要提早结束函数，不再往下执行。

实例 ch11_5.R：设计检测所输入的参数是否是数值向量，如果不是则输出非数值向量，函数结束执行。

```
1  #
2  # 实例ch11_5.R
3  #
4  ch11_5 <- function( x )
5  {
6    if ( !is.numeric(x))
7    {
8      print("需传入数值向量")
9      return(NULL)
10   }
11   x.percent <- round(x * 100, digits = 2)      #执行转换
12   paste(x.percent, sep = "", "%")              #加上百分比并输出
13 }
```

[执行结果]

```
> source('~/Rbook/ch11/ch11_5.R')
> ch11_5(new.x)
[1] "89.32%" "23.45%" "7.64%"  "77.35%"
> ch11_5(c("A", "B", "C"))
[1] "需传入数值向量"
NULL
>
```

在这个实例中，笔者使用了 2 组数据做测试，一组是原先所用的数值向量 "new.x"，我们获得了想要的结果。另一组是字符向量，我们被通知 "需传入数值向量"。

这个程序多了一个 if 语句，第 6 行到第 10 行，主要是检查所传入的向量是否是数值向量，如果不是则输出 "需传入数值向量"，然后函数执行 return ()，函数结束执行。有关更多的逻辑判断，笔者将在第 12 章作完整的说明。

11-7 省略函数的大括号

在本章的第 11-3 节介绍设计第 1 个函数时，曾介绍函数主体是用大括号（"{" 和 "}"）括起来的。其实，如果函数主体只有 1 行，那么也可以省略大括号，可参考下列实例。

实例 ch11_6.R：省略大括号的函数设计，本函数可输出数值向量的平方。

```
1  #
2  # 实例ch11_6.R
3  #
4  ch11_6 <- function( x ) x * x
```

[执行结果]

```
> source('~/Rbook/ch11/ch11_6.R')
> number.x <- c(9, 11, 5)
> ch11_6(number.x)
[1]  81 121  25
>
```

上述程序其实只有 1 行（即第 4 行），很明显没有大括号，也没有 return ()，但是它仍是一个完整的函数。所以在设计程序时，如果函数只有 1 行，是可以省略大括号的。碰上这类状况，R 编译程序会将 function () 右边的程序代码当作函数主体。了解这个设计原则后，我们也可以重新设计 ch11_4.R。

实例 ch11_7.R：排函数主体只有 1 行的方式，重新设计 ch11_4.R。

```
1  #
2  # 实例ch11_7.R
3  #
4  ch11_7 <- function( x ) paste(round(x * 100, digits = 2), sep = "", "%")
```

[执行结果]

```
> source('~/Rbook/ch11/ch11_7.R')
> ch11_7(new.x)
[1] "89.32%" "23.45%" "7.64%"  "77.35%"
>
```

在这个程序中，函数主体也是只有 1 行（即第 4 行），我们获得了和 ch11_4.R 相同的结果。不过坦白讲，实例 ch11_4.R 是更容易阅读的，即使过了一段时间后，重新看也是可以很快速地了解每行程序代码的意义。实例 ch11_7.R 尽管使程序代码精简了，但是过一段时间，这个程序代码是需花较多的时间去了解的。

笔者建议，写程序不仅是现在容易阅读，也期待将来可以容易阅读。并且，如果设计大型项目，一个大程序可能需要由许多人完成，这时更要考虑他人也要容易阅读，所以不需要为了缩短程序代码的长度，将需要多行完成的程序代码缩减，造成阅读困难。读者应该有留意到，从 11 章开始，笔者在程序代码前 3 列，注明了程序编号，这也是为了读者阅读方便，在未来，有需要的地方，笔者也会增加注释数量，甚至是增加程序代码，一切一切均是为了读者方便阅读。

11-8 传递多个函数参数的应用

如果想要传递多个参数，那么只要将新的参数放在 function () 的括号内，各参数间彼此用逗号隔开即可。

11-8-1 设计可传递两个参数的函数

实例 ch11_8.R：同样是将数值向量转换成百分比，但此函数要求有两个参数，第 1 个参数是欲转换的数值向量，第 2 个参数是设定百分比有几位小数。

```
1  #
2  # 实例ch11_8.R
3  #
4  ch11_8 <- function( x, x.digits)
5 ▾ {
6    x.percent <- round(x * 100, digits = x.digits) #执行转换
7    paste(x.percent, sep = "", "%")                 #加上百分比并输出
8  }
```

[执行结果]

```
> source('~/Rbook/ch11/ch11_8.R')
> ch11_8(new.x, 0)
[1] "89%" "23%" "8%"  "77%"
> ch11_8(new.x, x.digits = 0)
[1] "89%" "23%" "8%"  "77%"
```

```
> ch11_8(new.x, 2)
[1] "89.32%" "23.45%" "7.64%"  "77.35%"
> ch11_8(new.x, x.digits = 2)
[1] "89.32%" "23.45%" "7.64%"  "77.35%"
>
```

在第 3 章的实例 ch3_13, 笔者曾讲解调用 round () 函数时, 第 2 个参数可放 "digits =", 也可以不放。在笔者设计的实例中, 一样在调用 ch11_8 () 函数时, 可放 "x.digits =", 也可不放。其实 R 语言对于在调用函数时, 依照参数顺序传递参数的情况, 是不要求指定参数名称。

一个有趣的探究, 在传递参数时, 以上述实例 ch11_8.R 为例, 如果发生参数位置错乱, 会如何呢? 可参考下列运行结果。

```
> ch11_8(x.digits = 2, new.x)
[1] "89.32%" "23.45%" "7.64%"  "77.35%"
>
```

在上述代码中, 由于有特别标明第 1 个参数是 "x.digits", 所以程序可正常运行。如果参数位置错乱, 同时又不表明参数所代表的意义, 则结果会产生错乱, 如下所示。

```
> ch11_8(2, new.x)
[1] "200%" "200%" "200%" "200%"
>
```

11-8-2 函数参数的默认值

对于实例 ch11_8.R 而言, 如果在调用 ch11_8 () 函数时, 只输入数值向量, 漏了输入第 2 个参数, 结果会如何呢? 如下所示, 首先我们先看 round () 函数, 假设输入数字, 不注明计算到小数点后第几位, 结果会如何?

```
> round(21.45)
[1] 21
>
```

由上述执行结果可知 round () 函数碰上这类状况, 会将此参数默认为 0, 相当于产生整数。同样情况, 对于实例 ch11_8.R 由于程序第 6 行是调用 round () 函数, 所以对于实例 ch11_8.R, 如果调用 ch11_8 () 函数时第 2 个参数省略, 将产生不含小数的百分比结果, 可参考下列执行结果。

```
> ch11_8(new.x)
[1] "89%" "23%" "8%"  "77%"
> .
```

实例 ch11_9.R : 重新设计实例 ch11_8.R, 使执行这个实例时, 如果不传递第 2 个参数来设定产生保留到小数点后第几位的百分比, 则自动产生保留 1 位小数的百分比。

```
1  #
2  # 实例ch11_9.R
3  #
4  ch11_9 <- function( x, x.digits = 1)      #默认转换到小数点后第1位
```

```
5 ▾ {
6      x.percent <- round(x * 100, digits = x.digits) #执行转换
7      paste(x.percent, sep = "", "%")                    #加上百分比符号并输出
8 }
```

[执行结果]

```
> source('~/Rbook/ch11/ch11_9.R')
> ch11_9(new.x)
[1] "89.3%" "23.4%" "7.6%"  "77.4%"
> ch11_9(new.x, 1)
[1] "89.3%" "23.4%" "7.6%"  "77.4%"
>
```

11-8-3 3点参数 "..." 的使用

在本章的11-8-1节，我们学会了如何设计传递2个参数的函数。实际上在设计函数时会碰上需传递更多参数的情况，如果参数一多，会使设计的function（）的参数列变得很长，以后调用时的参数列也会很长，碰上这类情况，R语言提供了3点参数 "..." 的概念，这种3点参数通常会放在参数列表的最后面。

在正式讲解3点参数实例前，我们先改写实例ch11_9.R，将实例改写成，如果不输入第2个参数，将产生不带小数的百分比。

实例 ch11_10.R：将实例ch11_9.R改一下，如果不输入第2个参数，将产生不带小数的百分比。

```
1   #
2   # 实例ch11_10.R
3   #
4   ch11_10 <- function( x, x.digits = 0)      #默认转换到小数第0位
5 ▾ {
6      x.percent <- round(x * 100, digits = x.digits) #执行转换
7      paste(x.percent, sep = "", "%")                    #加上百分比符号并输出
8 }
```

[执行结果]

```
> source('~/Rbook/ch11/ch11_10.R')
> ch11_10(new.x)
[1] "89%" "23%" "8%"  "77%"
> ch11_10(new.x, 2)
[1] "89.32%" "23.45%" "7.64%"  "77.35%"
> ch11_10(new.x, x.digits = 2)
[1] "89.32%" "23.45%" "7.64%"  "77.35%"
>
```

接下来我们可用3点参数改写上述实例ch11_10.R，可参考下列实例。

实例 ch11_11.R：使用3点参数改写上述实例ch11_10.R，如果不输入第2个参数，将产生不带

小数的百分比。

```
1   #
2   # 实例ch11_11.R
3   #
4   ch11_11 <- function( x, ...)          #默认转换成不带小数的整数
5 ▾ {
6     x.percent <- round(x * 100, ...)    #执行转换
7     paste(x.percent, sep = "", "%")     #加上百分比符号并输出
8   }
```

[执行结果]

```
> source('~/Rbook/ch11/ch11_11.R')
> ch11_11(new.x)
[1] "89%" "23%" "8%"  "77%"
>
```

由上述执行结果，可以看到我们成功地设计了带有3点参数 "..." 的函数了，但应该如何指定第2个参数呢？如果第2个参数直接放数字是可以的，如下所示。

```
> ch11_11(new.x, 2)
[1] "89.32%" "23.45%" "7.64%"  "77.35%"
>
```

如果想要给第2个参数指定参数名称就要小心了，对于实例 ch11_10.R 而言，我们在设计时，程序的第4行在 function () 的参数行内，指定参数名称是 "x.digits"，在程序的第6行的 round () 函数内，我们是将 "x.digits" 指定给 round () 函数内的参数 "digits"，所以调用实例 ch11_10.R 的函数时，使用下列方式 "x.digits = 2" 给第2个参数赋值是可以的。

```
> ch11_10(new.x, x.digits = 2)
[1] "89.32%" "23.45%" "7.64%"  "77.35%"
>
```

在实例 ch11_10.R 中，如果使用 "digits = 2" 给第2个参数赋值会有错误产生。

```
> ch11_10(new.x, digits = 2)
Error in ch11_10(new.x, digits = 2) : unused argument (digits = 2)
>
```

但是在实例 ch11_11.R 中，我们使用3点参数，程序第4行的 function () 函数的第2个参数使用3点参数 "..." 取代，程序第6行的 round () 函数也使用3点参数 "..." 取代，这时没有看到 "x.digits" 参数，所以在执行 ch11_11.R 后，如果想调用函数，若是使用参数名 "x.digit"，将产生错误，如下所示。

```
> ch11_11(new.x, x.digits = 2)
Error in round(x * 100, ...) : unused argument (x.digits = 2)
>
```

如果在调用时要使用参数名的话，需使用 "digits"，这是因为 round () 函数默认所使用的参数名就是 "digits"，如下所示。

```
> ch11_11(new.x, digits = 2)
[1] "89.32%" "23.45%" "7.64%"  "77.35%"
>
```

11-9 函数也可以作为参数

在本章的 11-4 节中笔者曾经介绍函数也可以是一个对象，我们可以将一个函数的整个程序代码，赋予另一个对象，当了解这个概念后，就可很容易理解函数是可以作为参数的。

11-9-1 正式实例应用

在第 3 章的 3-2-8 节笔者曾介绍 signif ( ) 函数，这个函数的第 2 个参数 digits 主要是指定数值从左到右有效数字的个数，剩余数字则四舍五入，笔者将用这个函数当作传递的参数做解说。

实例 ch11_12.R：函数也可以作为传递参数的应用。

```
1  #
2  # 实例ch11_12.R
3  # 调用时，若省略第2个参数，默认是调用round( )函数
4  #
5  ch11_12 <- function( x, Xfun = round, ...)
6  {
7    x.percent <- Xfun(x * 100, ...)      #执行转换
8    paste(x.percent, sep = "", "%")      #加上百分比符号并输出
9  }
```

[执行结果]

```
> source('~/Rbook/ch11/ch11_12.R')
> ch11_12(new.x)
[1] "89%" "23%" "8%"  "77%"
>
```

在上述程序的设计中，第 5 行的 function ( ) 内的第 2 个参数是 Xfun，这个参数 Xfun 默认的是 round ( ) 函数的程序代码，如果调用时省略第 2 个参数，则第 7 行的 Xfun 用 round 取代。若以上述程序为例，上述程序在执行时，由于 ch11_12 ( ) 内没有放函数参数，所以 Xfun 使用默认的 round ( ) 函数参数，而得到上述执行结果。如果调用函数时第 2 个参数有放函数，则此参数函数将取代第 7 列的 Xfun ( )，下列是使用 signif ( ) 当作参数的实例。

```
> ch11_12(new.x, signif, digits = 3)
[1] "89.3%" "23.4%" "7.64%" "77.4%"
> ch11_12(new.x, signif, digits = 4)
[1] "89.32%" "23.45%" "7.641%" "77.35%"
>
```

11-9-2　以函数的程序代码作为参数传送

　　R 语言既可支持将函数当作参数传递，也可支持将函数的程序代码当作参数传递，这类传递程序代码而不传递函数名的方式，被称为匿名函数（Anonymous Function）。

实例 ch11_13.R：假设一家公司有 3 个部门，去年各部门的盈利分别是 8500 元、6700 元和 9200 元，请计算各部门盈利的百分比。其实这个程序可以沿用 ch11_12.R，但是笔者适度地调整了第 4 行的函数名称。

```
1  #
2  # 实例ch11_13.R
3  #
4  ch11_13 <- function( x, Xfun = round, ...)
5  {
6      x.percent <- Xfun(x * 100, ...)        #执行转换
7      paste(x.percent, sep = "", "%")        #加上百分比符号并输出
8  }
```

[执行结果]

```
> source('~/Rbook/ch11/ch11_13.R')
> y <- c(8500, 6700, 9200)                   #建立各部门业绩的数值向量
> ch11_13(y, Xfun = function(x) round(x * 100 / sum(x))) #执行
[1] "35%" "27%" "38%"
>
```

　　在上述实例中，以下函数的程序代码已被当作参数传递了。

```
function(x) round(x * 100 / sum(x))
```

　　以上实例其实主要是用于讲解如何将函数码当作参数传送，对上述实例，我们可以用很简洁的方式完成工作的。

```
> ch11_13(y / sum(y))
[1] "35%" "27%" "38%"
>
```

11-10　局部变量和全局变量

　　设计一个大型项目时，通常会由多人参与此计划，许多人在设计个别程序时可能会用到相同的变量名称，这时难免会碰上问题，A 所用的变量数据会不会被 B 误用？这也是本节讨论的重点。

　　其实对于一个函数而言，这个函数内部所使用的变量称局部变量（Local Variable），程序整体所使用的变量会在 Workspace 窗口内看到，称全局变量（Global Variable）。对于函数所属的局部变量而言，函数调用结束变量就消失了。对于全局变量而言，只要在 Workspace 窗口内保存，就随时可调用。

实例 ch11_14：局部变量和全局变量的探究。

```
1    #
2    # 实例ch11_14.R
3    #
4    x <- 1:8                      #设置全局变量
5    print("调用函数前")
6    print(x)                      #打印全局变量x
7    test <- function(y)
8 ▾ {
9      print("进入函数")
10     x <- y
11     print(x)                    #打印局部变量x
12     print("离开函数")
13   }
14   test(1:5)                     #调用函数
15   print("调用函数后")
16   print(x)                      #打印全局变量
```

[执行结果]

```
> source('~/Rbook/ch11/ch11_14.R')
[1] "调用函数前"
[1] 1 2 3 4 5 6 7 8
[1] "进入函数"
[1] 1 2 3 4 5
[1] "离开函数"
[1] "调用函数后"
[1] 1 2 3 4 5 6 7 8
>
```

在这个实例中，笔者特别将变量取名 x，对于程序的第 6 行，毫无疑问是打印全局变量的 x，第 7 行至 13 行是函数 test，第 10 行是将所传递给函数的变量 y 赋给局部变量 x，第 11 行是打印局部变量 x。第 14 行是调用函数，所以会执行打印第 11 行的局部变量。在第 15 行笔者再打印一次变量 x，读者可以比较它们之间的差别。其实如果我们观察 Workspace 窗口，可以看到执行上述实例 ch11_4.R 后，全局变量 x，就一直是 1:8，可参考下图。

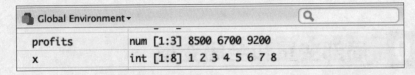

🅖 Global Environment ▾	🔍
profits	num [1:3] 8500 6700 9200
x	int [1:8] 1 2 3 4 5 6 7 8

11-11 通用函数（Generic Function）

何为通用函数（Generic Function）？如果一个函数接收到参数后，什么事都不做，只是将工作分配其他函数执行，这类函数被称为通用函数（Generic Function）。

11-11-1 认识通用函数 print ()

对于 R 语言而言，其实最常用的通用函数是 print ()，下列是 print () 函数的程序代码。

```
> print
function (x, ...)
UseMethod("print")
<bytecode: 0x10524c350>
<environment: namespace:base>
>
```

各位可以忽略上述程序代码的第 3 行和第 4 行，这是 R 的开发人员需使用的信息。由以上程序代码可知，print () 函数实际只有 1 行，也就是第 2 行 UseMethod ()，这个函数的主要功能就是让 R 依 print () 函数的参数找寻适当的函数执行打印任务。我们可以用下列方法了解有多少函数可协助 print () 函数执行打印任务。

```
> apropos('print\\.')
 [1] "print.AsIs"              "print.by"
 [3] "print.condition"         "print.connection"
 [5] "print.data.frame"        "print.Date"
 [7] "print.default"           "print.difftime"
 [9] "print.Dlist"             "print.DLLInfo"
[11] "print.DLLInfoList"       "print.DLLRegisteredRoutines"
[13] "print.factor"            "print.function"
[15] "print.hexmode"           "print.libraryIQR"
[17] "print.listof"            "print.NativeRoutineList"
[19] "print.noquote"           "print.numeric_version"
[21] "print.octmode"           "print.packageInfo"
[23] "print.POSIXct"           "print.POSIXlt"
[25] "print.proc_time"         "print.restart"
[27] "print.rle"               "print.simple.list"
[29] "print.srcfile"           "print.srcref"
[31] "print.summary.table"     "print.summaryDefault"
[33] "print.table"             "print.warnings"
>
```

从上述输出结果可以了解到共有 34 个函数可供 print () 函数分配使用。笔者在第 7 章的 7-1-1 节曾建立 mit.info 数据框（Data Frame）。下列是使用 print () 函数打印 mit.info 数据框的输出结果。

```
> print(mit.info)
  mit.Name mit.Gender mit.Height
1    Kevin        M          170
2    Peter        M          175
3    Frank        M          165
4   Maggie        F          168
>
```

由 "apropos（'print\\.'）" 的执行结果可知第 5 个 print 函数是用于打印数据框的函数 print.data. frame ()。其实上述 print () 函数是调用 print.data.frame () 执行此打印 mit.info 数据框的任务。所以，你也可以使用下列方式打印 mit.info 数据框。

```
> print.data.frame(mit.info)
  mit.Name mit.Gender mit.Height
1    Kevin          M         170
2    Peter          M         175
3    Frank          M         165
4   Maggie          F         168
>
```

11-11-2 通用函数的默认函数

假设我们想打印串行（List）对象，由上一节理论可知，可以使用 print.list（）执行打印串行的任务，结果在 "apropos（'print\\.'）" 的执行中，我们找不到 print.list（）函数，怎么办？事实上许多通用函数在设计时，大都会同时设计一个默认函数，如果没有特定的函数可使用时，则调用此默认函数，此例是 print.default（）。例如，下列是用 print（）打印第 8 章的实例 ch8_1 的串行（List）baskets.Cal 的输出结果。

```
> print(baskets.Cal)
[[1]]
[1] "California"

[[2]]
[1] "2016-2017"

[[3]]
       1st 2nd 3rd 4th 5th 6th
Lin      7   8   6  11   9  12
Jordon  12   8   9  15   7  12

>
```

如果是用 print.default（）函数，那么可以得到相同的输出结果。

```
> print.default(baskets.Cal)
[[1]]
[1] "California"

[[2]]
[1] "2016-2017"

[[3]]
       1st 2nd 3rd 4th 5th 6th
Lin      7   8   6  11   9  12
Jordon  12   8   9  15   7  12

>
```

11-12 设计第一个通用函数

了解了 11-11 节的内容后，本小节笔者将以实例介绍如何设计一个通用函数。

11-12-1　优化转换百分比函数

为了方便接下来的解说，笔者将之前 ch11_13.R 的 ch11_13（）函数改写成 percent.numeric（），如下所示，这个函数的功能主要是将数值向量改写成百分比。读者需特别留意的是函数名称"percent"，须加上"."，再加上"numeric"。UseMethod（）是用"numeric"来判别何时调用此函数的，未来调用"percent"时，若所传递的参数是数值时则调用这个函数。

```
#将数值向量转成百分比
percent.numeric <- function( x, Xfun = round, ...)
{
  x.percent <- Xfun(x * 100, ...)         #执行转换
  paste(x.percent, sep = "", "%")         #加上百分比符号并输出
}
```

如果碰上输入的是字符向量时，笔者希望以下列函数 percent.character（）处理，相当于在字符右边加上百分比符号。读者需特别留意的是函数名称"percent"，须加上"."，再加上"character"，UseMethod（）是用"character"来判别何时调用此函数的，未来调用"percent"时，若所传递的参数是字符时则调用这个函数。

```
#将字符向量增加百分比符号
percent.character <- function( x )
{
  paste(x, sep = "", "%")                 #直接加百分比符号
}
```

现在我们可以将上述 2 个函数结合在实例 ch11_15.R。

实例 ch11_15.R：设计一个程序，此程序包含 2 个函数，可处理将数值向量转换成百分比，以及给字符向量增加百分比符号。

```
1  #
2  # 实例ch11_15.R
3  #
4  #将数值向量转成百分比
5  percent.numeric <- function( x, Xfun = round, ...)
6  {
7    x.percent <- Xfun(x * 100, ...)         #执行转换
8    paste(x.percent, sep = "", "%")         #加上百分比符号并输出
9  }
10 #将字符向量增加百分比符号
11 percent.character <- function( x )
12 {
13   paste(x, sep = "", "%")                 #直接加百分比符号
14 }
```

[执行结果]

```
> source('~/Rbook/ch11/ch11_15.R')
> percent.numeric(new.x)
[1] "89%" "23%" "8%"  "77%"
> percent.numeric(new.x, round, digits = 2)
```

```
[1] "89.32%" "23.45%" "7.64%"  "77.35%"
> percent.character(c("A", "B", "C"))
[1] "A%" "B%" "C%"
>
```

最后我们需使用 UseMethod（）设计通用函数，程序代码如下所示。

```
percent <- function(x, ...)
{
  UseMethod("percent")
}
```

实例 ch11_16.R：设计通用函数 percent（），未来可以直接使用 percent（）调用执行想要完成的任务。

```
1   #
2   # 实例ch11_16.R
3   #
4   percent <- function(x, ...)
5 ▾ {
6     UseMethod("percent")
7   }
8   #将数值向量转成百分比
9   percent.numeric <- function( x, Xfun = round, ...)
10 ▾ {
11    x.percent <- Xfun(x * 100, ...)        #执行转换
12    paste(x.percent, sep = "", "%")        #加上百分比符号并输出
13  }
14  #将字符向量增加百分比符号
15  percent.character <- function( x )
16 ▾ {
17    paste(x, sep = "", "%")                #直接加百分比符号
18  }
```

[执行结果]

```
> source('~/Rbook/ch11/ch11_16.R')
> percent(new.x)
[1] "89%" "23%" "8%"  "77%"
> percent(new.x, round, digits = 2)
[1] "89.32%" "23.45%" "7.64%"  "77.35%"
> percent(c("A", "B", "C"))
[1] "A%" "B%" "C%"
>
```

读者应该仔细比较 ch11_15.R 和 ch11_16.R 的执行结果，特别是 ch11_16.R 是用调用通用函数（Generic Function）的方式完成工作的。

11-12-2 设计通用函数的默认函数

对于实例 ch11_16.R 而言，如果输入的不是数值或字符，执行结果会有错误，下列是输入数据框 mit.info 对象产生错误的结果。

```
> percent(mit.info)
Error in UseMethod("percent") :
  沒有通用的方法可将 'percent' 套用到 "data.frame" 类别的对象
>
```

建议在设计通用函数时同时设计一个默认函数，当传入的参数不是目前可以处理的情况，可以直接列出错误信息，如下所示。

```
#设计默认函数
percent.default <- function( x )
{
    print("你所传递的参数无法处理")
}
```

读者需特别留意的是函数名称"percent"，须加上"."，再加上"default"，UseMethod () 是用"default"来判别何时调用此函数的，以后调用"percent"时，若所传递的参数不是数值或字符时则调用这个函数。

实例 ch11_17.R：将默认函数加入原先设计的 ch11_16.R 程序内。

```
1   #
2   # 实例ch11_17.R
3   #
4   percent <- function(x, ...)
5 · {
6      UseMethod("percent")
7   }
8   #将数值向量转成百分比
9   percent.numeric <- function( x, Xfun = round, ...)
10 · {
11     x.percent <- Xfun(x * 100, ...)          #执行转换
12     paste(x.percent, sep = "", "%")          #加上百分比符号并输出
13  }
14  #将字符向量增加百分比符号
15  percent.character <- function( x )
16 · {
17     paste(x, sep = "", "%")                  #直接加百分比符号
18  }
19  #设计默认函数
20  percent.default <- function( x )
21 · {
22     print("本程序目前只能处理数值和字符向量")
23  }
```

[执行结果]

```
> source('~/Rbook/ch11/ch11_17.R')
> percent(mit.info)
[1] "本程序目前只能处理数值和字符向量"
> .
```

上述错误信息，比之前系统的错误信息容易懂，这也可节省未来程序错误的检测时间。

本章习题

一、判断题

（ ）1. 在 R 语言中，也可以将函数想成是一个对象，在 RStudio 窗口的 Console 窗口直接输入函数名称，可以看到函数的程序代码。

（ ）2. 在 R 语言中，也可以将函数想成是一个对象，在 RStudio 窗口的 Console 窗口直接输入函数名称，可以调用此函数，例如，你设计了一个函数 "convert ()"，可以使用下列方式调用此函数。

```
> convert
```

（ ）3. 函数主体是由大括号（"{" 和 "}"）括起来的。其实，如果函数主体只有 1 行，也可以省略大括号。

（ ）4. 在函数调用的设计中，R 语言提供了 3 点参数 "..." 的概念，这种 3 点参数通常会放在函数参数列表的最后面。

（ ）5. 函数无法作为另一个函数的参数。

（ ）6. 有一个函数的程序代码如下所示。

```
1  exer1 <- function( x, Xfun = round, ...)
2  {
3    x.percent <- Xfun(x * 100, ...)
4    paste(x.percent, sep = "", "%")
5  }
```

调用上述函数时，如果没有传递第 2 个参数，此函数将自动调用 round () 函数。

（ ）7. 其实对于一个函数而言，这个函数内部所使用的变量称局部变量（Local Variable）。

（ ）8. 如果一个函数接收到参数后，什么事都不做，只是将工作分配其他函数执行，这类函数被称为通用函数（Generic Function）。

二、单选题

（ ）1. 下列函数，如果不传递第 2 个参数设定产生保留到小数点后第几位的百分比，将自动产生保留几位小数的百分比？

```
1  e.percent <- function( x, x.digits = 1 )
2  {
3    x.percent <- round(x * 100, digits = x.digits)
4    paste(x.percent, sep = "", "%")
5  }
```

A. 0   B. 1   C. 2   D. 3

( ) 2. 下列函数，如果不传递第 2 个参数设定产生保留到小数点后第几位的百分比，将自动产生保留几位小数的百分比？

```
1  e2.percent <- function( x, ...)
2  {
3      x.percent <- round(x * 100, ...)
4      paste(x.percent, sep = "", "%")
5  }
```

A. 0　　　　　　　　B. 1　　　　　　　　C. 2　　　　　　　　D. 3

( ) 3. 有如下函数。

```
1  e2.percent <- function( x, ...)
2  {
3      x.percent <- round(x * 100, ...)
4      paste(x.percent, sep = "", "%")
5  }
```

下列哪一个函数在调用时会有错误信息？

A. > e2.percent(0.03456)

B. > e2.percent(0.03456, 2)

C. > e2.percent(0.03456, digits = 2)

D. > e2.percent(0.03456, xdigit = 2)

( ) 4. 下列哪一个函数是 print（）函数的默认函数？

A. print.list（）　　　　　　　　　　　B. print.default（）

C. print.condition（）　D. print.restart（）

( ) 5. 有如下函数。

```
1   percent <- function(x, ...)
2   {
3       UseMethod("percent")
4   }
5   percent.numeric <- function( x, Xfun = round, ...)
6   {
7       x.percent <- Xfun(x * 100, ...)
8       paste(x.percent, sep = "", "%")
9   }
10  percent.character <- function( x )
11  {
12      paste(x, sep = "", "%")
13  }
14  percent.default <- function( x )
15  {
16      print("本程序目前只能处理数值和字符向量")
17  }
```

上述函数中哪一个是通用函数（Generic Function）？

A. percent（）　　　　　　　　　　　B. percent.numeric（）

C. percent.character（）　　　　　　D. percent.default（）

（　　）6. 有如下函数。

```
1   percent <- function(x, ...)
2   {
3       UseMethod("percent")
4   }
5   percent.numeric <- function( x, Xfun = round, ...)
6   {
7       x.percent <- Xfun(x * 100, ...)
8       paste(x.percent, sep = "", "%")
9   }
10  percent.character <- function( x )
11  {
12      paste(x, sep = "", "%")
13  }
14  percent.default <- function( x )
15  {
16      print("本程序目前只能处理数值和字符向量")
17  }
```

如果在调用上述的通用函数时，所传递的数据是数据框（Data Frame），实际上将调用哪一个函数执行任务？

A. percent（）　　　　　　B. percent.numeric（）

C. percent.character（）　　　　　　D. percent.default（）

（　　）7. 有如下函数。

```
1   percent <- function(x, ...)
2   {
3       UseMethod("percent")
4   }
5   percent.numeric <- function( x, Xfun = round, ...)
6   {
7       x.percent <- Xfun(x * 100, ...)
8       paste(x.percent, sep = "", "%")
9   }
10  percent.character <- function( x )
11  {
12      paste(x, sep = "", "%")
13  }
14  percent.default <- function( x )
15  {
16      print("本程序目前只能处理数值和字符向量")
17  }
```

如果调用上述的通用函数时，所传递的数据是数值数据，实际上将调用哪一个函数执行任务？

A. percent（）　　　　　　B. percent.numeric（）

C. percent.character（）　　　　　　D. percent.default（）

三、多选题

(　　) 1. 下列哪些函数是通用函数（Generic Function）？（选择两项）

A. sum（）　　　　B. as.Date（）　　　C. plot（）

D. print（）　　　E. grep（）

四、实际操作题（如果题目有描述不周详时，请自行假设条件）

1. 重新设计实例 ch11_11.R，使用 3 点参数，如果不输入第 2 个参数，将产生带 1 位小数的百分比。

2. 重新设计实例 ch11_17.R，设计通用函数，使用 3 点参数，如果输入的是数值，默认是求平均值，如果输入的是字符，则将字符改成大写，默认函数则不变。

3. 设计一个计算电费的通用函数，每度电费 100 元，如果输入的不是数值向量，则输出"输入错误，请输入数值向量"。

MEMO

12

CHAPTER

程序的流程控制

12-1 if 语句

if 语句的运行非常容易，如果某个逻辑表达式为真，则执行特定工作。

12-1-1　if 语句的基本操作

if 语句的基本格式如下所示。

if（逻辑表达式）{

　　系列运算命令

}

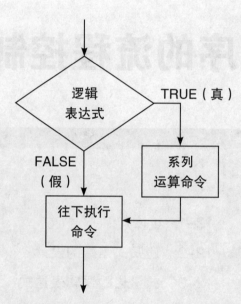

上述的逻辑表达式，读者也可以将它想成是条件表达式，如果是 TRUE，则执行大括号内的命令。如果运算命令只有 1 行，也可省略大括号，此时 if 语句的格式如下所示。

if（逻辑表达式）运算命令

或

if（逻辑表达式）

　　运算命令

实例 ch12_1.R：假设 1 度电费是 50 元，为了鼓励节约能源，如果一个月使用超过 200 度，电费将再加收总价的 15%。如果电费小于 1 元，以四舍五入处理。

```
1  #
2  # 实例ch12_1.R
3  #
4  ch12_1 <- function( deg, unitPrice = 50 )
5  {
```

```
6      net.price <- deg * unitPrice        #计算电费
7▾     if ( deg > 200 ) {                  #如果使用超过200度
8        net.price <- net.price * 1.15     #电费加收15%
9      }
10     round(net.price)                    #电费取整数
11 }
```

[执行结果]

```
> source('~/Rbook/ch12/ch12_1.R')
> ch12_1(150)
[1] 7500
> ch12_1(deg = 150)
[1] 7500
> ch12_1(deg =250)
[1] 14375
>
```

对上述实例而言，如果用电度数超过 200 度，则在第 7 行作判断，执行大括号内的命令，所以 "deg > 200" 就是一个逻辑表达式。在调用函数 ch12_1 () 时，对第 1 个参数，可以直接输入数字，此例是 "150"，也可以输入 "deg = 150"，后者输入方式可让返回的结果更容易理解。笔者曾说过，如果 if 语句所执行的命令只有 1 行时可以省略大括号，可参考下列实例。

实例 ch12_2.R：重新设计实例 ch12_1.R，将 if 语句的大括号省略。

```
1  #
2  # 实例ch12_2.R
3  #
4  ch12_2 <- function( deg, unitPrice = 50 )
5▾ {
6    net.price <- deg * unitPrice                  #计算电费
7    if ( deg > 200 ) net.price <- net.price * 1.15 #如果使用超过200度电费加收15%
8    round(net.price)                              #电费取整数
9  }
```

[执行结果]

```
> source('~/Rbook/ch12/ch12_2.R')
> ch12_2(150)
[1] 7500
> ch12_2(deg = 250)
[1] 14375
>
```

有的程序设计师感觉上述程序的第 7 行的写法使命令显得太长，也可以将它分成 2 行，如下列实例所示。

实例 ch12_3.R：重新设计实例 ch12_2.R，将 if 语句的大括号省略，不过将原先的第 7 行拆成 2 行。

```
1  #
2  # 实例ch12_3.R
3  #
4  ch12_3 <- function( deg, unitPrice = 50 )
```

```
 5 ▾ {
 6       net.price <- deg * unitPrice          #计算电费
 7       if ( deg > 200 )                      #如果使用超过200度
 8          net.price <- net.price * 1.15      #电费加收15%
 9       round(net.price)                      #电费取整数
10    }
```

[执行结果]

```
> source('~/Rbook/ch12/ch12_3.R')
> ch12_3(150)
[1] 7500
> ch12_3(deg = 250)
[1] 14375
>
```

12-1-2 if … else 语句

if … else 语句的基本格式如下所示。

if（逻辑表达式）{

　　系列运算命令 A

} else {

　　系列运算命令 B

}

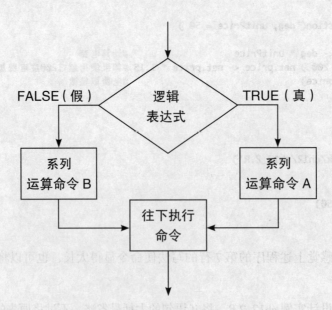

有时为了增加程序的可读性，而且笔者是使用 Source 一次性编译整个文件，所以笔者会用下列格式，编写上述 if 语句。

if（逻辑表达式）

```
{
    系列运算命令 A
}
else
{
    系列运算命令 B
}
```

值得注意的是，如果是如前 10 章，使用直译器方式在 Console 窗口输入 if 语句时，else 不应该放在下一行的开始处，应该放在行的末端。因为当一个命令尚未结束时，若不将 else 放在前一行的末端，R 直译器会认为前一行已经执行结束了。但是，在本书 11 章后的程序，由于是在 Source 窗口编辑程序代码的，整个 if … else 语句是在函数 "{" 和 "}" 之间编写的，之后再编译和执行，else 就没有这个限制，可以放在新的一行，其实这样所编写的程序是比较容易阅读的。

对于上述的逻辑表达式，读者也可以将它想成是条件表达式，如果是 TRUE，则执行大括号内的运算命令 A，否则执行 else 后大括号内的运算命令 B。如果运算命令只有 1 行，则也可省略大括号，此时 if 的格式如下所示。

if（逻辑表达式）运算命令 A else

运算命令 B

或

if（逻辑表达式）

运算命令 A else

运算命令 B

有时为了增加程序的可读性，所以笔者会用下列格式，编写上述 if 语句，这样的程序比较容易阅读。

if（逻辑表达式）

运算命令 A

else

运算命令 B

再强调一次，else 只有在 "{" 和 "}" 之间，例如在函数内的程序片段，才可将 else 放在程序行的起始位置。

实例 ch12_4.R：延续实例 ch12_1.R，但条件改为，如果用电度数在 100 度（含）以下，则电费享受八五折，100 度以上则电费增加 15%。

```
1  #
2  # 实例ch12_4.R
3  #
```

```
 4   ch12_4 <- function( deg, unitPrice = 50 )
 5▾  {
 6       net.price <- deg * unitPrice          #计算电费
 7       if ( deg > 100 )                      #如果使用超过100度
 8         net.price <- net.price * 1.15       #电费加收15%
 9       else
10         net.price <- net.price * 0.85       #电费减免15%
11       round(net.price)                      #电费取整数
12   }
```

[执行结果]

```
> source('~/Rbook/ch12/ch12_4.R')
> ch12_4(deg = 80)
[1] 3400
> ch12_4(deg = 200)
[1] 11500
>
```

在上述实例中，如果用电在 100 度以上，则执行第 8 行命令加收 15% 的电费，否则执行第 10 行命令减少 15% 的电费。

12-1-3　if 语句也可有返回值

R 语言与其他高级语言不同，它的 if 语句类似函数也可以有返回值，然后我们可以将这个返回值赋给一个变量使用，可参考实例 ch12_5.R。也可以将这个 if 语句直接应用在表达式中，可参考实例 ch12_6.R。

实例 ch12_5.R：这个程序主要是重新设计实例 ch12_4.R，但本程序会使电费的调整比率利用 if 语句产生，最后再重新计算电费。

```
 1   #
 2   # 实例ch12_5.R
 3   #
 4   ch12_5 <- function( deg, unitPrice = 50 )
 5▾  {
 6       net.price <- deg * unitPrice                 #计算基本电费
 7       adjustment <- if ( deg > 100 ) 1.15 else 0.85 #计算调整比率
 8       total.price <- net.price * adjustment        #重新计算电费
 9       round(total.price)                           #电费取整数
10   }
```

[执行结果]

```
> source('~/Rbook/ch12/ch12_5.R')
> ch12_5(deg = 80)
[1] 3400
> ch12_5(deg = 200)
[1] 11500
>
```

R语言也支持将 if 语句直接应用在表达式中，有的 R 语言程序设计师在设计程序时为追求精简的程序代码，会将第 7 至 8 行缩成 1 行，可参考下列实例。

实例 ch12_6.R：以精简程序代码的方式重新设计 ch12_5.R。

```
1   #
2   # 实例ch12_6.R
3   #
4   ch12_6 <- function( deg, unitPrice = 50 )
5   {
6       net.price <- deg * unitPrice              #计算电费
7       total.price <- net.price * if ( deg > 100 ) 1.15 else 0.85
8       round(total.price)                        #电费取整数
9   }
```

[执行结果]

```
> source('~/Rbook/ch12/ch12_6.R')
> ch12_6(deg = 80)
[1] 3400
> ch12_6(deg = 200)
[1] 11500
>
```

12-1-4 if … else if … else if …else

使用 if 语句时，可能会碰上需要多重判断的情况，此时可以使用这个语句。它的使用格式如下所示。

if(逻辑表达式 A){

　　系列运算命令 A

} else if(逻辑表达式 B){

　　系列运算命令 B

……

} else if(逻辑表达式 n){

　　系列运算命令 n

} else {

　　系列其他运算命令

}

实例 ch12_7.R：假设 1 度电费是 50 元，为了鼓励节约能源，如果一个月用电超过 120 度，则电费将加收总价的 15%。如果一个月用电小于 80 度，则电费可以减免 15%。

```
1   #
2   # 实例ch12_7.R
3   #
4   ch12_7 <- function( deg, unitPrice = 50 )
5   {
6     if ( deg > 120 )                              #如果使用超过120度
7       net.price <- deg * unitPrice * 1.15         #电费加收15%
8     else if ( deg < 80 )                          #如果使用少于80度
9       net.price <- deg * unitPrice * 0.85         #电费减免15%
10    else
11      net.price <- deg * unitPrice                #正常收费
12    round(net.price)                              #电费取整数
13  }
```

[执行结果]

```
> source('~/Rbook/ch12/ch12_7.R')
> ch12_7(deg = 70)
[1] 2975
> ch12_7(deg = 100)
[1] 5000
> ch12_7(deg = 150)
[1] 8625
>
```

12-1-5 嵌套式 if 语句

所谓的嵌套的 if 语句是指，if 语句内也可以有其他的 if 语句，本小节将直接以实例作说明。

实例 ch12_8.R：假设 1 度电费是 50 元，为了鼓励节约能源，如果一个月用电超过 100 度，电费将加收总价的 15%。如果一个月用电小于（含）100 度，则电费可以减免 15%。同时如果一个家庭有贫困证明，同时用电度数小于 100 度，电费可以再减免 3 成。如果电费有小于 1 元的部分，则以四舍五入处理。

```
1   #
2   # 实例ch12_8.R
3   #
4   ch12_8 <- function( deg, poor = FALSE, unitPrice = 50 )
5   {
6     net.price <- deg * unitPrice            #计算电费
7     if ( deg > 100 )                        #如果使用超过100度
8       net.price <- net.price * 1.15         #电费加收15%
9     else {
10      net.price <- net.price * 0.85         #电费减免15%
11      if ( poor == TRUE)                    #检查是否符合贫困证明
12        net.price = net.price * 0.7         #再减3成
13    }
14    round(net.price)                        #电费取整数
15  }
```

[执行结果]

```
> source('~/Rbook/ch12/ch12_8.R')
> ch12_8(deg = 80)
[1] 3400
> ch12_8(deg = 80, poor = TRUE)
[1] 2380
> ch12_8(deg = 200)
[1] 11500
> ch12_8(deg = 200, poor = TRUE)
[1] 11500
>
```

对上述实例而言，第 7 行至 13 行是外部 if 语句，第 11 行至 12 行是内部的 if 语句。另外需特别注意的是程序的第 11 行，在逻辑运算中，判断是否相等所用的符号是 "=="。其实对上述实例 ch11_8.R 的第 11 行 而言，我们也可以将逻辑表达式简化为如下形式。

if（poor）

因为 poor 的值是 TRUE 或 FALSE，if 可由 poor 判断是否执行第 12 行的内容。

实例 ch12_9.R：优化实例 ch12_8.R 的设计。

```
 1   #
 2   # 实例ch12_9.R
 3   #
 4   ch12_9 <- function( deg, poor = FALSE, unitPrice = 50 )
 5   {
 6       net.price <- deg * unitPrice          #计算电费
 7       if ( deg > 100 )                      #如果使用超过100度
 8         net.price <- net.price * 1.15       #电费加收15%
 9       else {
10         net.price <- net.price * 0.85       #电费减免15%
11         if ( poor )                         #检查是否符合贫困证明
12           net.price = net.price * 0.7       #再减3成
13       }
14       round(net.price)                      #电费取整数
15   }
```

[执行结果]

```
> source('~/Rbook/ch12/ch12_9.R')
> ch12_9(deg = 80)
[1] 3400
>

> ch12_9(deg = 80, poor = TRUE)
[1] 2380
>
```

12-2 递归式函数的设计

如果一个函数可以调用自己，这个函数被称为递归式函数。R 语言也可支持函数自己调用自己。递归式函数的调用具有下列特性。

1) 递归式函数每次调用自己时，都会使问题越来越小。

2) 必须有一个终止条件来结束递归函数的运行。

递归函数可以使程序变得很简洁，但是设计这类程序如果一不小心，很容易掉入无限循环的陷阱，所以设计这类函数时，一定要特别小心。

实例 ch12_10.R：使用递归式函数的设计实例，设计阶乘函数。

```
1   #
2   # 实例ch12_10.R
3   #
4   ch12_10 <- function(x)
5 ▾ {
6     if (x == 0)                    #终止条件
7       x_sum = 1
8     else
9       x_sum = x * ch12_10(x - 1)   #归式调用
10      return (x_sum)
11  }
```

[执行结果]

```
> source('~/Rbook/ch12/ch12_10.R')
> ch12_10(1)
[1] 1
> ch12_10(2)
[1] 2
> ch12_10(3)
[1] 6
> ch12_10(4)
[1] 24
>
```

 其实 R 语言可用 factorial () 函数完成上述工作。

上述 ch12_10 () 阶乘函数的终止条件为参数值为 0，可由程序的第 6 行判断，然后使 x_sum 的值为 1，再返回 x_sum 值。下列笔者以参数为 3 的情况为例解说该程序，此时程序第 9 行的内容如下所示。

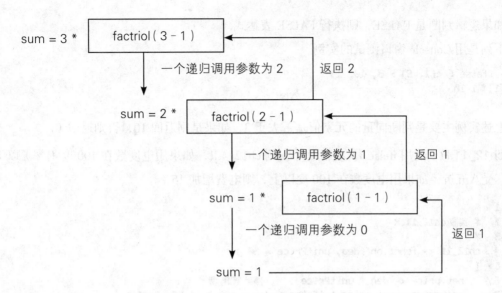

所以当参数为 3 时，结果值是 6。

12-3 向量化的逻辑表达式

本书从第 4 章起，笔者就一直强调变量具有向量（Vector）的特质，所以本章的 12-1 节所介绍的 if … else 语句如果无法表达向量化的特质，那 R 的精神将逊色很多。

12-3-1 处理向量数据时 if … else 产生的错误

假设我们用一个向量数据去执行 ch12_8.R 的程序，将会如何呢？执行结果如下所示。

```
> ch12_8(c(80, 200))
[1] 3400 8500
Warning message:
In if (deg > 100) net.price <- net.price * 1.15 else { :
  条件的长度 > 1，因此只能用其第一元素
>
```

由执行结果 R 已经告诉我们结果问题了，对于第 1 个数据，结果是对的，但对于第 2 个数据，正确结果应是 11500，而不是 8500。因为 if 语句只能处理 1 个数据，所以第 2 个数据并没有经过 "if（ deg > 200 ）"的比对，所以第 2 个数据获得了 8500 的错误结果。

12-3-2 ifelse（）函数

这是一个可以处理向量数据的函数，其基本使用格式如下所示。

ifelse（ 逻辑判断 , TRUE 表达式 , FALSE 表达式 ）

如果逻辑判断是 TRUE，则执行 TRUE 表达式。

如果逻辑判断是 FALSE，则执行 FALSE 表达式。

下列是用 Console 窗口测试的实例。

```
> ifelse ( c(1, 5) > 3, 10, 1)
[1]  1 10
>
```

上述实例主要是判断向量的元素值是否大于 3，如果是则返回 10，否则返回 1。

实例 ch12_11.R：使用 ifelse () 重新设计实例 ch12_4.R，如果用电度数在 100 度（含）以下，则电费享受八五折，如果用电度数在 100 度以上，则电费增加 15%。

```
1  #
2  # 实例ch12_11.R
3  #
4  ch12_11 <- function( deg, unitPrice = 50 )
5  {
6      net.price <- deg * unitPrice          #计算电费
7      net.price = net.price * ifelse(( deg > 100 ), 1.15, 0.85 )
8      round(net.price)                      #电费取整数
9  }
```

[执行结果]

```
> source('~/Rbook/ch12/ch12_11.R')
> ch12_11(c(80, 200))
[1]  3400 11500
>
```

实例 ch12_12.R：用 ifelse ()，重新设计 ch12_8.R。

```
1  #
2  # 实例ch12_12.R
3  #
4  ch12_12 <- function( deg, poor = FALSE, unitPrice = 50 )
5  {
6      net.price <- deg * unitPrice          #计算电费
7      net.price <- net.price * ifelse (deg > 100, 1.15, 0.85)
8      net.price <- net.price * ifelse (deg <= 100 & poor, 0.7, 1)
9      round(net.price)                      #电费取整数
10 }
```

[执行结果]

```
> source('~/Rbook/ch12/ch12_12.R')
> deginfo <- c(80, 80, 200, 200)
> poorinfo <- c(TRUE, FALSE, TRUE, FALSE)
> ch12_12(deginfo, poorinfo)
[1]  2380  3400 11500 11500
>
```

在上述执行结果中，我们传递了两个向量，分别是用电度数和是否贫困。其实也可以将用电度数和是否贫困处理成数据框（Data Frame），然后在调用 ch12_12 () 函数时，传递数据框。可参考下列执行结果。

```
> testinfo <- data.frame(deginfo, poorinfo)
> with(testinfo, ch12_12(deginfo, poorinfo))
[1]  2380  3400 11500 11500
>
```

12-4 switch 语句

在介绍本节前，笔者先强调，switch 语句无法处理向量数据。

在 12-1-4 节中的 if … elseif 语句是用于多重判断条件的，对于这类问题，有时也可以使用 switch 语句取代。它的使用格式如下所示。

switch（判断运算，表达式 1，表达式 2，… ）

判断运算的最终值可能是数字或文字，如果最终值是 1 则执行表达式 1，如果最终值是 2 则执行表达式 2，其他依此类推。如果最终值是文字，则执行相对应的表达式。

实例 ch12_13.R：用 switch 语句重新设计 ch12_7.R。

```
1   #
2   # 实例ch12_13.R
3   #
4   ch12_13 <- function( deg, unitPrice = 50 )
5 - {
6     if (deg > 120) index <- 1
7     if (deg <= 120 & deg >= 80) index <- 2
8     if (deg < 80)  index <- 3
9     switch (index,
10      net.price <- deg * unitPrice * 1.15,    #电费加收15%
11      net.price <- deg * unitPrice,            #正常收费
12      net.price <- deg * unitPrice * 0.85)     #电费减免15%
13    round(net.price)                           #电费取整数
14  }
```

[执行结果]

```
> source('~/Rbook/ch12/ch12_13.R')
> ch12_13(deg = 70)
[1] 2975
> ch12_13(deg = 100)
[1] 5000
> ch12_13(deg = 150)
[1] 8625
>
```

实例 ch12_14.R：依据输入的字符串做适当响应，输入 "iphone" 则返回 "Apple"，输入 "TV" 则返回 "Sony"，输入 "PC" 则返回 "Dell"。

```
1   #
2   # 实例ch12_14.R
3   #
4   ch12_14 <- function( type )
5 ▾ {
6     switch (type, iphone = "Apple",
7             TV = "Sony",
8             PC = "Dell")
9   }
```

[执行结果]

```
> source('~/Rbook/ch12/ch12_14.R')
> ch12_14("TV")
[1] "Sony"
> ch12_14("iphone")
[1] "Apple"
> ch12_14("PC")
[1] "Dell"
>
```

对上述实例而言，如果输入非 switch () 内的字符串，将看不到任何返回结果，如下所示。

```
> ch12_14("Radio")
>
```

switch () 是可以支持默认值，只要将其放在参数末端，然后去掉判断值即可。

实例 ch12_15.R：修改 ch12_14.R，如果输入非 Switch () 内的其他字符串，则输出 "Input Error!"。

```
1    #
2    # 实例ch12_15.R
3    #
4    ch12_15 <- function( type )
5 ▾  {
6      switch (type, iphone = "Apple",
7              TV = "Sony",
8              PC = "Dell",
9              "Input Error!")
10   }
```

[执行结果]

```
> source('~/Rbook/ch12/ch12_15.R')
> ch12_15("TV")
[1] "Sony"
> ch12_15("Radio")
[1] "Input Error!"
>
```

12-5 for 循环

for 循环可用于向量对象的操作，它的使用格式如下所示。

for（ 循环索引 in 区间 ）单一运算命令

如果是有多个运算命令，则使用格式如下所示。

for（ 循环索引 in 区间 ）{

    系列运算命令

}

实例 ch12_16.R：计算 1 到 n 的总和。

```
1  #
2  # 实例ch12_16.R
3  #
4  ch12_16 <- function( n )
5  {
6    sumx <- 0
7    for ( i in n) sumx <- sumx + i
8    print(sumx)
9  }
```

[执行结果]

```
> source('~/Rbook/ch12/ch12_16.R')
> ch12_16(1:10)
[1] 55
> ch12_16(1:100)
[1] 5050
>
```

 其实 R 语言可用 sum（1:10）或 sum（1:100）完成上述工作。

实例 ch12_17.R：计算系统内建数据集 state.region（第 6 章的 6-9 节曾介绍此数据集），属于 "North Central" 的有多少个州。

```
1  #
2  # 实例ch12_17.R
3  #
4  ch12_17 <- function( n )
5  {
6    counter <- 0
7    for ( i in n)
8    {
```

```
 9        if ( i == "North Central")
10          counter <- counter + 1
11     }
12     print(counter)
13  }
```

[执行结果]

```
> source('~/Rbook/ch12/ch12_17.R')
> ch12_17(state.region)
[1] 12
>
```

对于实例 12_17.R 而言，它会将 state.region 内美国 50 个州的属于那一个区执行一次，如果属于 "North Central" 则加 1。接着笔者要介绍另一个数据集 state.x77，这个数据集是一个矩阵，数据如下所示。

```
> state.x77
           Population Income Illiteracy Life Exp Murder HS Grad Frost   Area
Alabama          3615   3624        2.1    69.05   15.1    41.3    20  50708
Alaska            365   6315        1.5    69.31   11.3    66.7   152 566432
Arizona          2212   4530        1.8    70.55    7.8    58.1    15 113417
Arkansas         2110   3378        1.9    70.66   10.1    39.9    65  51945
California      21198   5114        1.1    71.71   10.3    62.6    20 156361
Colorado         2541   4884        0.7    72.06    6.8    63.9   166 103766
```

如果继续滚动异常，可以看到更多数据，其中第 1 列是 Population 人口数，单位是千人。下列代码是试着了解更多数据结构的信息。

```
> str(state.x77)
 num [1:50, 1:8] 3615 365 2212 2110 21198 ...
 - attr(*, "dimnames")=List of 2
  ..$ : chr [1:50] "Alabama" "Alaska" "Arizona" "Arkansas" ...
  ..$ : chr [1:8] "Population" "Income" "Illiteracy" "Life Exp" ...
>
```

实例 ch12_18.R : 计算系统内建数据集 state.x77 中的美国总人口数。

```
 1  #
 2  # 实例ch12_18.R
 3  #
 4  ch12_18 <- function( n )
 5  {
 6    p_sum <- 0
 7    for ( i in state.x77[, "Population"])
 8      p_sum <- p_sum + i
 9    print(p_sum)
10  }
```

[执行结果]

```
> source('~/Rbook/ch12/ch12_18.R')
> ch12_18(state.x77[, "Population"])
[1] 212321
>
```

接下来我们将介绍一个使用 for 循环的程序实例，可用于计算向量数据的电费计算。

实例 ch12_19.R：假设某电力公司的收费标准是每度 50 元，当用电度数超过 150 度时，可打 8 折。此外，电费也会因使用单位不同而做调整，如果使用单位是政府机关则收费可打 8 折，如果是公司则电费需加收 2 成，如果是一般家庭则收费标准不变。

```
1   #
2   # 实例ch12_19.R
3   #
4   ch12_19 <- function( deg, customer, unitPrice = 50 )
5   {
6       listprice <- deg * unitPrice *
7         ifelse (deg > 150, 0.8, 1)          #原始电费
8       adj <- numeric(0)
9       for ( i in customer) {
10        adj <- c(adj, switch(i, goverment = 0.8, company = 1.2, 1))
11      }
12      finalprice <- listprice * adj          #最终电费
13      round(finalprice)                      #电费取整数
14  }
```

[执行结果]

```
> source('~/Rbook/ch12/ch12_19.R')
> deginfo
[1]  80  80 200 200
> custinfo
[1] "goverment" "company"   "company"   "family"
> ch12_19(deginfo, custinfo)
[1] 3200 4800 9600 8000
>
```

上述程序的第 6 行和第 7 行主要是计算原始电费，ifelse 可判断原始电费是否需要打折。程序第 8 行是建立长度为 0 的数值向量 adj，这个 adj 数值向量将用来放置电费最后的调整数。程序第 9 行至 11 行是将 customer 内的值，经 switch 判断电费最后的调整数，同时每一个循环都会将执行结果放在 adj 数值向量的末端。对上述程序执行前，笔者先建立了 deginfo 向量和 custinfo 向量，最后可以得到上述执行结果。

相同的程序也可以用不一样的思维方式处理，可参考下列实例。

实例 ch12_20.R：使用不一样的方式重新设计 ch12_19.R。

```
1   #
2   # 实例ch12_20.R
3   #
4   ch12_20 <- function( deg, customer, unitPrice = 50 )
5   {
6       listprice <- deg * unitPrice *
7         ifelse (deg > 150, 0.8, 1)          #原始电费
8       num.customer <- length(customer)
```

```
 9      adj <- numeric(num.customer)
10 -    for ( i in seq_along(customer)) {
11        adj[i] <- switch(customer[i], goverment = 0.8, company = 1.2, 1)
12      }
13      finalprice <- listprice * adj        #最终电费
14      round(finalprice)                    #电费取整数
15    }
```

[执行结果]

```
> source('~/Rbook/ch12/ch12_20.R')
> ch12_20(deginfo, custinfo)
[1] 3200 4800 9600 8000
>
```

上述程序的执行结果与实例 ch12_19.R 相同，程序的第 8 行是先计算 customer 的长度，程序第 9 行是建立放置电费的最后调整数的数值向量 adj，此 adj 数值向量的长度为 customer 的长度。seq_along（）函数会依索引顺序，将 customer 的数据执行完毕。所以最后电费的调整数，会依索引顺序被存入 adj 数值向量内。

12-6 while 循环

while 循环的使用格式如下所示。

while（ 逻辑表达式 ）

{

　系列运算命令

}

如果逻辑表达是 TRUE，循环将持续执行，直到逻辑表达式为 FALSE。

实例 ch12_21.R：使用 while 循环计算 1 到 n 的总和。

```
 1   #
 2   # 实例ch12_21.R
 3   #
 4   ch12_21 <- function(x)
 5 - {
 6     sumx <- 0
 7     while ( x >= 0 )
 8 -   {
 9       sumx <- sumx + x
10       x <- x - 1
11     }
12       return (sumx)
13   }
```

[执行结果]

```
> source('~/Rbook/ch12/ch12_21.R')
> ch12_21(10)
[1] 55
> ch12_21(100)
[1] 5050
>
```

12-7 repeat 循环

repeat 循环的使用格式如下所示。

repeat

{

　　单一或系列运算命令

　　if(逻辑表达式)break

　　其他运算命令

}

若是 if 的逻辑表达式为 TRUE，则执行 break，跳出 repeat 循环。

实例 ch12_22.R : 使用 repeat 循环计算 1 到 *n* 的总和。

```
1   #
2   # 实例ch12_22.R
3   #
4   ch12_22 <- function(x)
5   {
6     sumx <- 0
7     repeat
8     {
9       sumx <- sumx + x
10      if ( x == 0) break
11      x <- x - 1
12    }
13      return (sumx)
14  }
```

[执行结果]

```
> source('~/Rbook/ch12/ch12_22.R')
> ch12_22(10)
[1] 55
> ch12_22(100)
[1] 5050
>
```

12-8 再谈 break 语句

前一小节我们已讨论 break 语句可和 repeat 循环配合使用，如此可以跳出循环。其实，break 也可以与 for 循环和 while 循环配合使用。在这些循环内，当执行 break 时，可立即跳出循环。

实例 ch12_23.R：使用 while 循环，配合 break 语句，计算 0 至 $n-1$ 的总和。

```
1   #
2   # 实例ch12_23.R
3   #
4   ch12_23 <- function(x)
5   {
6     sumx <- 0
7     i <- 0
8     while ( i <= x )
9     {
10      if ( i == x ) break
11      sumx <- sumx + i
12      i <- i + 1
13    }
14      return (sumx)
15  }
```

[执行结果]

```
> source('~/Rbook/ch12/ch12_23.R')
> ch12_23(10)
[1] 45
> ch12_23(100)
[1] 4950
>
```

实例 ch12_24.R：计算 1 到 n 的总和，但总和不可以超出 3000。

```
1   #
2   # 实例ch12_24.R
3   #
4   ch12_24 <- function( n )
5   {
6     sumx <- 0
7     for ( i in n)
8     {
9       if ( sumx + i > 3000 ) break
10      sumx <- sumx + i
11    }
12    print(sumx)
13  }
```

[执行结果]

```
> source('~/Rbook/ch12/ch12_24.R')
> ch12_24(1:50)
[1] 1275
> ch12_24(1:100)
[1] 2926
>
```

由上述执行结果可知，若是输入"1:50"由于总和没有超出 3000 所以可以正常显示。如果输入"1:100"，由于计算到 72 时，总和是 2926，如果计算到 73 将超出 3000 范围，所以程序直接执行第 9 行的 break 语句，跳出第 7 行至 11 行的循环。

12-9　next 语句

next 语句和 break 语句一样，须与 if 语句，也就是逻辑表达式配合使用，但是 next 语句会跳过目前这次循环的剩下的命令，直接进入下一个循环。

实例 ch12_25.R：计算 1 到 n 之间的偶数的总和。

```
 1  #
 2  # 实例ch12_25.R
 3  #
 4  ch12_25 <- function( n )
 5  {
 6    sumx <- 0
 7    for ( i in n)
 8    {
 9      if ( i %% 2 != 0) next
10      sumx <- sumx + i
11    }
12    print(sumx)
13  }
```

[执行结果]

```
> source('~/Rbook/ch12/ch12_25.R')
> ch12_25(1:10)
[1] 30
> ch12_25(1:100)
[1] 2550
>
```

上述程序的关键在于第 9 行，判断 i 是否为偶数，如果非偶数，则不往下执行而是跳到下一个循环。

 其实 R 语言可用下列命令完成上述 ch12_25（1:100）的工作。

```
> n <- 1:100
> sum(n[n %% 2 == 0])
[1] 2550
>
```

本章习题

一、判断题

( ) 1. 下列是程序片段 A。

```
if ( deg > 200 ) {
  net.price <- net.price * 1.15
}
```

下列是程序片段 B。

```
if ( deg > 200 ) net.price <- net.price * 1.15
```

上述两个片段其实是做同样工作的。

( ) 2. 有一个流程控制片段如下所示。

```
if( 逻辑运算式 ){
    系列运算命令 A
} else {
    系列运算命令 B
}
```

如果逻辑表达式是 FALSE，则会执行系列运算命令 A。

( ) 3. 以下是一个电力公司收取电费标准的程序设计，请问以下设计是否对用电量少的小市民较有利。

```
1  efee <- function( deg, unitPrice = 50 )
2  {
3    net.price <- deg * unitPrice
4    if ( deg > 100 )
5      net.price <- net.price * 1.15
6    else
7      net.price <- net.price * 0.85
8    round(net.price)
9  }
```

( ) 4. 以下是一个电力公司收取电费标准的程序设计，请问以下设计是否对用电量大的市民较有利。

```
1  effe <- function( deg, unitPrice = 50 )
2  {
3    net.price <- deg * unitPrice
4    adjustment <- if ( deg > 100 ) 1.15 else 0.85
5    total.price <- net.price * adjustment
6    round(total.price)
7  }
```

( ) 5. 递归式函数，有一个很大的特点是，每次调用自己时，都会使问题越来越小。

( ) 6. ifelse () 函数最大的缺点是无法处理向量数据。

（　）7.　switch 循环无法处理向量数据。

（　）8.　有如下命令。

```
> ifelse(x >= 1, 2, 3)
```

若 x=1，则返回结果为 3。

二、单选题

（　）1.　以下哪个非 R 循环？

A. for　　　　　　　B. until　　　　　　　C. repeat　　　　　　　D. while

（　）2.　以下 R 命令中，哪个的结果必定为 3？

A. ifelse（x >= 3, 2, 3）　　　　　　　　　B. ifelse（2 >= 3, 2, 3）

C. ifelse（3 >= 3, 2, 3）　　　　　　　　　D. ifelse（y >= 3, 2, 3）

（　）3.　有如下程序。

```
1    x <- 5
2    y <- if (x < 3){
3      NA
4    } else {
5      5
6    }
7    print(y)
```

上述程序执行后，执行结果是以下哪个？

A. [1] NA　　　　　　B. [1] 5　　　　　　C. [1] 3　　　　　　D. [1] 10

（　）4.　执行以下程序代码后：

```
> a <- 1:5
> b <- 5:1
> d <- if (a < b) a else b
```

A. 系统出现 error

B. 该程序代码成功执行，d 的值为 [1, 2, 3, 4, 5]

C. 该程序代码成功执行，d 的值为 [1, 2, 3, 4, 5]，但系统出现 warning

D. 该程序代码成功执行，d 的值为 [1, 2, 3, 2, 1]

（　）5.　执行以下程序代码后：

```
> a <- 1:5
> b <- 5:1
> d <- ifelse( a < b, a, b)
```

A. 系统出现 error

B. 该程序代码成功执行，d 的值为 [1, 2, 3, 4, 5]

C. 该程序代码成功执行，d 的值为 [1, 2, 3, 4, 5]，但系统会出现 warning

D. 该程序代码成功执行，d 的值为 [1, 2, 3, 2, 1]

( ) 6. 有以下程序代码。

```
> a <- c(0.9, 0.5, 0.7, 1.1)
> b <- c(1.2, 1.2, 0.6, 1.0)
```

c 为 a, b 两个向量当中较大的元素构成，如下所示。

```
> c
[1] 1.2 1.2 0.7 1.1
```

以下哪条命令可以用来生成 c ?

A. c <- if (a > b) a else b

B. c <- pmax (a, b)

C. if (a > b) c <- a else c <- b

D. c <- max (a, b)

( ) 7. 有如下函数。

```
1  totalprice <- function( deg, unitPrice = 50 )
2 ▾ {
3    net.price <- deg * unitPrice
4    tp <- net.price * if ( deg > 100 ) 1.15 else 0.85
5    round(tp)
6  }
```

如果输入下列命令，结果为以下哪个?

```
> totalprice(200)
```

A. 程序错   B. [1] 8500   C. [1] 10000   D. [1] 11500

( ) 8. 有如下函数。

```
1  ex <- function(x)
2 ▾ {
3    if (x == 0)
4      x_sum = 1
5    else
6      x_sum = x * ex(x - 1)
7      return (x_sum)
8  }
```

如果输入下列命令，结果为以下哪个?

```
> ex(5)
```

A. 程序错   B. [1] 6   C. [1] 24   D. [1] 120

( ) 9. 有如下命令，执行结果为以下哪个?

```
> ifelse ( c(100, 1, 50) > 50, 1, 2)
```

A. [1] 1 1 2   B. [1] 1 2 2   C. [1] 2 2 1   D. [1] 1 1 1

三、多选题

( ) 1. 有如下函数。

```
1  ex <- function( deg, unitPrice = 50 )
2  {
3      np <- deg * unitPrice
4      np = np * ifelse(( deg > 100 ), 1.1, 0.9 )
5      round(np)
6  }
```

下列哪些是正确的执行结果？（选择 3 项）

A. > ex(50)　　　B. > ex(100)　　　C. > ex(200)
   [1] 2250　　　　　[1] 4500　　　　　　[1] 11000

D. > ex(300)　　　E. > ex(60)
   [1] 18000　　　　[1] 2400

四、实际操作题（如果题目有描述不周详时，请自行假设条件）

1. 不得使用 R 内建的函数，请设计下列函数。

（1）mymax ()：求最大值。

（2）mymin ()：求最小值。

（3）myave ()：求平均值。

（4）mysort ()：执行排序。

如果输入是非数值向量，则输出"输入错误，请输入数值向量"。

2. 请设计一个计算电价的程序，收费规则如下所示。

（1）每度 100 元。

（2）超过 300 度打 8 折，"> 300"

（3）超过 100 度但小于等于 300 度打 9 折，"> 100"和"< = 300"

（4）政府机构用电按上述规则计算完再打 7 折。

（5）有贫困证明，按上述规则计算完再打 5 折。

请至少输入考虑所有状况的 12 个数据做测试。

3. 重新设计实例 ch12_17.R，计算系统内建数据集 state.region（第 6 章的 6–9 节曾介绍此数据集），每一区各有多少个州。

4. 使用 state.x77 数据集，配合 state.region 数据集，编写程序计算美国 4 大区的以下数据。

（1）人口数各是多少。

（2）面积各是多少。

（3）收入平均是多少。

MEMO

13

认识 apply 家族

R 语言提供了一个循环系统称 apply 家族，它具有类似 for 循环的功能，但是若想处理相同问题，apply 家族函数好用太多了，这也是本章的重点。

13-1 apply（）函数

apply（）函数的主要功能是将所设定的函数应用到指定对象（Object）的每一行或列。它的基本使用格式如下所示。

apply（x, MARGIN, FUN, …）

☐ x：要处理的对象，可以是矩阵（Matrix）、N 维数组（Array）、数据框（Data Frame）。

☐ MARGIN：如果是矩阵则值为 1 或 2，1 代表每一行，2 代表每一列。

☐ FUN：要使用的函数。

☐ …：FUN 函数所需的额外参数。

实例 ch13_1.R：某一个野生动物园，观察 3 天内老虎（Tiger）、狮子（Lion）和豹（Leopard）出现的次数，请列出这 3 天中，各种动物出现的最高次数。有关的所有观察数据是在程序的第 6 行设定的。

```
 1   #
 2   # 实例ch13_1.R
 3   #
 4   ch13_1 <- function( )
 5 ▾ {
 6     an_info <- matrix(c(8, 9, 6, 5, 7, 2, 10, 6, 8), ncol = 3)
 7     colnames(an_info) <- c("Tiger", "Lion", "Leopard")
 8     rownames(an_info) <- c("Day 1", "Day 2", "Day 3")
 9     print(an_info)                     #打印3天动物观察数据
10     apply(an_info, 2, max)             #列出各动物最大出现次数
11   }
```

[执行结果]

```
> source('~/Rbook/ch13/ch13_1.R')
> ch13_1( )
      Tiger Lion Leopard
Day 1     8    5      10
Day 2     9    7       6
Day 3     6    2       8
  Tiger    Lion Leopard
      9       7      10
>
```

在上述程序的第 9 行，笔者列出矩阵形式的观察数据。第 10 行则是列出各动物的最大出现次数。对上述实例而言，当然你可以使用 for 循环计算，但是看完上述程序，你会发现 R 语言真是好用太多了，居然只需要第 10 行调用 1 个函数就完工了。apply（）函数中的第 1 个参数是

an_info，代表使用这个对象，第 2 个参数传递的是 2，代表处理的是列数据，第 3 个函数参数是 max，表示使用求最大值函数。

对上述实例而言，如果第 2 天没有看到狮子，这个位置填入 NA，那么结果会如何呢？

实例 ch13_2.R：使用第 2 天没有看到狮子，这个位置为 NA 的数据，重新设计 ch13_1.R。

```
1   #
2   # 实例ch13_2.R
3   #
4   ch13_2 <- function( )
5 - {
6     an_info <- matrix(c(8, NA, 6, 5, 7, 2, 10, 6, 8), ncol = 3)
7     colnames(an_info) <- c("Tiger", "Lion", "Leopard")
8     rownames(an_info) <- c("Day 1", "Day 2", "Day 3")
9     print(an_info)              #打印3天动物观察数据
10    apply(an_info, 2, max)      #列出各动物最大出现次数
11  }
```

[执行结果]

```
> source('~/Rbook/ch13/ch13_2.R')
> ch13_2( )
       Tiger Lion Leopard
Day 1      8    5      10
Day 2     NA    7       6
Day 3      6    2       8
  Tiger    Lion Leopard
     NA       7      10
>
```

在执行结果中 Tiger 出现的最高次数为 NA，其实这不是我们想要的。为了要解决这个问题，我们可以增加 apply（）内 max 函数的参数 na.rm，可参考下列实例。

实例 ch13_3.R：重新设计 ch13_2.R，此次在 apply（）函数内增加了第 4 个参数，其实这第 4 个参数是 max 函数的参数。

```
1   #
2   # 实例ch13_3.R
3   #
4   ch13_3 <- function( )
5 - {
6     an_info <- matrix(c(8, NA, 6, 5, 7, 2, 10, 6, 8), ncol = 3)
7     colnames(an_info) <- c("Tiger", "Lion", "Leopard")
8     rownames(an_info) <- c("Day 1", "Day 2", "Day 3")
9     print(an_info)              #打印3天动物观察数据
10    apply(an_info, 2, max, na.rm = TRUE) #列出各动物最大出现次数
11  }
```

[执行结果]

```
> source('~/Rbook/ch13/ch13_3.R')
> ch13_3( )
       Tiger Lion Leopard
Day 1      8    5      10
Day 2     NA    7       6
```

```
Day 3     6     2        8
  Tiger         Lion Leopard
      8         7      10
>
```

由上述执行结果中，Tiger 出现 8 次取代原先的 NA，表示程序执行成功了。

13-2   sapply（）函数

apply（）函数尽管好用，但主要是用于矩阵（Matrix）、N 维数组（Array）、数据框（Data Frame），若是面对向量（Vector）、串行（List）呢？此时可以使用本节将介绍的 sapply（）（注：数据框数据也可用本节所述的函数处理），此函数开头的 s，是 simplify 的缩写，表示会对执行结果的对象进行简化。sapply（）函数的使用格式如下所示。

sapply（x, FUN, …）

❑ x：要处理的对象，可以是向量（Vector）、数据框（Data Frame）和串行（List）。

❑ FUN：要使用的函数。

❑ …：FUN 函数所需的额外参数。

上一章所介绍的 switch 是无法处理向量资料的，但是与 sapply（）配合使用，却可以让程序有一个很好地使用结果。

实例 ch13_4.R：使用 sapply（）函数重新设计实例 ch12_19.R。

```
 1   #
 2   # 实例ch13_4.R
 3   #
 4   ch13_4 <- function( deg, customer, unitPrice = 50 )
 5 - {
 6     listprice <- deg * unitPrice *
 7       ifelse (deg > 150, 0.8, 1)          #原始电费
 8     adj <- sapply(customer, switch, goverment = 0.8, company = 1.2, 1)
 9     finalprice <- listprice * adj          #最终电费
10     round(finalprice)                      #电费取整数
11   }
```

[执行结果]

```
> source('~/Rbook/ch13/ch13_4.R')
> ch13_4(deginfo, custinfo)
goverment    company    company    family
    3200       4800       9600      8000
>
```

 想要正确得到上述执行结果，你的 RStudio 窗口的 Workspace 需有前一章实例 ch12_12.R 和 ch12_19.R 执行时所建的 deginfo 和 custinfo 对象。

在原先实例 ch12_19.R 中，我们使用了一个 for 循环，我们在这个实例只使用 1 行程序代码就获得了想要的结果了，当然你需要充分了解 sapply ()。

如之前提到的，sapply () 函数也可以用于数据框和串行。对于向量数据，如果我们想要知道数据类型，那么我们可以使用 class () 函数，如下所示。

```
> class(deginfo)
[1] "numeric"
> class(custinfo)
[1] "character"
>
```

但如果是数据框，想一次获得所有数据的数据类型，那么可以使用 sapply () 和 class () 函数，如下所示。

```
> sapply(mit.info, class)          #第 7 章所建的第1个数据框
 mit.Name mit.Gender mit.Height
 "factor"   "factor"  "numeric"
> sapply(testinfo, class)          #第12章所建的数据框
  deginfo poorinfo
"numeric" "logical"
> .
```

如之前介绍的，sapply () 函数的开头字母 s 是 simplify 的缩写，所以这个函数所返回的数据，必要时均会被简化。简化原则如下所示。

1） 如果处理完串行、数据框或向量后，返回的是一个数字，则返回结果会被简化为向量。

2） 如果处理完串行、数据框后，返回的向量有相同的长度，则返回结果会被简化为矩阵。

3） 如果是其他情况则返回的是串行。

在数据处理过程中，如果希望返回的值均是该变量的唯一值，可以配合 unique () 函数使用。下列是以 test.info 为对象（内容见第 12 章的实例 ch12_12.R），返回矩阵的实例。

```
> sapply(testinfo, unique)
      deginfo poorinfo
[1,]    80        1
[2,]   200        0
>
```

下列是以 mit.info 为对象（内容见第 7 章的实例 ch7_1），返回串行的实例。

```
> sapply(mit.info, unique)
$mit.Name
[1] Kevin  Peter  Frank  Maggie
Levels: Frank Kevin Maggie Peter

$mit.Gender
[1] M F
Levels: F M

$mit.Height
[1] 170 175 165 168

>
```

R 语言——迈向大数据之路

对于 mit.info 对象而言，mit.Name 有 4 个数据，mit.Gender 有 2 个数据，mit.Height 有 4 个数据，无法简化，所以返回的是串行。

13-3　lapply（）函数

lapply（）函数的使用方法与 sapply（）函数几乎相同，但是 lapply（）函数的首字母 l 是 list 的缩写，表示 lapply（）函数所传回的是串行（List）。lapply（）函数的使用格式如下所示。

lapply（x, FUN, … ）

- x：可以是向量（Vector）、数据框（Data Frame）和串行（List）。
- FUN：预计使用的函数。
- …：FUN 函数所需的额外参数。

例如，同样是 testinfo 对象，若转成使用 lapply（）处理，则可以得到串行结果，如下所示。

```
> lapply(testinfo, unique)
$deginfo
[1]  80 200

$poorinfo
[1]  TRUE FALSE

>
```

不过对上述实例的 testinfo 对象而言，如果我们在 sapply（）函数内增加参数 "simplify"，同时将它设为 FALSE，则会获得与 lapply（）函数相同的返回结果，如下所示。

```
> sapply(testinfo, unique, simplify = FALSE)
$deginfo
[1]  80 200

$poorinfo
[1]  TRUE FALSE

>
```

上述实例用了 sapply（）函数，我们仍获得了与 lapply（）函数相同的返回结果。同样，如果在 sapply（）函数内再增加一个参数 "USE.NAMES"，同时将它设为 FALSE，也可以用 sapply（）函数所获得的返回结果与 lapply（）函数的返回结果相同。

13-4　tapply（）函数

tapply（）函数主要是用于对一个因子或因子列表，执行指定的函数调用，最后获得汇总信息。tapply（）函数的使用格式如下所示。

tapply（x, INDEX, FUN, …）

❑ x：要处理的对象，通常是向量（Vector）变量，也可是其他数据型态的数据。

❑ INDEX：因子（Factor）或分类的字符串向量或因子串行。

❑ FUN：要使用的函数。

❑ …：FUN 函数所需的额外参数。

下列是使用 R 语言内建的数据集 state.region（内容可参考第 6 章的 6-9 节），计算美国 4 大区包含州的数量。

```
> tapply(state.region, state.region, length)
    Northeast          South North Central              West
            9             16            12                13
>
```

实例 ch13_5.R：使用 R 语言内建的数据集 state.x77 和 state.region，计算美国 4 大区各区百姓的平均收入。在这个实例中，state.x77 的第 2 个字段是各州的平均收入。

```
> state.x77
           Population Income Illiteracy Life Exp Murder HS Grad Frost   Area
Alabama          3615   3624        2.1    69.05   15.1    41.3    20  50708
Alaska            365   6315        1.5    69.31   11.3    66.7   152 566432
Arizona          2212   4530        1.8    70.55    7.8    58.1    15 113417
Arkansas         2110   3378        1.9    70.66   10.1    39.9    65  51945
California      21198   5114        1.1    71.71   10.3    62.6    20 156361
```

下列是本程序实例的代码。

```
 1  #
 2  # 实例ch13_5.R
 3  #
 4  ch13_5 <- function( )
 5  {
 6
 7    sstr <- as.character(state.region)    #转成字符串向量
 8    vec.income <- state.x77[, 2]          #取得各州收入
 9    names(vec.income) <- NULL             #删除各州收入向量名称
10    a.income <- tapply(vec.income, factor(sstr,
11        levels = c("Northeast", "South", "North Central",
12                    "West")), mean)
13    return(a.income)
14  }
```

[执行结果]

```
> ch13_5( )
    Northeast          South North Central              West
     4570.222       4011.938      4611.083          4702.615
>
```

对这个实例而言，程序的第 7 行是将 state.region 对象由因子转成字符串向量，第 8 行是由数

据集 state.x77 取得各州收入，第 9 行是删除向量名称，第 10 行至 12 行则是 tapply（）函数的精华，这个函数会依 levels 的名称分类，计算各州收入数据，第 12 行的 mean 函数则表示取平均值。

如果上述实例是使用 for 循环或其他循环，则需多花许多精力设计程序代码。学习至此相信读者一定会越来越喜欢 R 的强大功能了。以后当我们学到更多 R 的知识时，笔者将介绍更多这方面的应用。

13-5 iris 鸢尾花数据集

iris 中文是鸢尾花，这是系统内建的数据框数据集，内含 150 个记录，如下所示。

```
> str(iris)
'data.frame':   150 obs. of  5 variables:
 $ Sepal.Length: num  5.1 4.9 4.7 4.6 5 5.4 4.6 5 4.4 4.9 ...
 $ Sepal.Width : num  3.5 3 3.2 3.1 3.6 3.9 3.4 3.4 2.9 3.1 ...
 $ Petal.Length: num  1.4 1.4 1.3 1.5 1.4 1.7 1.4 1.5 1.4 1.5 ...
 $ Petal.Width : num  0.2 0.2 0.2 0.2 0.2 0.4 0.3 0.2 0.2 0.1 ...
 $ Species     : Factor w/ 3 levels "setosa","versicolor",..: 1 1 1 1 1 1 1 1 1 1 ...
>
```

下列是前 6 个记录。

```
> head(iris)
  Sepal.Length Sepal.Width Petal.Length Petal.Width Species
1          5.1         3.5          1.4         0.2  setosa
2          4.9         3.0          1.4         0.2  setosa
3          4.7         3.2          1.3         0.2  setosa
4          4.6         3.1          1.5         0.2  setosa
5          5.0         3.6          1.4         0.2  setosa
6          5.4         3.9          1.7         0.4  setosa
>
```

实例 13_6：使用 lapply（）函数列出 iris 数据集的元素类型。

```
> lapply(iris, class)
$Sepal.Length
[1] "numeric"

$Sepal.Width
[1] "numeric"

$Petal.Length
[1] "numeric"

$Petal.Width
[1] "numeric"

$Species
[1] "factor"

>
```

上述实例是返回串行（List）数据，由本章的 13-2 节可知 sapply（）函数可以简化传回数据。

实例 13_7：使用 sapply（）函数列出 iris 数据集的元素类型。

```
> sapply(iris, class)
Sepal.Length  Sepal.Width  Petal.Length  Petal.Width      Species
  "numeric"     "numeric"    "numeric"    "numeric"      "factor"
>
```

实例 ch13_8：计算每个字段数据的平均值。

```
> sapply(iris, mean)
Sepal.Length  Sepal.Width  Petal.Length  Petal.Width     Species
  5.843333     3.057333      3.758000     1.199333          NA
Warning message:
In mean.default(X[[i]], ...) :
  argument is not numeric or logical: returning NA
>
```

上述实例虽然计算出来各字段的平均值，但出现了 Warning message，主要是 "Species" 字段是内容是因子（Factor）不是数值。为了解决这个问题，可以在 sapply（）函数内设计一个函数判断各字段数据是否数是值，如果否则传回 NA。

实例 ch13_9：优化实例 ch13_8，使这个实例不会有 Warning message 信息。

```
> sapply(iris, function(y) ifelse (is.numeric(y), mean(y), NA))
Sepal.Length  Sepal.Width  Petal.Length  Petal.Width     Species
  5.843333     3.057333      3.758000     1.199333          NA
>
```

请特别留意 iris 数据集的 Species 字段的数据是因子，所以可以使用 tapply（）函数执行各类数据运算。

实例 ch13_10：计算鸢尾花花瓣长度的平均值。

```
> tapply(iris$Petal.Length, iris$Species, mean)
    setosa versicolor  virginica
     1.462      4.260      5.552
>
```

本章习题

一、判断题

( ) 1. 使用 apply () 函数时，如果对象数据是矩阵，若第 2 个参数 MARGIN 是 2，则代表将计算每一列的数据（Column）。

( ) 2. 使用 apply () 函数时，如果对象数据是矩阵，若第 2 个参数 MARGIN 是 1，代表将计算每一行的数据（Row）。

( ) 3. 使用 sapply () 函数后，所传回的数据是串行（List）。

二、单选题

( ) 1. 使用 apply () 函数时，若对象内含 NA，应如何设定参数，才可以忽略此 NA 产生的影响？

    A. na.rm = TRUE   B. na.rm = FALSE

    C. is.na = TRUE   D. is.na = FALSE

( ) 2. 下列哪一个函数主要是用于对一个因子或因子列表，执行指定的函数操作，最后获得汇总信息？

    A. apply ()   B. sapply ()   C. lapply ()   D. tapply ()

( ) 3. 有如下函数。

```
1  ex <- function( )
2  {
3    an <- matrix(c(8, NA, 6, 5, 7, 2, 10, 6, 8), ncol = 3)
4    colnames(an) <- c("Tiger", "Lion", "Leopard")
5    rownames(an) <- c("Day 1", "Day 2", "Day 3")
6    print(an)
7    apply(an, 2, max, na.rm = TRUE)
8  }
```

上述被调用后，Tiger 的最大出现次数为下列哪个？

    A. 10   B. NA   C. 8   D. 7

( ) 4. 有如下函数。

```
1  ex <- function( )
2  {
3    an <- matrix(c(8, NA, 6, 5, 7, 2, 10, 6, 8), ncol = 3)
4    colnames(an) <- c("Tiger", "Lion", "Leopard")
5    rownames(an) <- c("Day 1", "Day 2", "Day 3")
6    print(an)
7    apply(an, 2, max, na.rm = TRUE)
8  }
```

上述函数被调用后，Lion 的最大出现次数为下列哪个？

A. 10   B. NA   C. 8   D. 7

(   ) 5. 有如下函数。

```
1  ex <- function( )
2  {
3      an <- matrix(c(8, NA, 6, 5, 7, 2, 10, 6, 8), ncol = 3)
4      colnames(an) <- c("Tiger", "Lion", "Leopard")
5      rownames(an) <- c("Day 1", "Day 2", "Day 3")
6      print(an)
7      apply(an, 2, max)
8  }
```

上述函数被调用后，Tiger 的最大出现次数为下列哪个？

A. 10   B. NA   C. 8   D. 7

(   ) 6. 有如下函数。

```
1  ex <- function( )
2  {
3      an <- matrix(c(8, NA, 6, 5, 7, 2, 10, 6, 8), ncol = 3)
4      colnames(an) <- c("Tiger", "Lion", "Leopard")
5      rownames(an) <- c("Day 1", "Day 2", "Day 3")
6      print(an)
7      apply(an, 2, max)
8  }
```

上述函数被调用后，Leopard 的最大出现次数为何？

A. 10   B. NA   C. 8   D. 7

(   ) 7. 已知矩阵 a 的内容如下所示。

```
> a <- matrix(1:9, nrow = 3, byrow = TRUE)
> a
     [,1] [,2] [,3]
[1,]    1    2    3
[2,]    4    5    6
[3,]    7    8    9
```

若想要知道每一列数据的和，如下所示，则可以使用以下哪条命令？

```
[1] 12 15 18
```

A. apply（a, 1, sum）   B. apply（a, 2, sum）

C. sum（a）   D. sum（a[, 1:3]）

(   ) 8. 已知矩阵 a 的内容如下所示。

```
> a <- matrix(1:9, nrow = 3, byrow = TRUE)
> a
     [,1] [,2] [,3]
[1,]    1    2    3
[2,]    4    5    6
[3,]    7    8    9
```

若想要知道每一行数据的和，如下所示，则可以使用以下哪条命令？

```
[1]  6 15 24
```

A. apply（a, 1, sum） B. apply（a, 2, sum）

C. sum（a） D. sum（a[, 1:3]）

（　　）9. 参考下列 data.frame。

```
> age <- c(26, 29, 29, 24, 25, 21, 23, 29)
> gender <- c("M", "F", "M", "F", "M", "F", "M", "F")
> a <- data.frame(age, gender)
> a
  age gender
1  26      M
2  29      F
3  29      M
4  24      F
5  25      M
6  21      F
7  23      M
8  29      F
```

想要分别计算男生、女生的平均年龄，如下所示，则可以使用以下哪条命令？

```
    F     M
25.75 25.75
```

A. mean（a $ age, by = a $ gender）

B. mean（a["age", "gender"]）

C. sapply（a, mean）

D. tapply（a $ age, a $ gender, mean）

三、复选题

（　　）1. 有如下函数。

```
1  ex <- function( deg, cust, unitPrice = 50 )
2  {
3    listprice <- deg * unitPrice *
4      ifelse (deg > 150, 0.8, 1)
5    adj <- sapply(cust, switch, go = 0.8, co = 1.2, 1)
6    finalprice <- listprice * adj
7    round(finalprice)
8  }
```

下列哪些是正确的调用函数的返回结果。（选择 2 项）

```
A. > de <- c(80, 80, 200, 200)
   > cu <- c("go", "co", "co", "fa")
   > ex(de, cu)
     go   co   co   fa
   3200 4800 9600 8000
```

B. > de <- c(70, 70, 300, 300)
   > cu <- c("go", "co", "co", "fa")
   > ex(de, cu)
      go   co   co   fa
    3150 3850 13200 12000

C. > cu <- c("co", "co", "co", "go")
   > ex(de, cu)
      co   co   co   go
    2750 2750 22000 18000

D. > de <- c(60, 60, 250, 250)
   > cu <- c("go", "co", "co", "fa")
   > ex(de, cu)
      go   co   co   fa
    2400 3600 12000 10000

E. > de <- c(40, 40, 200, 200)
   > cu <- c("co", "go", "fa", "fa")
   > ex(de, cu)
      co   go   fa   fa
    3000 1600 8000 8000

四、实际操作题（如果题目有描述不周详时，请自行假设条件）

1. 请重新设计实例 ch13_1.R，并自行设定未来 30 天动物的出现次数，同时执行下列运算。

    （1）列出各动物的最大出现次数。

    （2）列出各动物的最小出现次数。

    （3）列出各动物的平均出现次数。

2. 请重新设计实例 ch13_1.R，并自行设定未来 30 天动物的出现次数，同时请设定各动物有一
    天的出现次数是 NA，执行下列运算。

    （1）列出各动物的最大出现次数。

    （2）列出各动物的最小出现次数。

    （3）列出各动物的平均出现次数。

3. 请参考实例 ch13_5.R，用 tapply（）函数，执行计算对于美国 4 大区的下列运算。

    （1）人口数各是多少。

    （2）面积各是多少。

    （3）平均收入是多少。

MEMO

14

CHAPTER

输入与输出

14-1 认识文件夹

在进行程序设计时，可能常需要将执行结果储存至某个文件夹，本节笔者将介绍文件夹的相关知识。

14-1-1 getwd () 函数

getwd () 函数可以获得目前的工作目录。

实例 ch14_1：获得目前的工作目录。

```
> getwd()
[1] "C:/Users/Jiin-Kwei/Documents"
>
```

14-1-2 setwd () 函数

setwd () 函数可以更改目前的工作目录。

实例 ch14_2：将目前的工作目录更改为"D:/RBook"。

```
> setwd("D:/RBook")
> getwd()
[1] "D:/RBook"
>
```

14-1-3 file.path () 函数

file.path () 函数的主要功能类似于 paste () 函数，只不过这个函数是将片段数据路径组合起来。

实例 ch14_3：将片段路径组合成一个完整路径。

```
> file.path("D:", "Users", "Jiin-Kwei", "Documents")
[1] "D:/Users/Jiin-Kwei/Documents"
>
```

实例 ch14_4：使用 file.path () 函数，更改目前工作目录。

```
> setwd(file.path("C:", "Users", "Jiin-Kwei", "Documents"))
> getwd()
[1] "C:/Users/Jiin-Kwei/Documents"
>
```

14-1-4 dir () 函数

dir () 函数可列出某个工作目录底下的所有文件名以及子目录名称。

实例 ch14_5：列出"C:/"目录底下的所有文件名以及子目录名称。

```
> dir(path = "c:/")
 [1] "$Recycle.Bin"                    "BOOTNXT"
```

```
 [3] "Documents and Settings"        "Dolby PCEE4"
 [5] "Elements"                        "ETAX"
 [7] "FastStone Capture 4.8 portable"  "FastStone76 Capture"
 [9] "FSCaptureSetup76.exe"            "hiberfil.sys"
[11] "Intel"                           "M1120.log"
[13] "MSOCache"                        "OEM"
[15] "pagefile.sys"                    "PerfLogs"
[17] "Program Files"                   "Program Files (x86)"
[19] "ProgramData"                     "Recovery"
[21] "SuperTSC"                        "swapfile.sys"
[23] "System Volume Information"       "Users"
[25] "Windows"
>
```

使用 dir（）函数时也可以省略 "path ="。

实例 ch14_6：用省略 "path =" 的方式，列出 "C:/" 目录底下的所有文件名以及子目录名称。

```
> dir("C:/")
 [1] "$Recycle.Bin"                   "BOOTNXT"
 [3] "Documents and Settings"         "Dolby PCEE4"
 [5] "Elements"                        "ETAX"
 [7] "FastStone Capture 4.8 portable" "FastStone76 Capture"
 [9] "FSCaptureSetup76.exe"            "hiberfil.sys"
[11] "Intel"                           "M1120.log"
[13] "MSOCache"                        "OEM"
[15] "pagefile.sys"                    "PerfLogs"
[17] "Program Files"                   "Program Files (x86)"
[19] "ProgramData"                     "Recovery"
[21] "SuperTSC"                        "swapfile.sys"
[23] "System Volume Information"       "Users"
[25] "windows"
>
```

14-1-5 list.files（）函数

list.files（）函数功能和 dir（）函数相同，可以列出某个工作目录底下的所有文件名以及子目录名称。

实例 ch14_7：列出 "C:/" 目录底下的所有文件名以及子目录名称。

```
> list.files("C:/")
 [1] "$Recycle.Bin"                   "BOOTNXT"
 [3] "Documents and Settings"         "Dolby PCEE4"
 [5] "Elements"                        "ETAX"
 [7] "FastStone Capture 4.8 portable" "FastStone76 Capture"
 [9] "FSCaptureSetup76.exe"            "hiberfil.sys"
[11] "Intel"                           "M1120.log"
[13] "MSOCache"                        "OEM"
[15] "pagefile.sys"                    "PerfLogs"
[17] "Program Files"                   "Program Files (x86)"
[19] "ProgramData"                     "Recovery"
[21] "SuperTSC"                        "swapfile.sys"
[23] "System Volume Information"       "Users"
[25] "Windows"
>
```

实例 ch14_8：列出 "D:/office2013" 目录底下的所有文件名以及子目录名称。

```
> list.dirs("D:/office2013")
 [1] "D:/office2013"      "D:/office2013/ch1"  "D:/office2013/ch14"
 [4] "D:/office2013/ch15" "D:/office2013/ch16" "D:/office2013/ch17"
 [7] "D:/office2013/ch18" "D:/office2013/ch19" "D:/office2013/ch2"
[10] "D:/office2013/ch20" "D:/office2013/ch3"  "D:/office2013/ch4"
[13] "D:/office2013/ch5"  "D:/office2013/ch6"  "D:/office2013/ch7"
[16] "D:/office2013/ch8"
>
```

14-1-6　file.exist () 函数

file.exist () 函数可检查指定的文件是否存在，如果是则返回 TRUE，如果否则返回 FALSE。

实例 ch14_9：检查指定的文件是否存在。

```
> file.exists("C:/test")
[1] FALSE
> file.exists("C:/widows")
[1] FALSE
> file.exists("c:/M1120.log")
[1] TRUE
>
```

14-1-7　file.rename () 函数

file.rename () 函数可以更改文件名。

实例 ch14_10：将 tmp2-1.jpg 的文件名改成 tmp.jpg。

```
> dir("D:/RBook")
 [1] "ch14-1.jpg"   "ch14-10.jpg"  "ch14-11.jpg"  "ch14-12.jpg"  "ch14-13.jpg"
 [6] "ch14-2.jpg"   "ch14-3.jpg"   "ch14-4.jpg"   "ch14-5.jpg"   "ch14-6.jpg"
[11] "ch14-7.jpg"   "ch14-8.jpg"   "ch14-9.jpg"   "ch14_20.R"    "ch14_21.R"
[16] "sample.txt"   "tmp1.jpg"     "tmp10.jpg"    "tmp2-1.jpg"   "tmp2.jpg"
[21] "tmp3.jpg"     "tmp4.jpg"     "tmp5.jpg"     "tmp6.jpg"     "tmp7.jpg"
[26] "tmp8.jpg"     "tmp9.jpg"
> file.rename("D:/RBook/tmp2-1.jpg", "D:/RBook/tmp.jpg")
[1] TRUE
> dir("D:/RBook")                #验证结果
 [1] "ch14-1.jpg"   "ch14-10.jpg"  "ch14-11.jpg"  "ch14-12.jpg"  "ch14-13.jpg"
 [6] "ch14-2.jpg"   "ch14-3.jpg"   "ch14-4.jpg"   "ch14-5.jpg"   "ch14-6.jpg"
[11] "ch14-7.jpg"   "ch14-8.jpg"   "ch14-9.jpg"   "ch14_20.R"    "ch14_21.R"
[16] "sample.txt"   "tmp.jpg"      "tmp1.jpg"     "tmp10.jpg"    "tmp2.jpg"
[21] "tmp3.jpg"     "tmp4.jpg"     "tmp5.jpg"     "tmp6.jpg"     "tmp7.jpg"
[26] "tmp8.jpg"     "tmp9.jpg"
>
```

由验证结果可以看到我们已经成功将 tmp2-1.jpg 文件的名称改成 tmp.jpg 了。

14-1-8　file.create () 函数

file.create () 函数可以建立文件。

实例 ch14_11：在 "D:/RBook" 目录下建立 "ample.txt" 文件。

```
> file.create("D:/RBook/sample.txt")
[1] TRUE
> dir("D:/RBook")                #验证结果
 [1] "ch14-1.jpg"   "ch14-10.jpg"  "ch14-11.jpg"  "ch14-12.jpg"  "ch14-13.jpg"
 [6] "ch14-2.jpg"   "ch14-3.jpg"   "ch14-4.jpg"   "ch14-5.jpg"   "ch14-6.jpg"
[11] "ch14-7.jpg"   "ch14-8.jpg"   "ch14-9.jpg"   "ch14_20.R"    "ch14_21.R"
[16] "sample.txt"   "tmp.jpg"      "tmp1.jpg"     "tmp10.jpg"    "tmp2.jpg"
[21] "tmp3.jpg"     "tmp4.jpg"     "tmp5.jpg"     "tmp6.jpg"     "tmp7.jpg"
[26] "tmp8.jpg"     "tmp9.jpg"
>
```

14-1-9　file.copy () 函数

file.copy () 函数可进行文件的复制，这个函数会将第 1 个参数的原目录文件复制到第 2 个参数的目的目录文件。如果想要了解更多参数细节则可参考 "help（file.copy）"。

实例 ch14_12：原先在"D:/RBook"目录内不含"newsam.txt"，现将 sample.txt 文件内容复制至"newsam.txt"。

```
> file.copy("D:/RBook/sample.txt", "D:/RBook/newsam.txt")
[1] TRUE
> dir("D:/RBook")
 [1] "ch14-1.jpg"  "ch14-10.jpg" "ch14-11.jpg" "ch14-2.jpg"  "ch14-3.jpg"
 [6] "ch14-4.jpg"  "ch14-5.jpg"  "ch14-6.jpg"  "ch14-7.jpg"  "ch14-8.jpg"
[11] "ch14-9.jpg"  "newsam.txt"  "sample.txt"  "tmp.jpg"
>
```

14-1-10 file.remove（）函数

file.remove（）函数可删除指定的文件。

实例 ch14_13：删除"D:/RBook"目录底下的文件"newsam.txt"。

```
> dir("D:/RBook")
 [1] "ch14-1.jpg"  "ch14-10.jpg" "ch14-11.jpg" "ch14-12.jpg" "ch14-13.jpg"
 [6] "ch14-2.jpg"  "ch14-3.jpg"  "ch14-4.jpg"  "ch14-5.jpg"  "ch14-6.jpg"
[11] "ch14-7.jpg"  "ch14-8.jpg"  "ch14-9.jpg"  "ch14_20.R"   "ch14_21.R"
[16] "newsam.txt"  "sample.txt"  "tmp.jpg"     "tmp1.jpg"    "tmp10.jpg"
[21] "tmp2.jpg"    "tmp3.jpg"    "tmp4.jpg"    "tmp5.jpg"    "tmp6.jpg"
[26] "tmp7.jpg"    "tmp8.jpg"    "tmp9.jpg"
> file.remove("D:/RBook/newsam.txt")
[1] TRUE
> dir("D:/RBook")            #验证结果
 [1] "ch14-1.jpg"  "ch14-10.jpg" "ch14-11.jpg" "ch14-12.jpg" "ch14-13.jpg"
 [6] "ch14-2.jpg"  "ch14-3.jpg"  "ch14-4.jpg"  "ch14-5.jpg"  "ch14-6.jpg"
[11] "ch14-7.jpg"  "ch14-8.jpg"  "ch14-9.jpg"  "ch14_20.R"   "ch14_21.R"
[16] "sample.txt"  "tmp.jpg"     "tmp1.jpg"    "tmp10.jpg"   "tmp2.jpg"
[21] "tmp3.jpg"    "tmp4.jpg"    "tmp5.jpg"    "tmp6.jpg"    "tmp7.jpg"
[26] "tmp8.jpg"    "tmp9.jpg"
>
```

14-2 数据输出 cat（）函数

cat（）可以在屏幕或文件输出 R 语言的计算结果数据或是一般输出数据。它的使用格式和各参数意义如下所示。

cat（系列变量或字符串, file = " ", sep = " ", append = FALSE）

❑ 系列变量或字符串：指一系列欲输出的变量或字符串。

❑ file：欲输出到外部文件时可在此输入目的文件路径和文件名，若省略则表示输出到屏幕。

❑ append：默认是 FALSE，表示若欲输出到的目的文件已存在，将覆盖原文件。如果是 TRUE，则将欲输出的数据附加在文件末端。

实例 ch14_14.R：使用 cat（）函数执行基本的屏幕输出任务。

```
1  #
2  # 实例ch14_14.R
3  #
4  ch14_14 <- function( )
```

```
 5 ▾ {
 6      cat("R Language")
 7      cat("\n")                              #换行打印
 8      cat("A road to Big Data\n")
 9      x <- 10
10      y <- 20
11      cat(x, y, "\n")                        #默认是空1格
12      cat(x, y, x+y, sep = "    ")           #增加空的格数
13      cat("\n")
14      cat(x, y, "x+y=", x+y)
15   }
```

[执行结果]

```
> source('~/Rbook/ch14/ch14_14.R')
> ch14_14()
R Language
A road to Big Data
10 20
10     20     30
10 20 x+y= 30
>
```

上述输出 "\n"，相当于是换行打印。如果没有加上打印 "\n"，则下一个打印数据将接着前一个数据的右边打印，而不会自动换行打印。cat () 函数也可用于打印向量对象，可参考下列实例。

实例 ch14_15.R：使用 cat () 函数打印向量对象的应用实例。此外，本程序实例所打印的向量对象是第 7 章所建的数据，这个数据必须在 Workspace 工作区内，本程序才可正常执行。

```
1   #
2   # 实例ch14_15.R
3   #
4   ch14_15 <- function( )
5 ▾ {
6      cat(mit.Name, "\n")
7      cat(mit.Gender, "\n")
8      cat(mit.Height, "\n")
9   }
```

[执行结果]

```
> source('~/Rbook/ch14/ch14_15.R')
> ch14_15()
Kevin Peter Frank Maggie
M M M F
170 175 165 168
>
```

cat () 函数是无法正常输出其他类型数据的，下列是尝试输出数据框（也是串行 List 的一种）失败的实例。

```
> cat(mit.info)
Error in cat(list(...), file, sep, fill, labels, append) :
  'cat' 目前还不能用 1 参数 (类型 'list')
>
```

如果想打印 R 对象，一般可以使用之前已大量使用的 print () 函数。

实例 ch14_16.R：将一般数据输出至文件，本实例会将数据输出至目前工作目录的 "tch14_16.txt" 文件内。

```
1  #
2  # 实例ch14_16.R
3  #
4  ch14_16 <- function( )
5  {
6    cat("R language Today", file = "~/tch14_16.txt")
7  }
```

[执行结果]

```
> source('~/Rbook/ch14/ch14_16.R')
> ch14_16()
>
```

此时如果检查目前的工作目录，可以看到 "tch14_16.txt" 文件，同时如果单击该文件，则可以看到文件内容 "R Language Today"，如下图所示。

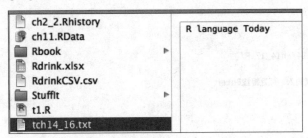

上述程序第 6 行的 "~/" 的符号，代表示目前的工作目录。

14-3 读取数据 scan () 函数

使用 scan () 函数可以读取屏幕输入或外部文件的数据，结束读取屏幕输入时可以直接按 Enter 键，它的使用格式和各参数意义如下所示。

scan (file = " ", what = double (), namx = –1, n = –1, sep = " ",

    skip = 0, nlines = 0, na.strings = "NA")

更详细的 scan () 函数可参考 help (scan)。

❑ file：所读的文件，如果不设定则代表读取屏幕输入。

❑ what：可设定输入数据的类型，默认是双倍精确实数，可以是整数（Integer），字符（Character），逻辑值（Logical），复数（Complex），也可以是串行（List）数据。

❑ nmax：限定读入多少数据，默认是 –1，表示无限制。

☐ n：设定总共要读多少数据，默认是 –1，表示无限制。

☐ sep：数据之间的分隔符，默认是空格或换行符。

☐ skip：设定跳过多少行才开始读取，默认是 0。

☐ nlines：如果是正数则表示设定最多读入多少行数据。

☐ na.strings：可以设定遗失值（Missing Values）的符号，默认是 NA。

实例 ch14_17.R：输入数值与字符的应用实例。

```
1   #
2   # 实例ch14_17.R
3   #
4   ch14_17 <- function( )
5 ▾ {
6       cat("请输入数值数据，若想结束输入，可直接按Enter")
7       x1 <- scan()
8       cat(x1, "\n")
9       cat("请输入字符数据，若想结束输入，可直接按Enter")
10      x2 <- scan(what = character())
11      cat(x2)
12  }
```

[执行结果]

```
> source('~/Rbook/ch14/ch14_17.R')
> ch14_17( )
请输入数值数据，若想结束输入，可直接按Enter
1: 98.5
2: 77.4
3: 80
4:
Read 3 items
98.5 77.4 80
请输入字符数据，若想结束输入，可直接按Enter
1: A
2: y
3: t
4:
Read 3 items
A y t
>
```

当上述程序要求输入第 4 个数据时，笔者按 Enter 键，可以结束调用 scan () 函数。

实例 ch14_18.R：读取外部文件数据的应用实例，在这个实例中，笔者尝试将各种可能情况作实例说明。本实例的数据文件内容如下所示。

ch14_18test1.txt

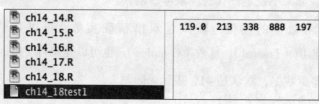

ch14_18test2.txt

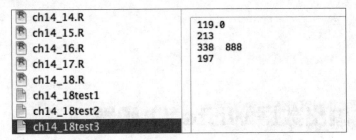

ch14_18test3.txt

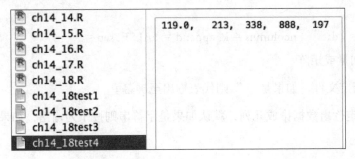

ch14_18test4.txt

```
1   #
2   # 实例ch14_18.R
3   #
4   ch14_18 <- function( )
5 ▾ {
6     x1 <- scan("~/Rbook/ch14/ch14_18test1.txt")
7     cat(x1, "\n")
8     x2 <- scan("~/Rbook/ch14/ch14_18test2.txt")
9     cat(x2, "\n")
10    x3 <- scan("~/Rbook/ch14/ch14_18test3.txt")
11    cat(x3, "\n")
12    x4 <- scan("~/Rbook/ch14/ch14_18test4.txt", sep = ",")
13    cat(x4, "逗号是分隔符\n")
14    x5 <- scan("~/Rbook/ch14/ch14_18test2.txt", skip = 3)
15    cat(x5, "跳3列\n")
16    x6 <- scan("~/Rbook/ch14/ch14_18test2.txt", skip = 2, nlines = 1)
17    cat(x6, "跳2列 读1列\n")
18  }
```

[执行结果]

```
> source('~/Rbook/ch14/ch14_18.R')
> ch14_18( )
Read 5 items
119 213 338 888 197
Read 5 items
119 213 338 888 197
Read 5 items
119 213 338 888 197
Read 5 items
119 213 338 888 197 逗号是分隔符
Read 2 items
888 197 跳3栏
Read 1 item
338 跳2列读1列
>
```

14-4 输出数据 write（）函数

write（）函数可以将一般向量或矩阵数据输出到屏幕或外部文件，这个函数的使用格式如下所示。

write（x, file = "data", ncolumns = k, append = FALSE, sep = " "）

❑ x：要输出的向量或矩阵。

❑ file：输出至指定文件，如果是 " " 则代表输出至屏幕。

❑ ncolumns：指定输出数据排成几列，默认如果是字符串则按 1 列输出，如果是数值数据则按 5 列输出。

❑ append：默认是 FALSE，如果是 TRUE，则在原文件有数据时，将输出数据接在原数据后面。

❑ sep：设定各数据间的分隔符。

实例 ch14_19.R：调用 write（）函数输出向量和矩阵数据的应用实例。

```
1   #
2   # 实例ch14_19.R
3   #
4   ch14_19 <- function( )
5 ▾ {
6     write(letters, file = "", ncolumns = 5)     #输出至屏幕有5列
7     write(letters, file = "")                    #输出至屏幕有1列
8     write(letters, file = "~/Rbook/ch14/ch14_19test1.txt", ncolumns = 5)
9     write(letters, file = "~/Rbook/ch14/ch14_19test2.txt")
10    x1 <- 1:10
11    write(x1, "", ncolumns = 4, sep = ",")
12    x2 <- matrix(1:10, nrow = 2)
13    write(x2, file = "", ncolumns = 5)
14  }
```

[执行结果]

```
> source('~/Rbook/ch14/ch14_19.R')
> ch14_19()
a b c d e
f g h i j
k l m n o
p q r s t
u v w x y
z
a
b
```

以上只是部分输出结果，此外在目前的工作目录，可以得到以下两个文件，分别是 ch14_19test1.txt 和 ch14_19test2.txt，如下图所示。

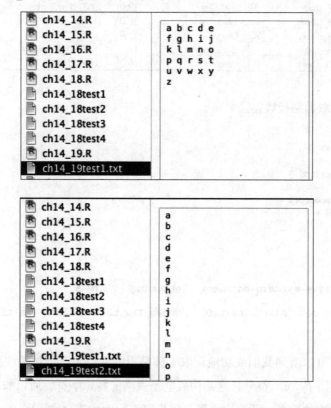

14-5　数据的输入

实用的数据一般均是以窗体或电子表格的方式呈现，本节将针对读取这类数据作说明。

14-5-1　读取剪贴板数据

有些数据可以将它先复制，复制后这些数据可以在剪贴板上看到，然后再利用 readClipboard（）

函数读取。例如，在 Excel 内看到下图中的数据，假设你选择了 C1:D5，然后将它复制到剪贴板。

 注　readClipboard () 函数不支持 Mac OS 系统。

	A	B	C	D	E	F	G	H
1	Name	Year	Product	Price	Quantity	Revenue	Location	
2	Diana	2015	Black Tea	10	600	6000	New York	
3	Diana	2015	Green Tea	7	660	4620	New York	
4	Diana	2016	Black Tea	10	750	7500	New York	
5	Diana	2016	Green Tea	7	900	6300	New York	
6	Julia	2015	Black Tea	10	1200	12000	New York	
7	Julia	2016	Black Tea	10	1260	12600	New York	
8	Steve	2015	Black Tea	10	1170	11700	Chicago	
9	Steve	2015	Green Tea	7	1260	8820	Chicago	
10	Steve	2016	Black Tea	10	1350	13500	Chicago	
11	Steve	2016	Green Tea	7	1440	10080	Chicago	

实例 ch14_20.R：读取剪贴板数据。

```
1  #
2  # 实例ch14_20.R
3  #
4  ch14_20 <- function( )
5  {
6    x <- readClipboard()
7    print(x)
8  }
```

[执行结果]

```
> source('~/.active-rstudio-document', encoding = 'UTF-8')
> ch14_20()
[1] "Product\tPrice" "Black Tea\t10"  "Green Tea\t7"   "Black Tea\t10"
[5] "Green Tea\t7"
> |
```

由上述执行结果可以看到我们成功地读取了剪贴板的文件了，但如果细看则可以了解所读的数据有些乱，同时看到了"\t"符号，这是构成电子表格的特殊字符，所以如果想要将电子表格数据转成 R 语言可以处理的数据，那么还需要一些步骤，后面小节会作说明。

14-5-2　读取剪贴板数据 read.table () 函数

read.table () 函数配合适当参数是可以读取剪贴板数据，这个函数的使用格式有些复杂，在此笔者只列出几个重要的参数。

❑ file：欲读取的文件，如果是读剪贴板则是输入"clipboard"。

❑ sep：数据元素的分隔符，由上一小节可知 Excel 的分隔符是"\t"。

❑ header：可设定是否读取第 1 行，这行通常是数据的表头，默认是 FALSE。

在执行下列实例前请将 A1:G11 数据复制至剪贴板。

实例 ch14_21.R：使用 read.table () 函数读取剪贴板数据。

```
1  #
2  # 实例ch14_21.R
3  #
4  ch14_21 <- function( )
5  {
6    x <- read.table(file = "clipboard", sep = "\t", header = TRUE)
7    print(x)
8  }
```

[执行结果]

```
> source('D:/RBook/ch14_21.R')
> ch14_21()
    Name Year    Product Price Quantity Revenue Location
1  Diana 2015  Black Tea    10      600    6000 New York
2  Diana 2015  Green Tea     7      660    4620 New York
3  Diana 2016  Black Tea    10      750    7500 New York
4  Diana 2016  Green Tea     7      900    6300 New York
5  Julia 2015  Black Tea    10     1200   12000 New York
6  Julia 2016  Black Tea    10     1260   12600 New York
7  Steve 2015  Black Tea    10     1170   11700 Chicago
8  Steve 2015  Green Tea     7     1260    8820 Chicago
9  Steve 2016  Black Tea    10     1350   13500 Chicago
10 Steve 2016  Green Tea     7     1440   10080 Chicago
>
```

14-5-3 读取 Excel 文件数据

若想要读取 Excel 文件，可以使用 XLConnect 扩展包来协助完成这个工作，但首先要下载安装这个扩展包，可参考下列步骤。

```
> install.packages("XLConnect")
尝试 URL 'http://cran.rstudio.com/bin/macosx/contrib/3.2/XLConnect_0.2-11.tgz'
Content type 'application/x-gzip' length 4970883 bytes (4.7 MB)
==================================================
downloaded 4.7 MB


The downloaded binary packages are in
        /var/folders/4y/blg8hggj1qj_4qfvnrctdp240000gn/T//Rtmp1VBKyI/downloaded_packages
>
```

接着执行将 XLConnect 加载到数据库的代码。

```
> library("XLConnect")
>
```

现在我们可以正常处理 Excel 文件了，下列是读取 Report.xlsx 的实例，此 Excel 文件的内容如下图所示。

	A	B	C	D	E	F	G
1	Name	Year	Product	Price	Quantity	Revenue	Location
2	Diana	2015	Black Tea	10	600	6000	New York
3	Diana	2015	Green Tea	7	660	4620	New York
4	Diana	2016	Black Tea	10	750	7500	New York
5	Diana	2016	Green Tea	7	900	6300	New York
6	Julia	2015	Black Tea	10	1200	12000	New York
7	Julia	2016	Black Tea	10	1260	12600	New York
8	Steve	2015	Black Tea	10	1170	11700	Chicago
9	Steve	2015	Green Tea	7	1260	8820	Chicago
10	Steve	2016	Black Tea	10	1350	13500	Chicago
11	Steve	2016	Green Tea	7	1440	10080	Chicago

实例 ch14_22：读取 Excel 文件 Report.xlsx。首先使用 file.path（）函数设定这个文件的所在路径，然后调用 readWorksheetFromFile（）函数读取文件内容。

```
> excelch14 <- file.path("~/Rbook/ch14/Report.xlsx")
> excelresult <- readWorksheetFromFile(excelch14, sheet = "Sheet1")
>
```

[执行结果]

```
> excelresult
    Name Year  Product Price Quantity Revenue Location
1  Diana 2015 Black Tea    10      600    6000 New York
2  Diana 2015 Green Tea     7      660    4620 New York
3  Diana 2016 Black Tea    10      750    7500 New York
4  Diana 2016 Green Tea     7      900    6300 New York
5  Julia 2015 Black Tea    10     1200   12000 New York
6  Julia 2016 Black Tea    10     1260   12600 New York
7  Steve 2015 Black Tea    10     1170   11700  Chicago
8  Steve 2015 Green Tea     7     1260    8820  Chicago
9  Steve 2016 Black Tea    10     1350   13500  Chicago
10 Steve 2016 Green Tea     7     1440   10080  Chicago
>
```

上述 readWorksheetFromFile（）函数的主要功能是可读取指定路径的 Excel 文件。以下是使用 str（）函数了解更多 excelresult 对象的相关信息。

```
> str(excelresult)
'data.frame':   10 obs. of  7 variables:
 $ Name    : chr  "Diana" "Diana" "Diana" "Diana" ...
 $ Year    : num  2015 2015 2016 2016 2015 ...
 $ Product : chr  "Black Tea" "Green Tea" "Black Tea" "Green Tea" ...
 $ Price   : num  10 7 10 7 10 10 10 7 10 7
 $ Quantity: num  600 660 750 900 1200 1260 1170 1260 1350 1440
 $ Revenue : num  6000 4620 7500 6300 12000 ...
 $ Location: chr  "New York" "New York" "New York" "New York" ...
>
```

14-5-4 认识 CSV 文件以及如何读取 Excel 文件数据

所谓的 CSV 文件是指同一行（Row）的文件彼此用逗号分隔，同时每一行文件在原始文件中单独占据一行。几乎所有电子表格均支持这种文件格式，所以这种文件格式得到了广泛的支持。

接着我们必须思考如何将 Excel 文件的数据转成 CSV 数据格式。可在 Excel 窗口直接将文件储存成 CSV 格式。请留意下图中的格式字段是选择 "以逗点分开的数值（.csv）"。

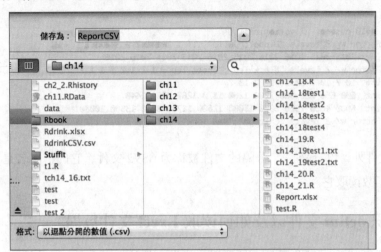

上述操作执行完后，可以建立 ReportCSV.csv 文件，然后我们可以使用 read.csv（）函数读取这个文件的数据，这个函数的基本使用格式和各参数意义如下所示。

read.csv（file, header = TRUE, sep = " ，", quote = "\"", dec = "."，…）

❏ file：以 csv 为扩展名的文件。

❏ header：文件的第 1 行是变量名称，默认是 TRUE。

❏ sep：数据分隔符，对于 CSV 文件而言默认是 "，"。

❏ quote：字符两边是用双引号。

❏ dec：指定小数点格式，默认是 "."。

读者可以使用 help（read.csv）获得更完整的使用说明。

实例 ch14_23：使用 read.csv（）函数读取 ReportCSV.csv 文件。

```
> excelCSV <- file.path("~/Rbook/ch14/ReportCSV.csv")
> xCSV <- read.csv(excelCSV, sep = ",")
```

[执行结果]

```
> xCSV
    Name Year    Product Price Quantity Revenue Location
1  Diana 2015  Black Tea    10      600    6000 New York
2  Diana 2015  Green Tea     7      660    4620 New York
3  Diana 2016  Black Tea    10      750    7500 New York
4  Diana 2016  Green Tea     7      900    6300 New York
5  Julia 2015  Black Tea    10     1200   12000 New York
6  Julia 2016  Black Tea    10     1260   12600 New York
7  Steve 2015  Black Tea    10     1170   11700  Chicago
8  Steve 2015  Green Tea     7     1260    8820  Chicago
9  Steve 2016  Black Tea    10     1350   13500  Chicago
10 Steve 2016  Green Tea     7     1440   10080  Chicago
>
```

使用 str（）函数验证这个文件。

```
> str(xCSV)
'data.frame':    10 obs. of  7 variables:
 $ Name    : Factor w/ 3 levels "Diana","Julia",..: 1 1 1 1 2 2 3 3 3 3
 $ Year    : int  2015 2015 2016 2016 2015 2016 2015 2015 2016 2016
 $ Product : Factor w/ 2 levels "Black Tea","Green Tea": 1 2 1 2 1 1 1 2 1 2
 $ Price   : int  10 7 10 7 10 10 10 7 10 7
 $ Quantity: int  600 660 750 900 1200 1260 1170 1260 1350 1440
 $ Revenue : int  6000 4620 7500 6300 12000 12600 11700 8820 13500 10080
 $ Location: Factor w/ 2 levels "Chicago","New York": 2 2 2 2 2 2 1 1 1 1
>
```

除了 CSV 文件外，以分号 ";" 分隔的文件被称为 CSV2 文件，它的扩展名是 csv2，你可以使用 read.csv2（）函数读取它。

14-5-5 认识 delim 文件以及如何读取 Excel 文件数据

delim 文件是指以 TAB 键分隔的文件数据，这类文件的扩展名是 txt，同样以 Report.xlsx 文件为例，将这个文件转存为 Reportdelim.txt。接着我们必须思考如何将 Excel 文件的数据转成 delim 文件格式，可在 Excel 窗口直接将文件储存成 txt 格式。请留意下图中的格式字段是选择 "Tab 分隔的文字（.txt）"。

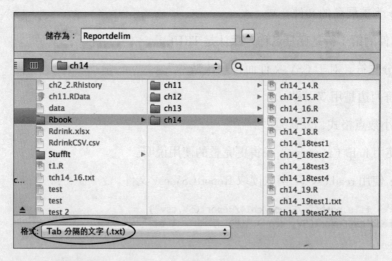

上述操作执行完后，可以建立 Reportdelim.txt 文件，然后我们可以使用 read.delim（）函数读取这个文件的数据，这个函数的基本使用格式和各参数意义如下所示。

read.delim（file, header = TRUE, sep = " \t ", quote = "\"", dec = ".", …）

❏ file：以 txt 为扩展名的文件。

❏ header：文件第 1 行是变量名称，默认是 TRUE。

❏ sep：数据分隔符，对于 delim 文件而言默认是 "\t"。

❏ quote：字符两边是用双引号。

❏ dec：指定小数点格式，默认是 "."。

读者可以使用 help（read.delim）获得更完整的使用说明。

实例 ch14_24：使用 read.delim（）函数读取 Reportdelim.txt 文件的数据。

```
> exceldelim <- file.path("~/Rbook/ch14/Reportdelim.txt")
> xdelim <- read.csv(exceldelim, sep = "\t")
>
```

[执行结果]

```
> xdelim
    Name Year    Product Price Quantity Revenue Location
1  Diana 2015 Black Tea    10      600    6000 New York
2  Diana 2015 Green Tea     7      660    4620 New York
3  Diana 2016 Black Tea    10      750    7500 New York
4  Diana 2016 Green Tea     7      900    6300 New York
5  Julia 2015 Black Tea    10     1200   12000 New York
6  Julia 2016 Black Tea    10     1260   12600 New York
7  Steve 2015 Black Tea    10     1170   11700  Chicago
8  Steve 2015 Green Tea     7     1260    8820  Chicago
9  Steve 2016 Black Tea    10     1350   13500  Chicago
10 Steve 2016 Green Tea     7     1440   10080  Chicago
>
```

使用 str（）函数查看这个文件。

```
> str(xdelim)
'data.frame':    10 obs. of  7 variables:
 $ Name    : Factor w/ 3 levels "Diana","Julia",..: 1 1 1 1 2 2 3 3 3 3
 $ Year    : int  2015 2015 2016 2016 2015 2016 2015 2015 2016 2016
 $ Product : Factor w/ 2 levels "Black Tea","Green Tea": 1 2 1 2 1 1 1 1 2 2
 $ Price   : int  10 7 10 7 10 10 10 7 10 7
 $ Quantity: int  600 660 750 900 1200 1260 1170 1260 1350 1440
 $ Revenue : int  6000 4620 7500 6300 12000 12600 11700 8820 13500 10080
 $ Location: Factor w/ 2 levels "Chicago","New York": 2 2 2 2 2 2 1 1 1 1
>
```

14-6 数据的输出

14-6-1 writeClipboard（）函数

writeClipboard（）函数可将数据输出至剪贴板。它与 readClipboard（）函数一样目前并不支持
Mac OS。

实例 ch14_25：将数据输出至剪贴板，假设 x 对象数据的内容如下所示。

```
> x
    Name Year   Product Price Quantity Revenue Location
1  Diana 2015 Black Tea    10      600    6000 New York
2  Diana 2015 Green Tea     7      660    4620 New York
3  Diana 2016 Black Tea    10      750    7500 New York
```

```
4  Diana 2016 Green Tea      7    900   6300 New York
5  Julia 2015 Black Tea     10   1200  12000 New York
6  Julia 2016 Black Tea     10   1260  12600 New York
7  Steve 2015 Black Tea     10   1170  11700 Chicago
8  Steve 2015 Green Tea      7   1260   8820 Chicago
9  Steve 2016 Black Tea     10   1350  13500 Chicago
10 Steve 2016 Green Tea      7   1440  10080 Chicago
>
```

下列代码是将数据输出至剪贴板。

```
> writeClipboard(names(x))
>
```

在屏幕上看不到任何结果，但如果进入 Excel 窗口，再单击"粘贴"按钮，即可看到上述命令的执行结果。下图是将活动单元格移至 A1，再单击"粘贴"按钮的执行结果。

	A	B	C
1	Name		
2	Year		
3	Product		
4	Price		
5	Quantity		
6	Revenue		
7	Location		
8			

14-6-2　write.table（）函数

write.table（）函数的基本使用格式和各参数意义如下所示。

write.table（x, file = ""，quote = TRUE, sep = ""，eol = "\n"，na = "NA"，

　　　　　　dec = "."，row.names = TRUE, col.names = TRUE）

❏ x：矩阵或数据框对象。

❏ file：外部文件名，如果是""则表示输出至屏幕，如果是 clipboard 则代表输出至剪贴簿。

❏ sep：表示输出时字符串两边须加"号"。

❏ eol：代表 end of line 的符号，Mac 系统可用"\r"，Unix 系统可用"\n"，Windows 系统可用"\r\n"。

❏ row.names：输出时是否加上行名，默认是 TRUE。

❏ col.names：输出时是否加上列名，默认是 TRUE。

实例 ch14_26：使用 write.table（）函数将整个数据输出至剪贴板，此例笔者继续使用 x 对象。

```
> write.table(x, file = "clipboard", sep = "\t", row.names = FALSE)
>
```

在屏幕上看不到任何结果，但如果进入 Excel 窗口，再单击"粘贴"按钮，即可看到上述命令的执行结果。下图是将活动单元格移至 A1，再单击"粘贴"按钮的执行结果。

	A	B	C	D	E	F	G	H
1	Name	Year	Product	Price	Quantity	Revenue	Location	
2	Diana	2015	Black Tea	10	600	6000	New York	
3	Diana	2015	Green Tea	7	660	4620	New York	
4	Diana	2016	Black Tea	10	750	7500	New York	
5	Diana	2016	Green Tea	7	900	6300	New York	
6	Julia	2015	Black Tea	10	1200	12000	New York	
7	Julia	2016	Black Tea	10	1260	12600	New York	
8	Steve	2015	Black Tea	10	1170	11700	Chicago	
9	Steve	2015	Green Tea	7	1260	8820	Chicago	
10	Steve	2016	Black Tea	10	1350	13500	Chicago	
11	Steve	2016	Green Tea	7	1440	10080	Chicago	

14-7 处理其他数据

如果读者想要输入或输出其他软件数据，例如，SAS 或 SPSS…等，首先须加载 foreign 扩展包，可用以下命令。

```
> library(foreign)
>
```

接下来我们介绍有关于输出数据的函数，write.foreign () 可以输出 R 数据框到其他统计软件包，例如，SAS、STATA 或 SPSS，等等，产生该相关统计软件的套件的通用格式化数据文本文件（free-format text），并附带写出一个对应的程序文件，以顺利地读取数据完成该数据集的建立。

函数语法

write.foreign（df, datafile, codefile, package = c（"SPSS"，"Stata"，"SAS"），...）

使用参数

df	R 数据框名称
datafile	可供读入的数据文件
codefile	R 制作完成的程序文件

实例 ch14_27：使用 write.foreign () 函数，输出 SAS 数据文件。

```
> #产生对应的SAS数据文件与程序文件
> write.foreign(xCSV,"df14sas.txt","df14.sas",package="SAS")
> #显示产生的SAS数据文本文件内容
> file.show("df14sas.txt")
> #显示产生的SAS程序文件内容
> file.show("df14.sas")
```

我们将前面所建立的 xCSV 数据框（实例 ch14_23 所建的文件）代入 write.foreign ()，并希望产生一个 SAS 格式化的数据文件 "df14sas.txt" 与其对应的 SAS 读入程序文件 "df14.sas"，因此对于 package 参数我们选用 "SAS"。此程序执行后我们使用 file.show () 函数将两个文件的内容显示出来，如以下的两张图所示。当我们在 SAS 程序环境下设置了正确的 libname 后就能够顺利执行得到所需要的 SAS 数据集 rdata 了。

df14sas.txt

df14.sas

```
*  write.foreign(xCSV, "df14sas.txt", "df14.sas", package = "SAS") ;
PROC FORMAT;
value Name
      1 = "Diana"
      2 = "Julia"
      3 = "Steve"
;

value Product
      1 = "Black Tea"
      2 = "Green Tea"
;

value Location
      1 = "Chicago"
      2 = "New York"
;

DATA  rdata ;
INFILE  "df14sas.txt"
      DSD
      LRECL= 28 ;
INPUT
 Name
 Year
 Product
 Price
 Quantity
 Revenue
 Location
;
FORMAT Name Name. ;
FORMAT Product Product. ;
FORMAT Location Location. ;
RUN;
```

实例 ch14_28：使用 write.foreign () 函数，输出 SPSS 数据文件。

```
> #产生对应的SPSS数据文件与程序文件
> write.foreign(xCsv,"df14SPSS.sav","df14.sps",package="SPSS")
> #显示产生的SPSS数据文本文件内容
```

```
> file.show("df14SPSS.sav")
> #显示产生的SPSS程序文件内容
> file.show("df14.sps")
```

所产生的 SPSS 格式化数据文件 "df14SPSS.sav" 与 SAS 格式化数据文件 "df14sas.txt" 的内容完全相同，因此我们就不打印出其结果了；而程序文件 "df14.sps" 的内容，如下图所示。

```
DATA LIST FILE= "df14SPSS.sav"  free (",")
/ Name Year Product Price Quantity Revenue Location  .

VARIABLE LABELS
Name "Name"
 Year "Year"
 Product "Product"
 Price "Price"
 Quantity "Quantity"
 Revenue "Revenue"
 Location "Location"
 .

VALUE LABELS
/
Name
1 "Diana"
 2 "Julia"
 3 "Steve"
/
Product
1 "Black Tea"
 2 "Green Tea"
/
Location
1 "Chicago"
 2 "New York"
 .

EXECUTE.
```

我们也可以使用下列函数读取这些统计相关的软件包数据。

read.S（）：S-PLUS（百度）。

read.spss（）：SPSS。

read.ssd（）：SAS。

read.xport（）：SAS。

read.mtp（）：Minitab。

我们先以 SPSS 所储存的数据集文件为例，来说明如何使用 read.spss（）函数来读取已经存在的由原数据文件转换得到的 R 数据框的方式。

使用语法

read.spss（file, use.value.labels = TRUE, to.data.frame = FALSE,

max.value.labels = Inf, trim.factor.names = FALSE,

trim_values = TRUE, reencode = NA, use.missings = to.data.frame)

❏ file：希望读取的已存在的 SPSS 数据文件。

❏ use.value.labels：逻辑值，是否将变量的值标签转换成因子变量。

❏ to.data.frame：逻辑值，是否返回数据框结果。

❏ max.value.labels：当 use.value.labels = TRUE 时，定义最大的因子可区分的独特值个数。

❏ trim.factor.names：逻辑值，是否修剪因子变量名称的末端空白。

❏ trim_values：当 use.value.labels = TRUE 时，是否忽略因子变量值及值标签的末端空白。

❏ reencode：逻辑值，字符串应依照当前的地区设定重新编码。

❏ use.missings：逻辑值，是否将自行定义的遗漏值设定为 NA。

将上面所储存的 SPSS 数据文件"df14SPSS.sav"，以 PASW 程序呈现其内容，如下图所示。

实例 ch14_29：使用 read.spss（）函数读取前一实例所建的 SPSS 数据文件"df14SPSS.sav"。

```
#读取SPSS数据集文件"df14SPSS.sav"，转成数据框
> my.frame <- read.spss("df14SPSS.sav",
+          use.value.labels = TRUE, to.data.frame = T)
Warning message:
In read.spss("df14SPSS.sav", use.value.labels = TRUE, to.data.frame = T) :
 df14SPSS.sav: Unrecognized record type 7, subtype 18 encountered in system file
> my.frame
    Name Year   Product Price Quantity Revenue Location
1  Diana 2015 Black Tea    10      600    6000 New York
2  Diana 2015 Green Tea     7      660    4620 New York
3  Diana 2016 Black Tea    10      750    7500 New York
4  Diana 2016 Green Tea     7      900    6300 New York
5  Julia 2015 Black Tea    10     1200   12000 New York
6  Julia 2016 Black Tea    10     1260   12600 New York
7  Steve 2015 Black Tea    10     1170   11700 Chicago
8  Steve 2015 Green Tea     7     1260    8820 Chicago
9  Steve 2016 Black Tea    10     1350   13500 Chicago
10 Steve 2016 Green Tea     7     1440   10080 Chicago
> class(my.frame)
[1] "data.frame"
```

如以上程序所示，将"df14SPSS.sav"置入 file 参数内，仍然使用以已定义的值标签，并将结

果转换为数据框，就能够顺利将 SPSS 数据集转化为 R 的数据框 my.frame。如果未使用 "to.data.frame=T" 的参数设定，或者未加入此参数，那么得到的结果会是串行（List）而非数据框。

我们接下来再以 SAS 所储存的永久数据集文件为例，来说明如何使用 read.ssd () 函数来读取已经存在的由原数据文件转换得到 R 数据框的方式。

函数语法

read.ssd（libname, sectionnames,

　　tmpXport=tempfile（）, tmpProgLoc=tempfile（）, sascmd= "sas"）

☐ libname：永久数据集所在的目录。

☐ sectionnames：SAS 永久数据集的名，不需扩展名（ssd0x 或 sas7bdat 扩展名）。

☐ tmpXport：通常省略此暂存转置格式文件。

☐ tmpProgLoc：通常省略此暂存转换用的程序文件。

☐ sascmd：SAS 执行程序文件的目录与执行文件。

我们使用以下的实例来说明 read.ssd () 函数的使用方式与返回结果。笔者的 SAS 程序是安装在 "C:/Program Files/SASHome/SASFoundation/9.4" 路径下的，因此可以先以 sashome 定义此参照路径。另外笔者的永久数据集名称为 "df14sas. sas7bdat"，是存放在 sasuser 这个数据库内的，其对应的文件夹为 "X:/Personal/My SAS Files/9.4"。请参考以下两图。

实例 ch14_30：使用 read.ssd () 函数读取 SAS 数据文件。

```
> #定义SAS执行程序的参照路径
> sashome <- "C:/Program Files/SASHome/SASFoundation/9.4"
> #使用read.ssd将SAS永久数据集转换读人R程序中
> sasxp <- read.ssd("X:/Personal/My SAS Files/9.4", "df14sas",
+           sascmd = file.path(sashome, "sas.exe"))

> class(sasxp)
[1] "data.frame"
> str(sasxp)
'data.frame':   10 obs. of  7 variables:
 $ NAME    : Factor w/ 3 levels "Diana","Julia",..: 1 1 1 1 2 2 3 3 3 3
 $ YEAR    : Factor w/ 2 levels "2015","2016": 1 1 2 2 1 2 1 1 2 2
 $ PRODUCT : Factor w/ 2 levels "Black Tea","Green Tea": 1 2 1 2 1 1 1 2 1 2
 $ PRICE   : num  10 7 10 7 10 10 10 7 10 7
 $ QUANTITY: num  600 660 750 900 1200 1260 1170 1260 1350 1440
 $ REVENUE : num  6000 4620 7500 6300 12000 ...
 $ LOCATION: Factor w/ 2 levels "Chicago","New York": 2 2 2 2 2 2 1 1 1 1
```

以上程序分别将参照数据库路径与永久数据集文件放入为前两个参数内，并将 SAS 执行文件与路径置入 sascmd 参数内，就能够顺利将返回结果转换为 R 数据框 sasxp。

此外，如果想要连接其他数据库软件，可以下载一些 R 的扩展包，主要包括以下几种。

❑ MySQL：RMySQL 扩展包，下载网址如下所示。

http://cran.r-project.org/package=RMySQL

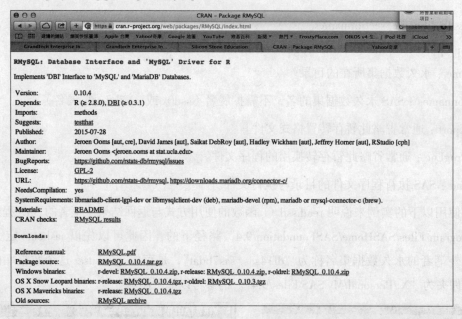

❑ Oracle：Oracle 扩展包，下载网址如下所示。

http://cran.r-project.org/package=ROracle

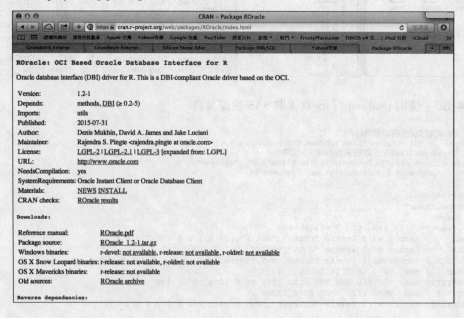

❏ PostgreSQL：PostgreSQL 扩展包，下载网址如下所示。

http://cran.r−project.org/package=RPostgreSQL

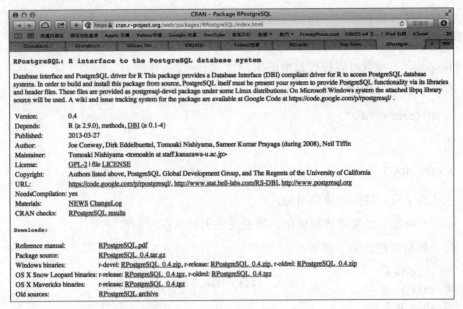

❏ SQLite：SQLite 扩展包，下载网址如下所示。

http://cran.r−project.org/package=RSQLite

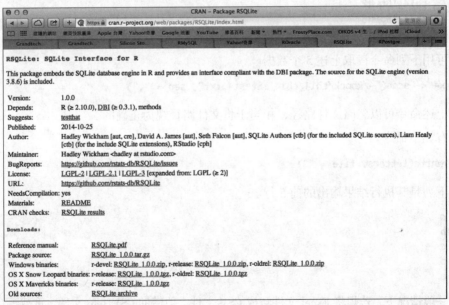

本章习题

一、判断题

( ) 1. file.path () 函数可以更改目前的工作目录。

( ) 2. 有两个命令分别如下所示。

```
> dir(path = "d:/")
```

或

```
> dir("d:/")
```

上述两个命令的执行结果相同。

( ) 3. cat () 函数主要是做数据输出，特别是输出数据框时非常好用。

( ) 4. 有一数据文件，如下所示。

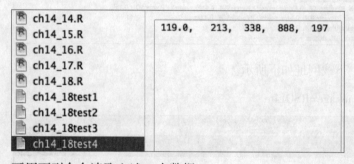

可用下列命令读取上述 5 个数据。

```
x4 <- scan("~/Rbook/ch14/ch14_18test4.txt", sep = ",")
```

上述命令可以忽略文件路径，相当于将文件路径视为正确的。

( ) 5. 有如下命令。

```
write(letters, file = "")
```

下列是其执行结果输出的前 5 行。

```
a
b
c
d
e
```

( ) 6. 一般情况下，若想将 Excel 文件转成 CSV 文件，须借助 CSVHelp 文件，重载再存入即可。

二、单选题

( ) 1. 下列哪一个函数可以读取剪贴板数据？

A. read.delim ()   B. scan ()

C. readClipboard ()   D. readline ()

(   ) 2. 以下哪个函数可以构成电子表格的特殊字符？

     A. \t   B. \n   C. \y   D. 逗号

(   ) 3. 以下哪一个函数可以读取 Excel 文件数据？

     A. scan ()   B. readClipboard ()

     C. read ()   D. readWorksheetFromFile ()

(   ) 4. 所谓的 CSV 数据是指同一行（Row）的数据彼此用以下哪个符号分隔？

     A. \t   B. \n   C. \y   D. 逗号

(   ) 5. 文件的扩展名是 txt 时，它的各字段数据以以下哪个符号做分隔？

     A. \t   B. \n   C. TAB   D. 逗号

(   ) 6. 使用 write.table () 函数时，如果 file 等于什么，表示输出至屏幕？

     A. ""   B. console   C. eol   D. screenout

(   ) 7. 下列输出函数，会将数据输出至哪里？

```
> write.table(x, file = "clipboard", sep = "\t", row.names = FALSE)
>
```

     A. 屏幕   B. Clipboard 文件

     C. 剪贴板   D. 程序代码有误

(   ) 8. 使用 write.foreign () 函数时，若想将数据输出至 SAS 文件，下列哪一个参数应设定为"SAS"。

     A. df   B. datafile   C. codefile   D. package

三、多选题

(   ) 1. 下列哪些函数可以读取剪贴板数据？（选择两项）

     A. scan ()   B. read.table ()

     C. readClipboard ()   D. read.delim ()

     E. read.csv ()

(   ) 2. 下列哪些函数可以读取 SAS 数据？（选择两项）

     A. read.S   B. read.spss

     C. read.ssd   D. read.xport

     E. read.mtp

四、实际操作题（如果题目有描述不周详时，请自行假设条件）

1. 请设计程序，此程序会要求输入姓名，然后请返回"Welcome"和所输入的姓名。

2. 重新输入上一个程序，但将结果输出至 exer14_2.txt。

3. 请参考实例 ch14_18.R，但将数据改成 10 个，读取后执行下列操作。

（1）求总计。

（2）求平均。

（3）求最大值。

（4）求最小值。

4. 参考前一实例，将执行结果写入 exer14_3.txt。

5. 请利用 Excel 建立本章的 14-5-1 节的电子表格，然后利用 R 语言计算下列结果。

（1）各茶产品各年度的销售总量。

（2）各茶产品各年度的销售总营业额。

（3）每一位业务员在各年度的总营业额。

15

CHAPTER

数据分析与处理

学完前 14 章后，相信各位对于 R 语言已有了一定的认识，本章笔者计划将前面所介绍的数据配合一些尚未介绍过的函数，作一个应用性的说明。

在本章的开始，笔者先为各位复习 R 语言的数据类型，接着介绍随机抽样，然后进入本章主题，撷取有用的数据。

15-1 复习数据类型

使用 R 语言作数据分析时，首先要思考应使用哪一种数据类型。下列是 R 语言的所有数据类型及其说明。

1. 向量（Vector）

向量是指只有一个维度，同时所有数据类型均相同的数据，例如，全部是字符串或数值。此外我们也可以将这种类型的数据想成是 Excel 电子表格的一行数据或一列数据。

2. 因子（Factor）

因子与字符串向量类似，所有字符串向量均可被处理成因子，但因子多了 levels 和 labels 的概念。

3. 矩阵（Matrix）或更高维度的数组（Array）

矩阵是二维的数据，和向量一样，所有数据类型需要相同，例如，全部是字符串或数值。

4. 数据框（Data Frame）

如果数据中可能有字符串，也可能有数值，那么矩阵就不适合了，此时可以先考虑使用数据框。数据框的一个特点是，所有数据元素均有相同的长度，相当于每一个元素的数量均相同。此外我们也可以将这种类型的数据想成是 Excel 电子表格的一个窗体（Sheet）。

5. 串行（List）

串行主要是指逻辑上可以放在一起的数据，其实上面所介绍的所有对象均可以放在串行内，甚至串行内也可以包含其他串行。

15-2 随机抽样

不论是数学家或统计学家，从一堆数据中抽取样本，作更进一步的分析与预测都是一件很重要的事。在 R 语言中，可以使用 sample（）函数，轻易地完成这个工作，这个函数的使用格式和各参数的意义如下所示。

sample（x, size, replace = FALSE, prob = NULL）

❑ x：这是个向量，代表随机数样本的范围。

❑ size：这是正整数，代表抽取随机样本的数量。

❑ replace：默认是 FALSE，如果是 TRUE，则代表抽完一个样本后这个样本需放回去，供下次抽取。

❑ prob：默认是 NULL，如果想将某些样本被抽取的概率增大，则可在这个参数中放置数值向量，代表样本被抽中的比重。

15-2-1 将随机抽样应用于扑克牌

笔者在第 9 章的实例 ch9_19 中曾经建立一个扑克牌的向量 deck，这个向量包含扑克牌的 52 张牌的数据，如下所示。

```
> deck
 [1] "Spades A"     "Spades 2"      "Spades 3"      "Spades 4"
 [5] "Spades 5"     "Spades 6"      "Spades 7"      "Spades 8"
 [9] "Spades 9"     "Spades 10"     "Spades J"      "Spades Q"
[13] "Spades K"     "Heart A"       "Heart 2"       "Heart 3"
[17] "Heart 4"      "Heart 5"       "Heart 6"       "Heart 7"
[21] "Heart 8"      "Heart 9"       "Heart 10"      "Heart J"
[25] "Heart Q"      "Heart K"       "Diamonds A"    "Diamonds 2"
[29] "Diamonds 3"   "Diamonds 4"    "Diamonds 5"    "Diamonds 6"
[33] "Diamonds 7"   "Diamonds 8"    "Diamonds 9"    "Diamonds 10"
[37] "Diamonds J"   "Diamonds Q"    "Diamonds K"    "Clubs A"
[41] "Clubs 2"      "Clubs 3"       "Clubs 4"       "Clubs 5"
[45] "Clubs 6"      "Clubs 7"       "Clubs 8"       "Clubs 9"
[49] "Clubs 10"     "Clubs J"       "Clubs Q"       "Clubs K"
>
```

实例 ch15_1：随机产生 52 张牌。

```
> sample(deck, 52)
 [1] "Clubs K"      "Heart 2"       "Diamonds 5"    "Clubs 5"
 [5] "Spades 6"     "Clubs J"       "Clubs 9"       "Diamonds 2"
 [9] "Diamonds J"   "Spades 4"      "Diamonds 10"   "Diamonds 3"
[13] "Diamonds A"   "Heart J"       "Heart 4"       "Clubs 3"
[17] "Clubs 6"      "Clubs 7"       "Diamonds 4"    "Spades 9"
[21] "Diamonds 9"   "Spades 5"      "Spades 10"     "Spades 8"
[25] "Spades 7"     "Heart Q"       "Heart 7"       "Diamonds Q"
[29] "Heart 3"      "Heart K"       "Spades K"      "Spades A"
[33] "Heart 8"      "Clubs 8"       "Clubs 4"       "Heart 10"
[37] "Clubs 2"      "Heart A"       "Spades J"      "Diamonds K"
[41] "Heart 9"      "Spades Q"      "Diamonds 8"    "Heart 6"
[45] "Clubs A"      "Clubs 10"      "Spades 2"      "Spades 3"
[49] "Diamonds 7"   "Heart 5"       "Clubs Q"       "Diamonds 6"
>
```

这个实例每次执行均会有不同的输出结果。

15-2-2 种子值

实例 ch15_1 在每次执行时都会产生不同的出牌顺序。在真实的实验过程中，有时我们会想要记录实验随机数据的处理过程，希望不同的测试者可以获得相同的随机数，以便比较与分析，此时可以使用种子值。set.seed() 函数可用于设定种子值。set.seed() 函数的参数可以是一个数字，当设置种子值后，在相同种子值后面的 sample() 所产生的随机数序列将相同。

实例 ch15_2.R：重新执行实例 ch15_1，但此次增加设定种子值，并观察执行结果。

```
1  #
2  # 实例ch15_2.R
3  #
4  ch15_2 <- function( )
5  {
6     set.seed(1)
7     sample(deck, 52)
8  }
```

[执行结果]

```
> ch15_2()
 [1] "Heart A"      "Heart 6"      "Diamonds 3"   "Clubs 6"
 [5] "Spades 10"    "Clubs 4"      "Clubs 5"      "Diamonds 4"
 [9] "Diamonds 2"   "Spades 3"     "Spades 9"     "Spades 8"
[13] "Clubs 7"      "Heart 2"      "Clubs 10"     "Clubs Q"
[17] "Heart K"      "Diamonds 9"   "Spades K"     "Diamonds 10"
[21] "Diamonds Q"   "Spades 7"     "Heart 7"      "Spades 4"
[25] "Clubs 2"      "Spades J"     "Spades A"     "Clubs 9"
[29] "Heart 8"      "Clubs A"      "Diamonds A"   "Diamonds 8"
[33] "Heart Q"      "Clubs J"      "Diamonds K"   "Spades Q"
[37] "Heart J"      "Spades 2"     "Heart 9"      "Spades 6"
[41] "Diamonds 6"   "Heart 10"     "Clubs K"      "Spades 5"
[45] "Clubs 3"      "Heart 3"      "Diamonds 7"   "Clubs 8"
[49] "Heart 4"      "Diamonds J"   "Diamonds 5"   "Heart 5"
>
```

对上述程序而言，每次执行均可以获得相同的扑克牌出牌顺序。此外，在上述程序的第 6 行，笔者将 set.seed（）函数的参数设为 1，在此若放置不同的参数也可以，但不同参数会有各自不同的出牌顺序。

实例 ch15_3.R：重新执行实例 ch15_2.R，但此次在 set.seed（）函数内放置不同的参数，并观察执行结果。

```
1  #
2  # 实例ch15_3.R
3  #
4  ch15_3 <- function( )
5  {
6     set.seed(8)
7     sample(deck, 52)
8  }
```

[执行结果]

```
> ch15_3( )
 [1] "Heart Q"      "Spades J"     "Clubs A"      "Diamonds 6"
 [5] "Heart 3"      "Diamonds 8"   "Heart A"      "Clubs 3"
 [9] "Clubs 8"      "Diamonds 2"   "Heart 7"      "Spades 4"
[13] "Heart 5"      "Heart 9"      "Spades 6"     "Diamonds 9"
[17] "Spades A"     "Spades 10"    "Diamonds J"   "Clubs J"
[21] "Spades 8"     "Spades K"     "Heart 6"      "Spades 7"
```

```
[25] "Diamonds 4"   "Diamonds A"   "Spades 3"     "Clubs 9"
[29] "Diamonds 5"   "Clubs 4"      "Spades 5"     "Clubs 7"
[33] "Heart 10"     "Clubs 2"      "Clubs 10"     "Diamonds Q"
[37] "Clubs K"      "Heart 2"      "Heart 4"      "Clubs 5"
[41] "Clubs Q"      "Clubs 6"      "Diamonds K"   "Diamonds 7"
[45] "Heart K"      "Spades 2"     "Spades Q"     "Diamonds 10"
[49] "Heart 8"      "Heart J"      "Spades 9"     "Diamonds 3"
>
```

比较 ch15_3.R 与 ch15_2.R，由于实例 ch15_3.R 的 set.seed（）的参数是 8，因此 ch15_3.R 产生了与 ch15_2.R 不同的种子值，因此最后发现彼此的出牌顺序是不同的，但每一次执行 ch15_3.R 时，皆可以获得相同的出牌顺序。

15-2-3 模拟骰子

骰子是由 1 到 6 组成的，如果我们想要掷 12 次，同时记录结果，那么可以使用下列方法。

实例 ch15_4：掷 12 次骰子，同时记录结果。

```
> sample(1:6, 12, replace = TRUE)
 [1] 1 3 6 2 5 3 1 6 6 6 5 4
>
```

在上述程序中，由于每次掷骰子均必须重新取样，所以 replace 参数需设为 TRUE。可以想成将抽取的样本放回去，然后重新取样。当然设定种子值的方法也适合应用于掷骰子取样。

实例 ch15_5.R：将设定种子值的方法应用于掷骰子取样。

```
1  #
2  # 实例ch15_5.R
3  #
4  ch15_5 <- function( )
5  {
6      set.seed(1)
7      sample(1:6, 12, replace = TRUE)
8  }
```

[执行结果]

```
> source('~/Rbook/ch15/ch15_5.R')
> ch15_5()
 [1] 2 3 4 6 2 6 6 4 4 1 2 2
> ch15_5()
 [1] 2 3 4 6 2 6 6 4 4 1 2 2
>
```

实例 ch15_5.R 不论何时执行，均可获得相同的取样结果。

15-2-4 比重的设置

如果在取样时，希望某些样本有较高的概率被抽取，可更改样本的比重（Weights）。

实例 ch15_6：掷骰子时，将 1 和 6 设成有 5 倍于平均的比重被随机抽中。

```
> sample(1:6, 12, replace = TRUE, c(5, 1, 1, 1, 1, 5))
 [1] 1 1 3 1 3 2 1 3 2 6 1 6
> sample(1:6, 12, replace = TRUE, c(5, 1, 1, 1, 1, 5))
 [1] 6 1 6 1 4 6 1 1 1 6 5 1
> sample(1:6, 12, replace = TRUE, c(5, 1, 1, 1, 1, 5))
 [1] 5 6 3 1 5 1 3 1 1 5 6 1
> sample(1:6, 12, replace = TRUE, c(5, 1, 1, 1, 1, 5))
 [1] 3 1 1 4 1 6 6 6 6 1 1 1
>
```

以上是笔者连续执行数次所观察到的执行结果。

15-3 再谈向量数据的抽取并以 islands 为实例

在第 4 章的 4-9-3 节笔者已经介绍了一些从系统内建的向量 islands 中抽取数据的实例，本节将针对其他可能抽取数据的方式做完整解说。

实例 ch15_7：抽取指定索引的数据，以单一索引与多个索引为例。

```
> islands[5]
Axel Heiberg
          16
> islands[c(1, 10, 20, 30, 40)]
     Africa      Celebes       Honshu New Britain Southampton
      11506           73           89           15           16
>
```

实例 ch15_8：抽取某些范围以外的数据，下列是排除索引为 21 至 48 的数据。

```
> islands[-(21:48)]        #排除21至48的数据
    Africa   Antarctica         Asia    Australia Axel Heiberg       Baffin
     11506         5500        16988         2968           16          184
     Banks       Borneo      Britain      Celebes        Celon         Cuba
        23          280           84           73           25           43
     Devon     Ellesmere      Europe    Greenland       Hainan   Hispaniola
        21           82         3745          840           13           30
  Hokkaido       Honshu
        30           89
>
```

下列是排除索引为 1 至 30 的数据。

```
> islands[-(1:30)]         #排除1至30的数据
    New Guinea New Zealand (N) New Zealand (S)     Newfoundland
           306              44              58               43
 North America   Novaya Zemlya Prince of Wales        Sakhalin
          9390              32              13               29
 South America     Southampton     Spitsbergen         Sumatra
          6795              16              15              183
        Taiwan        Tasmania Tierra del Fuego           Timor
            14              26              19               13
     Vancouver        Victoria
            12              82
>
```

实例 15_9：返回所有数据。

```
> islands[ ]                              #空白表示列出所有资料
        Africa      Antarctica          Asia       Australia
         11506            5500         16988            2968
   Axel Heiberg          Baffin         Banks          Borneo
            16             184            23             280
       Britain         Celebes         Celon            Cuba
            84              73            25              43
         Devon        Ellesmere        Europe       Greenland
            21              82          3745             840
        Hainan      Hispaniola      Hokkaido          Honshu
            13              30            30              89
       Iceland         Ireland          Java          Kyushu
            40              33            49              14
         Luzon      Madagascar      Melville        Mindanao
            42             227            16              36
      Moluccas     New Britain   New Guinea  New Zealand (N)
            29              15           306              44
New Zealand (S)   Newfoundland North America  Novaya Zemlya
            58              43          9390              32
Prince of Wales        Sakhalin South America     Southampton
            13              29          6795              16
   Spitsbergen         Sumatra        Taiwan         Tasmania
            15             183            14              26
Tierra del Fuego          Timor     Vancouver        Victoria
            19              13            12              82
>
```

实例 ch15_10：使用逻辑判断语句列出某范围内的数据，下列是列出面积大于 100 平方千米的岛屿的实例。

```
> islands[ islands > 100]           #列出面积大于100平方千米的岛屿
        Africa      Antarctica          Asia       Australia          Baffin
         11506            5500         16988            2968             184
        Borneo          Europe     Greenland      Madagascar      New Guinea
           280            3745           840             227             306
 North America  South America       Sumatra
          9390            6795           183
>
```

下列是列出面积小于 30 平方千米的岛屿的实例。

```
> islands[ islands < 30 ]           #列出面积小于30平方千米的岛屿
   Axel Heiberg           Banks         Celon           Devon
            16              23            25              21
        Hainan          Kyushu      Melville        Moluccas
            13              14            16              29
   New Britain  Prince of Wales      Sakhalin     Southampton
            15              13            29              16
   Spitsbergen          Taiwan      Tasmania Tierra del Fuego
            15              14            26              19
         Timor       Vancouver
            13              12
>
```

实例 ch15_11：列出名称相同的岛屿，下列是列出 Taiwan 的实例。

```
> islands["Taiwan"]
Taiwan
    14
>
```

下列是列出 Taiwan、Africa 和 Australia 的实例。

```
> islands[c("Africa", "Australia", "Taiwan")]
   Africa Australia    Taiwan
    11506      2968        14
>
```

15-4 数据框数据的抽取——对重复值的处理

iris 中文是鸢尾花，这是系统内建的数据框数据集，内含 150 个记录。

```
> str(iris)
'data.frame':   150 obs. of  5 variables:
 $ Sepal.Length: num  5.1 4.9 4.7 4.6 5 5.4 4.6 5 4.4 4.9 ...
 $ Sepal.Width : num  3.5 3 3.2 3.1 3.6 3.9 3.4 3.4 2.9 3.1 ...
 $ Petal.Length: num  1.4 1.4 1.3 1.5 1.4 1.7 1.4 1.5 1.4 1.5 ...
 $ Petal.Width : num  0.2 0.2 0.2 0.2 0.2 0.4 0.3 0.2 0.2 0.1 ...
 $ Species     : Factor w/ 3 levels "setosa","versicolor",..: 1 1 1 1 1 1 1 1 1
1 ...
>
```

数据框（Data Frame）是一个二维的对象，所以在抽取数据时索引（Index）须包括行（Row）和列（Column）。

实例 ch15_12：抽取前 8 行数据。

```
> iris[1:8, ]
  Sepal.Length Sepal.Width Petal.Length Petal.Width Species
1          5.1         3.5          1.4         0.2 setosa
2          4.9         3.0          1.4         0.2 setosa
3          4.7         3.2          1.3         0.2 setosa
4          4.6         3.1          1.5         0.2 setosa
5          5.0         3.6          1.4         0.2 setosa
6          5.4         3.9          1.7         0.4 setosa
7          4.6         3.4          1.4         0.3 setosa
8          5.0         3.4          1.5         0.2 setosa
>
```

实例 ch15_13：抽取鸢尾花数据集中字段是花瓣的长度（"Petal.Length"）的数据，并观察执行结果。

```
> x <- iris[, "Petal.Length"]
> x
  [1] 1.4 1.4 1.3 1.5 1.4 1.7 1.4 1.5 1.4 1.5 1.5 1.6 1.4 1.1 1.2 1.5 1.3
 [18] 1.4 1.7 1.5 1.7 1.5 1.0 1.7 1.9 1.6 1.6 1.5 1.4 1.6 1.6 1.5 1.5 1.4
```

```
[35] 1.5 1.2 1.3 1.4 1.3 1.5 1.3 1.3 1.3 1.6 1.9 1.4 1.6 1.4 1.5 1.4 4.7
[52] 4.5 4.9 4.0 4.6 4.5 4.7 3.3 4.6 3.9 3.5 4.2 4.0 4.7 3.6 4.4 4.5 4.1
[69] 4.5 3.9 4.8 4.0 4.9 4.7 4.3 4.4 4.8 5.0 4.5 3.5 3.8 3.7 3.9 5.1 4.5
[86] 4.5 4.7 4.4 4.1 4.0 4.4 4.6 4.0 3.3 4.2 4.2 4.2 4.3 3.0 4.1 6.0 5.1
[103] 5.9 5.6 5.8 6.6 4.5 6.3 5.8 6.1 5.1 5.3 5.5 5.0 5.1 5.3 5.5 6.7 6.9
[120] 5.0 5.7 4.9 6.7 4.9 5.7 6.0 4.8 4.9 5.6 5.8 6.1 6.4 5.6 5.1 5.6 6.1
[137] 5.6 5.5 4.8 5.4 5.6 5.1 5.1 5.9 5.7 5.2 5.0 5.2 5.4 5.1
>
```

由上述执行结果可以发现，iris 原是数据框数据型态，经上述抽取后，由于取得的是单列的数据，所以数据型态被 R 简化为向量，如果想避免这类情况发生，可以在抽取数据时增加参数"drop = FALSE"。

实例 ch15_14：在实例 ch15_13 中增加参数"drop = FALSE"，重新执行，抽取鸢尾花数据集中字段是花瓣的长度（"Petal.Length"）的数据，并观察执行结果。

```
> x <- iris[, "Petal.Length", drop = FALSE]
> x
    Petal.Length
1            1.4
2            1.4
3            1.3
4            1.5
5            1.4
```

笔者只列出了部分输出结果，如果用 str () 函数检查，可以更加确定即使是抽取单列数据，我们仍获得了数据框的执行结果，如以下所示。

```
> str(x)
'data.frame':    150 obs. of  1 variable:
 $ Petal.Length: num  1.4 1.4 1.3 1.5 1.4 1.7 1.4 1.5 1.4 1.5 ...
>
```

不过，如果我们使用了第 8 章中 8-2-4 节的方式抽取数据，所获得的结果也会是数据框。

实例 ch15_15：采用与上一实例不同的方法抽取单列数据，使所获得的结果仍是数据框。

```
> x <- iris["Petal.Length"]
> x
    Petal.Length
1            1.4
2            1.4
3            1.3
4            1.5
5            1.4
```

笔者只列出了部分输出结果，如果用 str () 函数检查，也可以确定即使是抽取单列数据，我们采用这种方式仍获得了数据框的结果，如下所示。

```
> str(x)
'data.frame':    150 obs. of  1 variable:
 $ Petal.Length: num  1.4 1.4 1.3 1.5 1.4 1.7 1.4 1.5 1.4 1.5 ...
>
```

实例 ch15_16：抽取 Sepal.Length 和 Petal.Length 字段的所有行的数据。

```
> iris[, c("Sepal.Length", "Petal.Length")]
    Sepal.Length Petal.Length
1            5.1          1.4
2            4.9          1.4
3            4.7          1.3
4            4.6          1.5
5            5.0          1.4
```

实例 ch15_17：抽取部分行（第 3 到 7 行）和部分列（Sepal.Length 和 Petal.Length）的数据。

```
> iris[3:7, c("Sepal.Length", "Petal.Length")]
  Sepal.Length Petal.Length
3          4.7          1.3
4          4.6          1.5
5          5.0          1.4
6          5.4          1.7
7          4.6          1.4
>
```

在本章的 15-2 节我们介绍了随机抽样的概念，我们可以将随机抽样应用在这里的。

实例 ch15_18：随机抽取 8 行鸢尾花的观察数据。

```
> x <- sample(1:nrow(iris), 8)      #随机抽8个索引
> x
[1] 126  12  54 116  95 112  86  28
> iris[x, ]                         #列出这8个行数据
    Sepal.Length Sepal.Width Petal.Length Petal.Width    Species
126          7.2         3.2          6.0         1.8  virginica
12           4.8         3.4          1.6         0.2     setosa
54           5.5         2.3          4.0         1.3 versicolor
116          6.4         3.2          5.3         2.3  virginica
95           5.6         2.7          4.2         1.3 versicolor
112          6.4         2.7          5.3         1.9  virginica
86           6.0         3.4          4.5         1.6 versicolor
28           5.2         3.5          1.5         0.2     setosa
>
```

 注 nrow () 函数可返回对象个数。

15-4-1　重复值的搜索

使用 duplicated () 函数可以搜索对象是否有重复值，数值在第一次出现时会返回 FALSE，未来重复出现时则返回 TRUE。

实例 ch15_19：搜索向量数据，了解是否有数值重复。

```
> duplicated(c(1, 1, 2, 2, 3, 5, 8, 1))
[1] FALSE  TRUE FALSE  TRUE FALSE FALSE FALSE  TRUE
>
```

由上述执行结果可以看到，数值若出现第 2 次就会返回 TRUE。这个函数如果是应用于数据框则必须该行内所有数据与前面某行的所有数据重复才算重复。

实例 ch15_20：搜索 iris 数据框数据，了解是否有数值重复。

```
> duplicated(iris)
  [1] FALSE FALSE FALSE FALSE FALSE FALSE FALSE FALSE FALSE FALSE FALSE
 [12] FALSE FALSE FALSE FALSE FALSE FALSE FALSE FALSE FALSE FALSE FALSE
 [23] FALSE FALSE FALSE FALSE FALSE FALSE FALSE FALSE FALSE FALSE FALSE
 [34] FALSE FALSE FALSE FALSE FALSE FALSE FALSE FALSE FALSE FALSE FALSE
 [45] FALSE FALSE FALSE FALSE FALSE FALSE FALSE FALSE FALSE FALSE FALSE
 [56] FALSE FALSE FALSE FALSE FALSE FALSE FALSE FALSE FALSE FALSE FALSE
 [67] FALSE FALSE FALSE FALSE FALSE FALSE FALSE FALSE FALSE FALSE FALSE
 [78] FALSE FALSE FALSE FALSE FALSE FALSE FALSE FALSE FALSE FALSE FALSE
 [89] FALSE FALSE FALSE FALSE FALSE FALSE FALSE FALSE FALSE FALSE FALSE
[100] FALSE FALSE FALSE FALSE FALSE FALSE FALSE FALSE FALSE FALSE FALSE
[111] FALSE FALSE FALSE FALSE FALSE FALSE FALSE FALSE FALSE FALSE FALSE
[122] FALSE FALSE FALSE FALSE FALSE FALSE FALSE FALSE FALSE FALSE FALSE
[133] FALSE FALSE FALSE FALSE FALSE FALSE FALSE FALSE FALSE FALSE TRUE
[144] FALSE FALSE FALSE FALSE FALSE FALSE FALSE
>
```

由上述执行结果，可以发现第 143 行数据返回了 TRUE，所以这行数据是重复出现的。上述执行结果笔者是通过观察得到的，更好的方式是使用下一节所介绍的函数。

15-4-2　which（）函数

which（）函数可以传回重复值的索引。

实例 ch15_21：传回实例 ch15_19 中的重复值的索引。

```
> which(duplicated(c(1, 1, 2, 2, 3, 5, 8, 1)))
[1] 2 4 8
>
```

实例 ch15_22：返回鸢尾花 iris 对象重复值的索引。

```
> which(duplicated(iris))
[1] 143
>
```

在实例 ch15_20 中，笔者是用观察执行结果的方法得到第 143 行数据是重复值的，但在实例 ch15_22 中，我们已改成，用 which（）函数获得第 143 行数据是重复值。

15-4-3　抽取数据时去除重复值

有两个方法可以抽取数据时去除重复值，方法 1 是，使用负值索引。

实例 ch15_23.R：使用负值当索引去除 iris 对象的重复值。

```
1  #
2  # 实例ch15_23.R
```

```
3   #
4   ch15_23 <- function( )
5 - {
6       i <- which(duplicated(iris))
7       x <- iris[-i, ]
8       print(x)
9   }
```

[执行结果]

```
> iris
    Sepal.Length Sepal.Width Petal.Length Petal.Width    Species
1            5.1         3.5          1.4         0.2     setosa
2            4.9         3.0          1.4         0.2     setosa
3            4.7         3.2          1.3         0.2     setosa
```

如果往下滚动屏幕，则可以看到下列输出结果。

```
140          6.9         3.1          5.4         2.1  virginica
141          6.7         3.1          5.6         2.4  virginica
142          6.9         3.1          5.1         2.3  virginica
144          6.8         3.2          5.9         2.3  virginica
145          6.7         3.3          5.7         2.5  virginica
146          6.7         3.0          5.2         2.3  virginica
147          6.3         2.5          5.0         1.9  virginica
148          6.5         3.0          5.2         2.0  virginica
149          6.2         3.4          5.4         2.3  virginica
150          5.9         3.0          5.1         1.8  virginica
>
```

由以上执行结果可以看到第 143 行数据已被去除。方法 2 是直接使用逻辑运算语句，可参考下列实例。

实例 ch15_24：在索引中加入逻辑运算符号 "!"，去除 iris 对象的重复值。

```
> iris[!duplicated(iris), ]
    Sepal.Length Sepal.Width Petal.Length Petal.Width    Species
1            5.1         3.5          1.4         0.2     setosa
2            4.9         3.0          1.4         0.2     setosa
3            4.7         3.2          1.3         0.2     setosa
```

如果往下滚动屏幕，则可以看到下列输出结果。

```
140          6.9         3.1          5.4         2.1  virginica
141          6.7         3.1          5.6         2.4  virginica
142          6.9         3.1          5.1         2.3  virginica
144          6.8         3.2          5.9         2.3  virginica
145          6.7         3.3          5.7         2.5  virginica
146          6.7         3.0          5.2         2.3  virginica
147          6.3         2.5          5.0         1.9  virginica
148          6.5         3.0          5.2         2.0  virginica
149          6.2         3.4          5.4         2.3  virginica
150          5.9         3.0          5.1         1.8  virginica
>
```

由以上执行结果可以看到第 143 行数据已被去除。

15-5 数据框数据的抽取——对 NA 值的处理

在真实世界里，有时候无法收集到正确信息，此时可能用 NA 代表，在这一小节中，笔者将讲解处理这类数据的方式。

15-5-1 抽取数据时去除含 NA 值的行数据

R 语言系统有一个内建的数据集 airquality，它的数据如下所示。

```
> airquality
   Ozone Solar.R Wind Temp Month Day
1     41     190  7.4   67     5   1
2     36     118  8.0   72     5   2
3     12     149 12.6   74     5   3
4     18     313 11.5   62     5   4
5     NA      NA 14.3   56     5   5
6     28      NA 14.9   66     5   6
```

如果往下滚动屏幕，则可以看到下列输出结果。

```
148    14      20 16.6   63     9  25
149    30     193  6.9   70     9  26
150    NA     145 13.2   77     9  27
151    14     191 14.3   75     9  28
152    18     131  8.0   76     9  29
153    20     223 11.5   68     9  30
>
```

以下是使用 str () 函数了解其结构。

```
> str(airquality)
'data.frame':   153 obs. of  6 variables:
 $ Ozone  : int  41 36 12 18 NA 28 23 19 8 NA ...
 $ Solar.R: int  190 118 149 313 NA NA 299 99 19 194 ...
 $ Wind   : num  7.4 8 12.6 11.5 14.3 14.9 8.6 13.8 20.1 8.6 ...
 $ Temp   : int  67 72 74 62 56 66 65 59 61 69 ...
 $ Month  : int  5 5 5 5 5 5 5 5 5 5 ...
 $ Day    : int  1 2 3 4 5 6 7 8 9 10 ...
>
```

由上述执行结果可以知道 airquality 是数据框对象，也可以看到上述对象含有许多 NA 值。R 语言提供了 complete.cases () 函数，如果对象的数据行是完整的则传回 TRUE，如果对象数据含 NA 值则传回 FALSE。

实例 ch15_25：使用 complete.cases () 函数测试 airquality 对象。

```
> complete.cases(airquality)
  [1]  TRUE  TRUE  TRUE  TRUE FALSE FALSE  TRUE  TRUE  TRUE FALSE FALSE
 [12]  TRUE  TRUE  TRUE  TRUE  TRUE  TRUE  TRUE  TRUE  TRUE  TRUE  TRUE
 [23]  TRUE  TRUE FALSE FALSE FALSE  TRUE  TRUE  TRUE  TRUE  TRUE FALSE FALSE
 [34] FALSE FALSE FALSE FALSE  TRUE FALSE  TRUE  TRUE FALSE FALSE  TRUE
```

```
[45] FALSE FALSE  TRUE  TRUE  TRUE  TRUE   TRUE FALSE FALSE FALSE FALSE
[56] FALSE FALSE FALSE FALSE FALSE FALSE   TRUE  TRUE  TRUE FALSE  TRUE
[67]  TRUE  TRUE  TRUE  TRUE  TRUE FALSE   TRUE  TRUE FALSE  TRUE  TRUE
[78]  TRUE  TRUE  TRUE  TRUE  TRUE FALSE FALSE  TRUE  TRUE  TRUE  TRUE
[89]  TRUE  TRUE  TRUE  TRUE  TRUE  TRUE  FALSE FALSE FALSE  TRUE
[100] TRUE  TRUE FALSE FALSE  TRUE  TRUE   TRUE FALSE  TRUE  TRUE  TRUE
[111] TRUE  TRUE  TRUE  TRUE FALSE  TRUE   TRUE  TRUE FALSE  TRUE  TRUE
[122] TRUE  TRUE  TRUE  TRUE  TRUE  TRUE   TRUE  TRUE  TRUE  TRUE  TRUE
[133] TRUE  TRUE  TRUE  TRUE  TRUE  TRUE   TRUE  TRUE  TRUE  TRUE  TRUE
[144] TRUE  TRUE  TRUE  TRUE  TRUE  TRUE   TRUE FALSE  TRUE  TRUE  TRUE
>
```

实例 ch15_26：抽取 airquality 对象的数据时去除含 NA 值的行数据。

```
> x.NoNA <- airquality[complete.cases(airquality), ]
> x.NoNA
    Ozone Solar.R Wind Temp Month Day
1      41     190  7.4   67     5   1
2      36     118  8.0   72     5   2
3      12     149 12.6   74     5   3
```

如果往下卷动，可以看到下列结果。

```
151    14     191 14.3   75     9  28
152    18     131  8.0   76     9  29
153    20     223 11.5   68     9  30
>
```

由上述执行结果，可以看到 x.NoNA 对象不再有含 NA 的行数据了。以下是用 str（）函数了解新对象的结构。

```
> str(x.NoNA)
'data.frame':   111 obs. of 6 variables:
 $ Ozone  : int  41 36 12 18 23 19 8 16 11 14 ...
 $ Solar.R: int  190 118 149 313 299 99 19 256 290 274 ...
 $ Wind   : num  7.4 8 12.6 11.5 8.6 13.8 20.1 9.7 9.2 10.9 ...
 $ Temp   : int  67 72 74 62 65 59 61 69 66 68 ...
 $ Month  : int  5 5 5 5 5 5 5 5 5 5 ...
 $ Day    : int  1 2 3 4 7 8 9 12 13 14 ...
>
```

可以看到原先有 153 行数据，最后只剩 111 行数据了。

15-5-2 na.omit（）函数

使用 na.omit（）函数也可以实现 15-5-1 节所叙述的功能。

实例 ch15_27：使用 na.omit（）函数重新执行实例 ch15_26 的任务，抽取 airquality 对象的数据时去除含 NA 值的行数据。

```
> x2.NoNA <- na.omit(airquality)
> str(x2.NoNA)
'data.frame':   111 obs. of 6 variables:
```

```
$ Ozone  : int  41 36 12 18 23 19 8 16 11 14 ...
$ Solar.R: int  190 118 149 313 299 99 19 256 290 274 ...
$ Wind   : num  7.4 8 12.6 11.5 8.6 13.8 20.1 9.7 9.2 10.9 ...
$ Temp   : int  67 72 74 62 65 59 61 69 66 68 ...
$ Month  : int  5 5 5 5 5 5 5 5 5 5 ...
$ Day    : int  1 2 3 4 7 8 9 12 13 14 ...
 - attr(*, "na.action")=Class 'omit'  Named int [1:42] 5 6 10 11 25 26 27 32 33 34 ...
  .. ..- attr(*, "names")= chr [1:42] "5" "6" "10" "11" ...
>
```

15-6   数据框的字段运算

对于数据框而言，每一个字段（列数据）皆是一个向量，所以对于字段之间的运算，也可以视之为向量的运算。

15-6-1   基本数据框的字段运算

实例 ch15_28：使用 iris 对象，计算鸢尾花，花萼和花瓣的长度比。

```
> r <- iris$Sepal.Length / iris$Petal.Length
> r
  [1] 3.642857 3.500000 3.615385 3.066667 3.571429 3.176471 3.285714 3.333333
  [9] 3.142857 3.266667 3.600000 3.000000 3.428571 3.909091 4.833333 3.800000
 [17] 4.153846 3.642857 3.352941 3.400000 3.176471 3.400000 4.600000 3.000000
 [25] 2.526316 3.125000 3.125000 3.466667 3.714286 2.937500 3.000000 3.600000
 [33] 3.466667 3.928571 3.266667 4.166667 4.230769 3.500000 3.384615 3.400000
 [41] 3.846154 3.461538 3.384615 3.125000 2.684211 3.428571 3.187500 3.285714
 [49] 3.533333 3.571429 1.489362 1.422222 1.408163 1.375000 1.413043 1.266667
 [57] 1.340426 1.484848 1.434783 1.333333 1.428571 1.404762 1.500000 1.297872
 [65] 1.555556 1.522727 1.244444 1.414634 1.377778 1.435897 1.229167 1.525000
 [73] 1.285714 1.297872 1.488372 1.500000 1.416667 1.340000 1.333333 1.628571
 [81] 1.447368 1.486486 1.487179 1.176471 1.200000 1.333333 1.425532 1.431818
 [89] 1.365854 1.375000 1.250000 1.326087 1.450000 1.515152 1.333333 1.357143
 [97] 1.357143 1.441860 1.700000 1.390244 1.050000 1.137255 1.203390 1.125000
[105] 1.120690 1.151515 1.088889 1.158730 1.155172 1.180328 1.274510 1.207547
[113] 1.236364 1.140000 1.137255 1.207547 1.181818 1.149254 1.115942 1.200000
[121] 1.210526 1.142857 1.149254 1.285714 1.175439 1.200000 1.291667 1.244898
[129] 1.142857 1.241379 1.213115 1.234375 1.142857 1.235294 1.089286 1.262295
[137] 1.125000 1.163636 1.250000 1.277778 1.196429 1.352941 1.137255 1.152542
[145] 1.175439 1.288462 1.260000 1.250000 1.148148 1.156863
>
```

还记得吗？如果不想显示这么多结果，可以使用 head () 函数，默认是显示前 6 个数据，如下所示。

```
> head(r)
[1] 3.642857 3.500000 3.615385 3.066667 3.571429 3.176471
>
```

15-6-2　with () 函数

在执行数据框的字段运算时，给"数据框名称"加上"＄"，的确好用，但是 R 语言开发团队仍不满足，因此又开发了一个好用的函数 with ()，使用这个函数可以省略"＄"符号，甚至也可以省略数据框的名称。这个函数的使用格式如下所示。

with（data, expression, …）

❏ data：欲处理的对象。

❏ expression：运算公式。

实例 ch15_29：使用 with () 函数重新设计实例 ch15_28，计算鸢尾花，花萼和花瓣的长度比。

```
> r.with <- with(iris, Sepal.Length / Petal.Length)
> head(r.with)
[1] 3.642857 3.500000 3.615385 3.066667 3.571429 3.176471
>
```

对上述实例而言，当 R 语言遇上 with（iris, …）时，编译程序就知道后面的运算公式，是属于 iris 的字段，因此运算公式可以省略对象名称，此例是省略 iris。

15-6-3　identical () 函数

identical () 函数的基本作用是检测两个对象是否完全相同，如果完全相同将返回 TRUE，否则返回 FALSE。在实例 ch15_28 和实例 ch15_19 中，笔者使用了两种方法计算鸢尾花，花萼和花瓣的长度比。

实例 ch15_30：使用 identical () 函数检测实例 ch15_28 和实例 ch15_19 的执行结果是否完全相同。

```
> identical(r, r.with)
[1] TRUE
>
```

15-6-4　将字段运算结果存入新的字段

本章的 15-6-1 节介绍了数据框的字段运算。既然我们可以将运算结果存入 1 个向量内，那么我们也可以将数据框字段的运算结果，存入该数据框内成为一个新的字段。

实例 ch15_31：使用 iris 对象，计算鸢尾花，花萼和花瓣的长度比，同时将运算结果存入 iris 对象的新字段 length.Ratio。

```
> my.iris <- iris
> my.iris$length.Ratio <- my.iris$Sepal.Length / my.iris$Petal.Length
>
```

在上述程序中，如果笔者忽略了"my.iris <- iris"，那将造成在执行完下一个命令后，笔者系统内建的 iris 对象被更改，所以笔者先将 iris 对象复制一份，并命名为"my.iris"，以后只针对新

对象做编辑。其实也建议读者养成尽量不要更改系统内建数据集的习惯。下列是笔者验证新对象"my.iris"是否增加字段"length.Ratio"的执行结果。

```
> head(my.iris)
  Sepal.Length Sepal.Width Petal.Length Petal.Width Species length.Ratio
1          5.1         3.5          1.4         0.2  setosa     3.642857
2          4.9         3.0          1.4         0.2  setosa     3.500000
3          4.7         3.2          1.3         0.2  setosa     3.615385
4          4.6         3.1          1.5         0.2  setosa     3.066667
5          5.0         3.6          1.4         0.2  setosa     3.571429
6          5.4         3.9          1.7         0.4  setosa     3.176471
>
```

由上述最右边一列，可以知道上述程序执行成功了。

15-6-5　within（）函数

在本章中的 15-6-2 节，笔者介绍了 with（）函数，有了它在字段运算时可以省略对象名称和" $ "符号，within（）函数也具有类似功能，不过 within（）函数主要是用于在字段运算时，将运算结果放在相同对象的新建字段中，类似于 15-6-4 节所述。

实例 ch15_32：使用 within（）函数重新设计实例 ch15_31，使用 iris 对象，计算鸢尾花，花萼和花瓣的长度比，同时将运算结果存入 iris 对象的新字段 length.Ratio。

```
> my.iris2 <- iris
> my.iris2 <- within(my.iris2, length.Ratio <- Sepal.Length / Petal.Length)
> head(my.iris2)
  Sepal.Length Sepal.Width Petal.Length Petal.Width Species length.Ratio
1          5.1         3.5          1.4         0.2  setosa     3.642857
2          4.9         3.0          1.4         0.2  setosa     3.500000
3          4.7         3.2          1.3         0.2  setosa     3.615385
4          4.6         3.1          1.5         0.2  setosa     3.066667
5          5.0         3.6          1.4         0.2  setosa     3.571429
6          5.4         3.9          1.7         0.4  setosa     3.176471
>
```

将 within（）函数与 with（）函数作比较，差别其实主要是在第 2 个参数。在执行表达式前的"length.Ratio <-"，可以想成是"新域名"＋"等号"，R 语言编译时会将运算结果存入这个新字段（此例是 length.Ratio）中。当然我们也可以使用 identical（）函数验证 my.iris 和 my.iris2 是否相同。

实例 ch15_33：使用 identical（）函数验证 my.iris 和 my.iris2 对象是否完全相同。

```
> identical(my.iris, my.iris2)
[1] TRUE
>
```

15-7　数据的分割

原始数据可能很庞大，有时我们可能会想将数据依据某些条件进行等量分割，本节笔者将使用之前章节曾用过的系统内建数据集 state.x77 对象，这个对象包含美国 50 个州的数据，如下所示。

```
> state.x77
            Population Income Illiteracy Life Exp Murder HS Grad Frost   Area
Alabama           3615   3624        2.1    69.05   15.1    41.3    20  50708
Alaska             365   6315        1.5    69.31   11.3    66.7   152 566432
Arizona           2212   4530        1.8    70.55    7.8    58.1    15 113417
Arkansas          2110   3378        1.9    70.66   10.1    39.9    65  51945
California       21198   5114        1.1    71.71   10.3    62.6    20 156361
Colorado          2541   4884        0.7    72.06    6.8    63.9   166 103766
Connecticut       3100   5348        1.1    72.48    3.1    56.0   139   4862
Delaware           579   4809        0.9    70.06    6.2    54.6   103   1982
Florida           8277   4815        1.3    70.66   10.7    52.6    11  54090
Georgia           4931   4091        2.0    68.54   13.9    40.6    60  58073
```

限于篇幅，笔者并没有完全打印出 50 州的数据，本实例将使用的字段是 Population，单位是千人。

15-7-1　cut（）函数

cut（）函数可以将数据等量切割，切割后的数据将是因子（Factor）数据型态。

实例 ch15_34：将 state.x77 对象依人口数做分割，分成 5 等份。

```
> popu <- state.x77[, "Population"]
> cut(popu, 5)                          #分割成5等份
 [1] (344,4.53e+03]   (344,4.53e+03]   (344,4.53e+03]   (344,4.53e+03]   (1.7e+04,2.12e+04]
 [6] (344,4.53e+03]   (344,4.53e+03]   (344,4.53e+03]   (4.53e+03,8.7e+03] (4.53e+03,8.7e+03]
[11] (344,4.53e+03]   (344,4.53e+03]   (8.7e+03,1.29e+04] (4.53e+03,8.7e+03] (344,4.53e+03]
[16] (344,4.53e+03]   (344,4.53e+03]   (344,4.53e+03]   (344,4.53e+03]   (344,4.53e+03]
[21] (4.53e+03,8.7e+03] (8.7e+03,1.29e+04] (344,4.53e+03]   (344,4.53e+03]   (4.53e+03,8.7e+03]
[26] (344,4.53e+03]   (344,4.53e+03]   (344,4.53e+03]   (344,4.53e+03]   (4.53e+03,8.7e+03]
[31] (344,4.53e+03]   (1.7e+04,2.12e+04] (4.53e+03,8.7e+03] (344,4.53e+03]   (8.7e+03,1.29e+04]
[36] (344,4.53e+03]   (344,4.53e+03]   (8.7e+03,1.29e+04] (344,4.53e+03]   (344,4.53e+03]
[41] (344,4.53e+03]   (344,4.53e+03]   (8.7e+03,1.29e+04] (344,4.53e+03]   (344,4.53e+03]
[46] (4.53e+03,8.7e+03] (344,4.53e+03]   (344,4.53e+03]   (4.53e+03,8.7e+03] (344,4.53e+03]
Levels: (344,4.53e+03] (4.53e+03,8.7e+03] (8.7e+03,1.29e+04] (1.29e+04,1.7e+04] (1.7e+04,2.12e+04]
>
```

看到上述用科学符号表示的数据，笔者也有一点头昏了，其实方法是将人数最多的州，减去人数最少的州，再均分成 5 等份。

15-7-2　分割数据时直接使用 labels 设定名称

接下来我们将以实例作说明，让数据简洁易懂。

实例 ch15_35：分割 Popu 数据时，按人口数由多到少，分别给予名称为"High""2nd""3rd""4th""Low"。

```
> cut(popu, 5, labels = c("Low", "4th", "3rd", "2nd", "High"))
 [1] Low  Low  Low  Low  High Low  Low  Low  4th  4th  Low  Low  3rd  4th  Low
[16] Low  Low  Low  Low  Low  4th  3rd  Low  Low  4th  Low  Low  Low  Low  4th
[31] Low  High 4th  Low  3rd  Low  Low  3rd  Low  Low  Low  Low  3rd  Low  Low
[46] 4th  Low  Low  4th  Low
Levels: Low 4th 3rd 2nd High
>
```

15-7-3 了解每一人口数分类有多少州

若想了解每一人口数分类有多少州,可以使用第 6 章 6-8 节所介绍的 table () 函数。

实例 ch15_36:延续实例 ch15_35,了解每一人口数分类有多少州。

```
> x.popu <- cut(popu, 5, labels = c("Low", "4th", "3rd", "2nd", "High"))
> table(x.popu)
x.popu
 Low  4th  3rd  2nd High
  34    9    5    0    2
>
```

由以上数据可以看出,美国绝大部分的州人口数皆在 453 万之内。美国有 50 个州,笔者已旅游过 49 个州,只能说美国真是地大物博、得天独厚。

15-8 数据的合并

数据分析师在数据处理过程中,一定会有需要将数据合并的时候,在第 7 章 7-4 节笔者曾介绍如何使用 rbind () 函数增加数据框的行数据,当然先决条件是,两组数据有相同的字段顺序。在第 7 章的 7-5 节笔者曾介绍如何使用 cbind () 函数增加数据框的列数据,当然先决条件是,2 组数据有相同的列顺序,如下图所示。

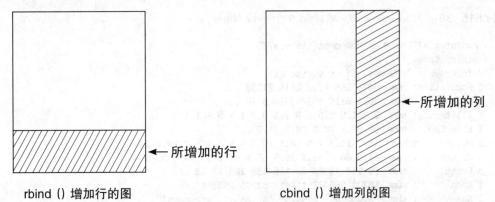

rbind () 增加行的图 　　　　　　　　　cbind () 增加列的图

本节笔者将介绍使用 merge () 函数,将两个对象依据其共有的特性执行合并,如下图所示。

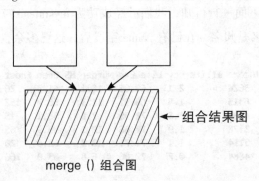

merge () 组合图

当然，两组数据要能够合并或称组合，彼此的键值（Key）也可想成字段数据一定要有相当的关联，才可执行彼此的合并。

15-8-1 之前的准备工作

本节所使用的实例仍将采用 R 语言系统内建的数据集 state.x77，这是一个含有行（Row）名称及列（column）名称的矩阵。

实例 ch15_37：将 state.x77 复制一份，并转存成 mystate.x77 数据框。

```
> mystates.x77 <- as.data.frame(state.x77)
> str(mystates.x77)
'data.frame':   50 obs. of  8 variables:
 $ Population: num  3615 365 2212 2110 21198 ...
 $ Income    : num  3624 6315 4530 3378 5114 ...
 $ Illiteracy: num  2.1 1.5 1.8 1.9 1.1 0.7 1.1 0.9 1.3 2 ...
 $ Life Exp  : num  69 69.3 70.5 70.7 71.7 ...
 $ Murder    : num  15.1 11.3 7.8 10.1 10.3 6.8 3.1 6.2 10.7 13.9 ...
 $ HS Grad   : num  41.3 66.7 58.1 39.9 62.6 63.9 56 54.6 52.6 40.6 ...
 $ Frost     : num  20 152 15 65 20 166 139 103 11 60 ...
 $ Area      : num  50708 566432 113417 51945 156361 ...
>
```

由上述"str（mystates.x77）"可知，mystate.x77 已被转存成数据框了，接下来，我们为这个新的数据框增加新字段 Name。

实例 ch15_38：为 mystates.x77 增加第 9 个字段 Name。

```
> mystates.x77$Name <- rownames(state.x77)
> str(mystates.x77)
'data.frame':   50 obs. of  9 variables:
 $ Population: num  3615 365 2212 2110 21198 ...
 $ Income    : num  3624 6315 4530 3378 5114 ...
 $ Illiteracy: num  2.1 1.5 1.8 1.9 1.1 0.7 1.1 0.9 1.3 2 ...
 $ Life Exp  : num  69 69.3 70.5 70.7 71.7 ...
 $ Murder    : num  15.1 11.3 7.8 10.1 10.3 6.8 3.1 6.2 10.7 13.9 ...
 $ HS Grad   : num  41.3 66.7 58.1 39.9 62.6 63.9 56 54.6 52.6 40.6 ...
 $ Frost     : num  20 152 15 65 20 166 139 103 11 60 ...
 $ Area      : num  50708 566432 113417 51945 156361 ...
 $ Name      : chr  "Alabama" "Alaska" "Arizona" "Arkansas" ...
>
```

由上述执行结果的最下面一行可知，我们已经成功为 mystates.x77 增加 Name 字段了。如果此时列出对象可以发现，行名是州名，在已有 Name 字段后，这已多余，如下图所示。

```
> head(mystates.x77)
           Population Income Illiteracy Life Exp Murder HS Grad Frost   Area       Name
Alabama          3615   3624        2.1    69.05   15.1    41.3    20  50708    Alabama
Alaska            365   6315        1.5    69.31   11.3    66.7   152 566432     Alaska
Arizona          2212   4530        1.8    70.55    7.8    58.1    15 113417    Arizona
Arkansas         2110   3378        1.9    70.66   10.1    39.9    65  51945   Arkansas
California      21198   5114        1.1    71.71   10.3    62.6    20 156361 California
Colorado         2541   4884        0.7    72.06    6.8    63.9   166 103766   Colorado
>
```

实例 ch15_39：删除 mystates.x77 的行名称。

```
> row.names(mystates.x77) <- NULL
> head(mystates.x77)
  Population Income Illiteracy Life Exp Murder HS Grad Frost   Area       Name
1      3615   3624        2.1    69.05   15.1    41.3    20  50708    Alabama
2       365   6315        1.5    69.31   11.3    66.7   152 566432     Alaska
3      2212   4530        1.8    70.55    7.8    58.1    15 113417    Arizona
4      2110   3378        1.9    70.66   10.1    39.9    65  51945   Arkansas
5     21198   5114        1.1    71.71   10.3    62.6    20 156361 California
6      2541   4884        0.7    72.06    6.8    63.9   166 103766   Colorado
>
```

由以上执行结果可知，行名称被删除后，系统将以数字取代。接下来，我们需使用上述 mystates.x77 对象，准备两个新的数据框做未来合并之用。

实例 ch15_40：准备 mypopu.states 对象，筛选条件是人口数大于 500 万，由于原对象人口单位数是千人，所以设定成 5000 即可。同时这个新对象需要有 2 个字段，分别是 Name 和 Population。

```
> mypopu.states <- mystates.x77[mystates.x77$Population > 5000, c("Name", "Population")]
> mypopu.states
             Name Population
5      California      21198
9         Florida       8277
13       Illinois      11197
14        Indiana       5313
21  Massachusetts       5814
22       Michigan       9111
30     New Jersey       7333
32       New York      18076
33 North Carolina       5441
35           Ohio      10735
38   Pennsylvania      11860
43          Texas      12237
>
```

实例 ch15_41：准备 myincome.states 对象，筛选条件是月平均收入大于 5000 美元。同时这个新对象需要有两个字段，分别是 Name 和 Income。

```
> myincome.states <- mystates.x77[mystates.x77$Income > 5000, c("Name", "Income")]
> myincome.states
             Name Income
2          Alaska   6315
5      California   5114
7     Connecticut   5348
13       Illinois   5107
20       Maryland   5299
28         Nevada   5149
30     New Jersey   5237
34   North Dakota   5087
>
```

15-8-2 merge（）函数使用于交集合并的情况

所谓交集是指两个条件皆符合，这个函数的基本使用格式如下所示。

merge（x, y, all = FALSE）

x, y 是要做合并的对象，默认情况是 "all = FALSE"，所以若省略这个参数则代表执行的是交集的合并。

实例 ch15_42：合并 mypopu.states 与 myincome.states 中符合人口数超过 500 万人的州和月收入超过 5000 美元的州。

```
> merge(mypopu.states, myincome.states)
       Name Population Income
1 California      21198   5114
2    Illinois     11197   5107
3 New Jersey       7333   5237
>
```

上述执行结果产生了新的对象，其中 Name 是彼此共有的字段，Population 字段是来自 mypopu.states 对象，Income 字段是来自 myincome.states 对象。

15-8-3　merge（）函数使用于并集合并的情况

所谓并集是指两个条件有一个符合即可，此时需将参数 "all = FALSE" 设定为 "all = TRUE"。

实例 ch15_43：合并 mypopu.states 与 myincome.states 中符合人口数超过 500 万人或月收入超过 5000 美元，其中一个条件的州。

```
> merge(mypopu.states, myincome.states, all = TRUE)
             Name Population Income
1          Alaska         NA   6315
2      California      21198   5114
3     Connecticut         NA   5348
4         Florida       8277     NA
5        Illinois      11197   5107
6         Indiana       5313     NA
7        Maryland         NA   5299
8   Massachusetts       5814     NA
9        Michigan       9111     NA
10         Nevada         NA   5149
11     New Jersey       7333   5237
12       New York      18076     NA
13 North Carolina       5441     NA
14   North Dakota         NA   5087
15           Ohio      10735     NA
16   Pennsylvania      11860     NA
17          Texas      12237     NA
>
```

在做并集合并的过程中，原字段不存在的数据将以 NA 值填充。

15-8-4　merge（）函数参数 "all.x = TRUE"

参数 "all.x = TRUE" 中，x 是指 merge（）函数的第一个对象，使用 merge（）函数时若加上这个参数，则代表所有 x 对象的数据均在这个合并结果内，在合并结果中原属于 y 对象的字段，原字段不存在的数据将以 NA 值填充。

实例 ch15_44：执行 mypopu.states 对象和 myincome.states 对象的合并，并增加参数 "all.x = TRUE"。

```
> merge(mypopu.states, myincome.states, all.x = TRUE)
          Name Population Income
1    California      21198   5114
2       Florida       8277     NA
3      Illinois      11197   5107
4       Indiana       5313     NA
5  Massachusetts      5814     NA
6      Michigan       9111     NA
7     New Jersey       7333   5237
8      New York      18076     NA
9  North Carolina      5441     NA
10         Ohio      10735     NA
11  Pennsylvania      11860     NA
12        Texas      12237     NA
> |
```

由上述执行结果可知，原来 California、Illinois 和 New Jersey 在第 2 个对象 myincome.states 内就有值存在所以直接填入值，其余没有的数据则填入 NA。

15-8-5　merge () 函数参数 "all.y = TRUE"

参数 "all.y = TRUE" 中，y 是指 merge () 函数的第二个对象，使用 merge () 函数时若加上这个参数，则代表所有 y 对象的数据均在这个合并结果内，在合并结果中原属于 x 对象的字段，原字段不存在的数据将以 NA 值填充。

实例 ch15_44：执行 mypopu.states 对象和 myincome.states 对象的合并，并增加参数 "all.y = TRUE"。

```
> merge(mypopu.states, myincome.states, all.y = TRUE)
          Name Population Income
1       Alaska         NA   6315
2   California      21198   5114
3  Connecticut         NA   5348
4     Illinois      11197   5107
5     Maryland         NA   5299
6       Nevada         NA   5149
7   New Jersey       7333   5237
8 North Dakota         NA   5087
>
```

15-8-6　match () 函数

match () 函数类似于取两个对象的交集，完整解释应为，对第一个对象 x 的某行数据而言，若在第二个对象 y 内找到符合条件的数据，则返回第二个对象中相应数据的所在位置（可想成索引值），否则返回 NA。所以调用完 match（）函数后会返回一个与第一个对象 x 的行数长度相同的向量。

实例 ch15_45：找出符合人口数多于 500 万，同时月均收入超过 5000 美元的行数据，在对象 myincome.states 中的位置，这个实例会返回一个向量，在向量中的数值（可想成索引值）即是我们要的结果。

```
> my.index <- match(mypopu.states$Name, myincome.states$Name)
> my.index
 [1]  2 NA  4 NA NA NA  7 NA NA NA NA NA
>
```

上述 my.index 的长度是 12，下列是验证 mypopu.states 对象是否有 12 个数据。

```
> lengths(mypopu.states)
      Name Population
        12         12
>
```

由上述执行结果可知我们的结果是正确的，接着我们要提取出符合条件的数据。

实例 ch15_46：提取出 myincome.states 中人口数多于 500 万，同时月均收入超过 5000 美元的州数据。

```
> myincome.states[na.omit(my.index), ]
         Name Income
5  California   5114
13   Illinois   5107
30 New Jersey   5237
>
```

15-8-7 %in%

使用 %in% 符号可以实现类似于前一小节 match（）函数的功能，不过这个符号将返回与第一个对象长度相同的逻辑向量，在向量中为 TRUE 的元素表示是我们要的数据。

实例 ch15_47：使用 %in% 重新执行实例 ch15_45，找出符合人口数多于 500 万，同时月均收入超过 5000 美元的数据在 mypopu.states 中的逻辑向量，将这个逻辑向量当作第一个对象的索引值，在向量中的逻辑值（可想成索引值）是 TRUE 的，即是我们要的结果。

```
> my.index2 <- mypopu.states$Name %in% myincome.states$Name
> my.index2
 [1]  TRUE FALSE  TRUE FALSE FALSE FALSE  TRUE FALSE FALSE FALSE
[11] FALSE FALSE
>
```

经以上实例后，对 %in% 符号更完整的解释应该是，当第一个对象在第二个对象内找到符合条件的值时，则传回 TRUE，否则传回 FALSE。上述实例同时验证传回向量的长度是 12，这符合第一个对象的长度。下列是正式列出符合条件的结果。

实例 ch15_48：抽取出 mypopu.states 中人口数多于 500 万，同时月均收入超过 5000 美元的州数据。

```
> mypopu.states[my.index2, ]
          Name Population
5   California      21198
13    Illinois      11197
30  New Jersey       7333
>
```

15-8-8　match（）函数结果的调整

match（）函数返回的结果是一个向量，其实也可以使用 "!is.na（）" 函数，将它调整为逻辑向量。

实例 ch15_49：修改实例 ch15_45，将返回结果调整为逻辑向量。

```
> my.index <- match(mypopu.states$Name, myincome.states$Name)
> my.index3 <- !is.na(my.index)
```

下列是 my.index3 索引向量的内容。

```
> my.index3
 [1]  TRUE FALSE  TRUE FALSE FALSE FALSE  TRUE FALSE FALSE FALSE
[11] FALSE FALSE
>
```

实例 ch15_50：使用实例 ch15_49 的执行结果，提取出 mypopu.states 中人口数多于 500 万，同时月均收入超过 5000 美元的州数据。

```
> mypopu.states[my.index3, ]
          Name Population
5   California      21198
13    Illinois      11197
30  New Jersey       7333
>
```

15-9　数据的排序

在第 4 章的 4-2 节笔者曾介绍 sort（）函数具有给向量排序的功能，本节将针对有关的排序知识作一个完整的说明。

15-9-1　之前的准备工作

为了方便解说，我们将使用之前多次使用的 R 语言系统内建的数据集 state.x77 和 state.region（这是美国各州所属区域的数据集）做解说。

实例 ch15_51：将 state.region 对象和 state.x77 对象组合成数据框。

```
> mystate.info <- data.frame(Region = state.region, state.x77)
> head(mystate.info)          #列出前6个行数据
           Region Population Income Illiteracy Life.Exp Murder HS.Grad Frost   Area
Alabama    South        3615   3624        2.1    69.05   15.1    41.3    20  50708
Alaska     West          365   6315        1.5    69.31   11.3    66.7   152 566432
Arizona    West         2212   4530        1.8    70.55    7.8    58.1    15 113417
Arkansas   South        2110   3378        1.9    70.66   10.1    39.9    65  51945
California West        21198   5114        1.1    71.71   10.3    62.6    20 156361
Colorado   West         2541   4884        0.7    72.06    6.8    63.9   166 103766
>
```

目前上述 mystate.info 数据框对象是用州名的英文首字母排序。为了能完整表达 Region 字段，可以包括所有 4 区的数据，笔者将取 mystate.info 对象的前 15 个行数据。

实例 ch15_52：取得前一节实例所建 mystate.info 数据框对象的前 15 个行数据。

```
> state.info <- mystate.info[1:15, ]
> state.info
                 Region Population Income Illiteracy Life.Exp Murder HS.Grad Frost   Area
Alabama          South        3615   3624        2.1    69.05   15.1    41.3    20  50708
Alaska           West          365   6315        1.5    69.31   11.3    66.7   152 566432
Arizona          West         2212   4530        1.8    70.55    7.8    58.1    15 113417
Arkansas         South        2110   3378        1.9    70.66   10.1    39.9    65  51945
California       West        21198   5114        1.1    71.71   10.3    62.6    20 156361
Colorado         West         2541   4884        0.7    72.06    6.8    63.9   166 103766
Connecticut      Northeast    3100   5348        1.1    72.48    3.1    56.0   139   4862
Delaware         South         579   4809        0.9    70.06    6.2    54.6   103   1982
Florida          South        8277   4815        1.3    70.66   10.7    52.6    11  54090
Georgia          South        4931   4091        2.0    68.54   13.9    40.6    60  58073
Hawaii           West          868   4963        1.9    73.60    6.2    61.9     0   6425
Idaho            West          813   4119        0.6    71.87    5.3    59.5   126  82677
Illinois         North Central 11197  5107        0.9    70.14   10.3    52.6   127  55748
Indiana          North Central  5313  4458        0.7    70.88    7.1    52.9   122  36097
Iowa             North Central  2861  4628        0.5    72.56    2.3    59.0   140  55941
>
```

本章 15-9 节中其他小节的实例将以上述所建的 state.info 数据框为例作说明。

15-9-2　向量的排序

笔者在第 4 章 4-2 节的实例 ch4_27 和 4-9-3 节的实例 ch4_85 已介绍过向量的排序，本节将举不同实例解说。其实对前一小节所建的数据框而言，每个字段均是一个向量，所以我们可用下列方式排序。

实例 ch15_53：升序，依照收入将 state.info 对象的 Income 字段的数据由小排到大。

```
> sort(state.info$Income)
 [1] 3378 3624 4091 4119 4458 4530 4628 4809 4815 4884 4963 5107 5114 5348 6315
>
```

实例 ch15_54：递减排序，依照收入将 state.info 对象的 Income 字段的数据由大排到小。

```
> sort(state.info$Income, decreasing = TRUE)
 [1] 6315 5348 5114 5107 4963 4884 4815 4809 4628 4530 4458 4119 4091 3624 3378
>
```

15-9-3 order（）函数

order（）也是一个排序函数，这个函数将返回排序后向量的每一个元素在原向量中的位置（索引值）。

实例 ch15_55：使用 order（）函数取代 sort（）函数，重新执行实例 ch15_53 的升序排列，以便了解 order（）函数的意义。

```
> order(state.info$Income)
 [1]  4  1 10 12 14  3 15  8  9  6 11 13  5  7  2
>
```

上述执行结果在 order（）函数的升序排列过程中的意义如下所示。

向量的第 1 个位置应放原向量的第 4 个数据。

向量的第 2 个位置应放原向量的第 1 个数据。

向量的第 3 个位置应放原向量的第 10 个数据。

……

其他依此类推，下一小节将配合数据框作一个完整说明。这个函数的默认情况和 sort（）函数相同，有一个参数默认是 "decreasing = FALSE"，表示是执行升序排列，如果想执行递减排序需增加参数 "decreasing = TRUE"。

实例 ch15_56：使用 order（）函数取代 sort（）函数，重新执行实例 ch15_54 的递减排序，以便了解 order（）函数的意义。

```
> order(state.info$Income, decreasing = TRUE)
 [1]  2  7  5 13 11  6  9  8 15  3 14 12 10  1  4
>
```

上述执行结果在 order（）函数的递减排序过程中的意义如下所示。

向量的第 1 个位置应放原向量的第 2 个数据。

向量的第 2 个位置应放原向量的第 7 个数据。

向量的第 3 个位置应放原向量的第 5 个数据。

……

其他依此类推，如果讲解至此对 order（）函数的返回结果仍不太明白，没关系，下一小节笔者将配合数据框作一个完整说明。

15-9-4 数据框的排序

其实如果将 order（）函数返回结果的向量放在原 state.info 数据框对象当作索引向量，那么前一小节的意义将变得很清楚。

实例 ch15_57：对 state.info 数据框依据 Income 字段执行升序排列。

```
> inc.order <- order(state.info$Income)
> state.info[inc.order, ]
```

	Region	Population	Income	Illiteracy	Life.Exp	Murder	HS.Grad	Frost	Area
Arkansas	South	2110	3378	1.9	70.66	10.1	39.9	65	51945
Alabama	South	3615	3624	2.1	69.05	15.1	41.3	20	50708
Georgia	South	4931	4091	2.0	68.54	13.9	40.6	60	58073
Idaho	West	813	4119	0.6	71.87	5.3	59.5	126	82677
Indiana	North Central	5313	4458	0.7	70.88	7.1	52.9	122	36097
Arizona	West	2212	4530	1.8	70.55	7.8	58.1	15	113417
Iowa	North Central	2861	4628	0.5	72.56	2.3	59.0	140	55941
Delaware	South	579	4809	0.9	70.06	6.2	54.6	103	1982
Florida	South	8277	4815	1.3	70.66	10.7	52.6	11	54090
Colorado	West	2541	4884	0.7	72.06	6.8	63.9	166	103766
Hawaii	West	868	4963	1.9	73.60	6.2	61.9	0	6425
Illinois	North Central	11197	5107	0.9	70.14	10.3	52.6	127	55748
California	West	21198	5114	1.1	71.71	10.3	62.6	20	156361
Connecticut	Northeast	3100	5348	1.1	72.48	3.1	56.0	139	4862
Alaska	West	365	6315	1.5	69.31	11.3	66.7	152	566432

```
>
```

由上述执行结果可以看到，整个数据框数据已依照 Income 字段执行升序排列了。

实例 ch15_58：对 state.info 数据框依据 Income 字段执行递减排序。

```
> dec.order <- order(state.info$Income, decreasing = TRUE)
> state.info[dec.order, ]
```

	Region	Population	Income	Illiteracy	Life.Exp	Murder	HS.Grad	Frost	Area
Alaska	West	365	6315	1.5	69.31	11.3	66.7	152	566432
Connecticut	Northeast	3100	5348	1.1	72.48	3.1	56.0	139	4862
California	West	21198	5114	1.1	71.71	10.3	62.6	20	156361
Illinois	North Central	11197	5107	0.9	70.14	10.3	52.6	127	55748
Hawaii	West	868	4963	1.9	73.60	6.2	61.9	0	6425
Colorado	West	2541	4884	0.7	72.06	6.8	63.9	166	103766
Florida	South	8277	4815	1.3	70.66	10.7	52.6	11	54090
Delaware	South	579	4809	0.9	70.06	6.2	54.6	103	1982
Iowa	North Central	2861	4628	0.5	72.56	2.3	59.0	140	55941
Arizona	West	2212	4530	1.8	70.55	7.8	58.1	15	113417
Indiana	North Central	5313	4458	0.7	70.88	7.1	52.9	122	36097
Idaho	West	813	4119	0.6	71.87	5.3	59.5	126	82677
Georgia	South	4931	4091	2.0	68.54	13.9	40.6	60	58073
Alabama	South	3615	3624	2.1	69.05	15.1	41.3	20	50708
Arkansas	South	2110	3378	1.9	70.66	10.1	39.9	65	51945

```
>
```

由上述执行结果可以看到，整个数据框数据已依照 Income 字段执行递减排序了。

15-9-5　排序时增加次要键值的排序

前一节的实例是建立在只有一个键值为基础的排序上，但是在真实的应用中，我们可能会面临当主要键值排序相同时，需要使用次要键值作为排序依据的情况，此时就要使用本节所介绍的方法。其实很简单只要在 order（）函数内，将欲作次要键值的域名当作第二参数即可，此时 order（）函数的使用格式如下所示。

　　order（主要键值，次要键值，…）

❑　"…" 表示可以有更多其他更次要的键值。

实例 ch15_59：以 state.info 数据框为例，将 Region 作为主要键值，Income 当作次要键值，执行升序排列。

```
> inc.order2 <- order(state.info$Region, state.info$Income)
> state.info[inc.order2, ]
                 Region Population Income Illiteracy Life.Exp Murder HS.Grad Frost    Area
Connecticut   Northeast       3100   5348        1.1    72.48    3.1    56.0   139    4862
Arkansas          South       2110   3378        1.9    70.66   10.1    39.9    65   51945
Alabama           South       3615   3624        2.1    69.05   15.1    41.3    20   50708
Georgia           South       4931   4091        2.0    68.54   13.9    40.6    60   58073
Delaware          South        579   4809        0.9    70.06    6.2    54.6   103    1982
Florida           South       8277   4815        1.3    70.66   10.7    52.6    11   54090
Indiana   North Central       5313   4458        0.7    70.88    7.1    52.9   122   36097
Iowa      North Central       2861   4628        0.5    72.56    2.3    59.0   140   55941
Illinois  North Central      11197   5107        0.9    70.14   10.3    52.6   127   55748
Idaho              West        813   4119        0.6    71.87    5.3    59.5   126   82677
Arizona            West       2212   4530        1.8    70.55    7.8    58.1    15  113417
Colorado           West       2541   4884        0.7    72.06    6.8    63.9   166  103766
Hawaii             West        868   4963        1.9    73.60    6.2    61.9     0    6425
California         West      21198   5114        1.1    71.71   10.3    62.6    20  156361
Alaska             West        365   6315        1.5    69.31   11.3    66.7   152  566432
>
```

 注　在上述字符串的排序结果中"South"在"Northeast"和"North Central"之间，好像是 R 语言系统的错误，如果使用相同字符串，用 Excel 执行升序排列，结果如右所示。

其实不是 R 的问题，因为 state.region 是一个因子，可参考下列说明。

```
> class(state.region)
[1] "factor"
>
```

如果输入 state.region 验证。

```
> state.region
 [1] South         West          West          South         West
 [6] West          Northeast     South         South         South
[11] West          West          North Central North Central North Central
[16] North Central South         South         Northeast     South
[21] Northeast     North Central North Central South         North Central
[26] West          North Central West          Northeast     Northeast
[31] West          Northeast     South         North Central North Central
[36] South         West          Northeast     Northeast     South
[41] North Central South         South         West          Northeast
[46] South         West          South         North Central West
Levels: Northeast South North Central West
>
```

由最后一行可以看到 Levels 的排序是如下所示。

Northeast　　South　　North Central　　　　　West

对因子而言 order（）函数的排序，相当于是执行 Levels 排序，所以在使用此功能时应该小心。

实例 ch15_60：以 state.info 数据框为例，将 Region 作为主要键值，Income 当作次要键值，执行递减排序。

```
> dec.order2 <- order(state.info$Region, state.info$Income, decreasing = TRUE)
> state.info[dec.order2, ]
              Region Population Income Illiteracy Life.Exp Murder HS.Grad Frost   Area
Alaska          West        365   6315        1.5    69.31   11.3    66.7   152 566432
California      West      21198   5114        1.1    71.71   10.3    62.6    20 156361
Hawaii          West        868   4963        1.9    73.60    6.2    61.9     0   6425
Colorado        West       2541   4884        0.7    72.06    6.8    63.9   166 103766
Arizona         West       2212   4530        1.8    70.55    7.8    58.1    15 113417
Idaho           West        813   4119        0.6    71.87    5.3    59.5   126  82677
Illinois  North Central   11197   5107        0.9    70.14   10.3    52.6   127  55748
Iowa      North Central    2861   4628        0.5    72.56    2.3    59.0   140  55941
Indiana   North Central    5313   4458        0.7    70.88    7.1    52.9   122  36097
Florida        South       8277   4815        1.3    70.66   10.7    52.6    11  54090
Delaware       South        579   4809        0.9    70.06    6.2    54.6   103   1982
Georgia        South       4931   4091        2.0    68.54   13.9    40.6    60  58073
Alabama        South       3615   3624        2.1    69.05   15.1    41.3    20  50708
Arkansas       South       2110   3378        1.9    70.66   10.1    39.9    65  51945
Connecticut  Northeast     3100   5348        1.1    72.48    3.1    56.0   139   4862
>
```

15-9-6　混合排序与 xtfrm（）函数

有时候我们可能会想要将部分字段在排序时使用升序排列，部分字段使用递减排序，此时可以使用 xtfrm（）函数。这个函数可以将原向量转成数值向量，当你想要以不同方式排序时，只要在 xtfrm（）函数前加上减号（"-"）即可。

实例 ch15_61：混合排序的应用，以 state.info 数据框为例，将 Region 作为主要键值执行升序排列，Income 当作次要键值执行递减排序。

```
> mix.order <- order(state.info$Region, -xtfrm(state.info$Income))
> state.info[mix.order, ]
              Region Population Income Illiteracy Life.Exp Murder HS.Grad Frost   Area
Connecticut  Northeast     3100   5348        1.1    72.48    3.1    56.0   139   4862
Florida        South       8277   4815        1.3    70.66   10.7    52.6    11  54090
Delaware       South        579   4809        0.9    70.06    6.2    54.6   103   1982
Georgia        South       4931   4091        2.0    68.54   13.9    40.6    60  58073
Alabama        South       3615   3624        2.1    69.05   15.1    41.3    20  50708
Arkansas       South       2110   3378        1.9    70.66   10.1    39.9    65  51945
Illinois  North Central   11197   5107        0.9    70.14   10.3    52.6   127  55748
Iowa      North Central    2861   4628        0.5    72.56    2.3    59.0   140  55941
Indiana   North Central    5313   4458        0.7    70.88    7.1    52.9   122  36097
Alaska          West        365   6315        1.5    69.31   11.3    66.7   152 566432
California      West      21198   5114        1.1    71.71   10.3    62.6    20 156361
Hawaii          West        868   4963        1.9    73.60    6.2    61.9     0   6425
Colorado        West       2541   4884        0.7    72.06    6.8    63.9   166 103766
Arizona         West       2212   4530        1.8    70.55    7.8    58.1    15 113417
Idaho           West        813   4119        0.6    71.87    5.3    59.5   126  82677
>
```

请读者比较上述实例与实例 ch15_59，特别是 Income 字段，即可了解混合排序的意义。

15-10 系统内建数据集 mtcars

mtcars 数据集是各种汽车发动机数据，可用 str() 函数了解其结构。

```
> str(mtcars)
'data.frame':   32 obs. of  11 variables:
 $ mpg : num  21 21 22.8 21.4 18.7 18.1 14.3 24.4 22.8 19.2 ...
 $ cyl : num  6 6 4 6 8 6 8 4 4 6 ...
 $ disp: num  160 160 108 258 360 ...
 $ hp  : num  110 110 93 110 175 105 245 62 95 123 ...
 $ drat: num  3.9 3.9 3.85 3.08 3.15 2.76 3.21 3.69 3.92 3.92 ...
 $ wt  : num  2.62 2.88 2.32 3.21 3.44 ...
 $ qsec: num  16.5 17 18.6 19.4 17 ...
 $ vs  : num  0 0 1 1 0 1 0 1 1 1 ...
 $ am  : num  1 1 1 0 0 0 0 0 0 0 ...
 $ gear: num  4 4 4 3 3 3 3 4 4 4 ...
 $ carb: num  4 4 1 1 2 1 4 2 2 4 ...
>
```

下列是前 6 个记录。

```
> head(mtcars)
                   mpg cyl disp  hp drat    wt  qsec vs am gear carb
Mazda RX4         21.0   6  160 110 3.90 2.620 16.46  0  1    4    4
Mazda RX4 Wag     21.0   6  160 110 3.90 2.875 17.02  0  1    4    4
Datsun 710        22.8   4  108  93 3.85 2.320 18.61  1  1    4    1
Hornet 4 Drive    21.4   6  258 110 3.08 3.215 19.44  1  0    3    1
Hornet Sportabout 18.7   8  360 175 3.15 3.440 17.02  0  0    3    2
Valiant           18.1   6  225 105 2.76 3.460 20.22  1  0    3    1
>
```

上述数据集中有几个字段的意义如下所示。

❑ mpg：mile per gallon，表示每加仑汽油可行驶距离。

❑ cyl：汽缸数，有 4、6 和 8 等 3 种汽缸数。

❑ am："0" 表示自排，"1" 表示手排。

实例 ch15_62：由上述 mtcars 数据集，计算 4、6 和 8 等 3 种汽缸数，每加仑汽油平均可行驶的距离。

```
> with(mtcars, tapply(mpg, cyl, mean))
       4        6        8
26.66364 19.74286 15.10000
>
```

实例 ch15_63：计算自排和手排车，每加仑汽油平均可行驶的距离。

```
> with(mtcars, tapply(mpg, am, mean))
       0        1
17.14737 24.39231
>
```

如果我们想将上述返回结果的"0"改成"自排","1"改成"手排",可参考下列实例。

实例 ch15_64.R:重新执行实例 ch15_63,但将执行结果的"0"改成"自排","1"改成"手排"。

```
1   #
2   # 实例ch15_64.R
3   #
4   ch15_64 <- function( )
5   {
6     mycar <- within(mtcars,
7           am <- factor(am, levels = 0:1,

8                             labels = c("Auto", "Manual")))
9     x <- with(mycar, tapply(mpg, am, mean))
10    print(x)
11  }
```

[执行结果]

```
> source('~/Rbook/ch15/ch15_64.R')
> ch15_64( )
      Auto    Manual
17.14737 24.39231
>
```

上述实例的第 6 行至第 8 行实际是一条代码,主要功能是将原数据集 mtcars 的 am 字段改成因子,为了不影响原系统内建数据集 mtcars 的内容,因此将结果设定为新的对象 mycar。

实例 ch15_65.R:以 mtcars 数据集为例,计算在各种自排或手排以及各种汽缸数下,每加仑汽油平均可行驶的距离。

```
1   #
2   # 实例ch15_65.R
3   #
4   ch15_65 <- function( )
5   {
6     mycar <- within(mtcars,
7           am <- factor(am, levels = 0:1,
8                        labels = c("Auto", "Manual")))
9     x <- with(mycar, tapply(mpg, list(cyl, am), mean))
10    print(x)
11  }
```

[执行结果]

```
> source('~/Rbook/ch15/ch15_65.R')
> ch15_65( )
    Auto    Manual
4 22.900 28.07500
6 19.125 20.56667
8 15.050 15.40000
>
```

15-11　aggregate（）函数

15-11-1　基本使用

aggregate（）函数的使用格式与 tapply（）函数类似，但是 tapply（）函数可以返回串行（List），aggregate（）函数则传回向量（Vector）、矩阵（Matrix）或三维或多维数组（Array），它的使用格式如下所示。

aggregate（x, by, FUN, …）

❑ x：要处理的对象，通常是向量（Vector）变量，也可是其他数据型态。

❑ by：一个或多个串行（List）变量。

❑ FUN：预计使用的函数。

❑ …：FUN 函数所需的额外参数。

实例 ch15_66.R：以 aggregate（）函数重新设计实例 ch15_65.R。

```
1   #
2   # 实例ch15_66.R
3   #
4   ch15_66 <- function( )
5 - {
6     mycar <- within(mtcars,
7           am <- factor(am, levels = 0:1,
8                     labels = c("Auto", "Manual")))
9     x <- with(mycar, aggregate(mpg,
10              list(cyl=cyl, am=am), mean))
11    print(x)
12 }
```

[执行结果]

```
> source('~/Rbook/ch15/ch15_66.R')
> ch15_66( )
  cyl     am        x
1   4   Auto 22.90000
2   6   Auto 19.12500
3   8   Auto 15.05000
4   4 Manual 28.07500
5   6 Manual 20.56667
6   8 Manual 15.40000
>
```

15-11-2　公式符号 Formula Notation

本节的重点公式符号（Formula Notation）指的是统计学的符号，下列是一些基本的公式符号的用法。

1）y ~ a：y 是 a 的函数。

2）y ~ a + b：y 是 a 和 b 的函数。

3）y ~ a – b：y 是 a 的函数但排除 b。

实例 ch15_67.R：以公式符号的观念重新设计实例 ch15_66.R。

```
1   #
2   # 实例ch15_67.R
3   #
4   ch15_67 <- function( )
5   {
6     mycar <- within(mtcars,
7            am <- factor(am, levels = 0:1,
8                       labels = c("Auto", "Manual")))
9     x <- aggregate(mpg ~ cyl + am, data = mycar, mean)
10    print(x)
11  }
```

[执行结果]

```
> source('~/Rbook/ch15/ch15_67.R')
> ch15_67( )
  cyl    am      mpg
1   4   Auto 22.90000
2   6   Auto 19.12500
3   8   Auto 15.05000
4   4 Manual 28.07500
5   6 Manual 20.56667
6   8 Manual 15.40000
>
```

上述程序的第 9 行，"mpg~cyl+am" 表示 mpg 是 cyl 和 am 的函数。另外，在 aggregate（）函数内需增加 "data = mycar"，如此，aggregate（）函数才了解是处理 mycar 对象。

15-12 建立与认识数据表格

在正式介绍本节内容前，笔者想先建立一个数据框（Data Frame）。

实例 ch15_68：建立一个篮球比赛数据的数据框。

```
> game <- c("G1", "G2", "G3", "G4", "G5")        #比赛场次
> site <- c("Memphis", "Oxford", "Lexington", "Oxford", "Lexington") #比赛地点
> Lin <- c(15, 6, 26, 22, 18)                    #Lin各场次得分
> Jordon <- c(18, 32, 21, 25, 12)                #Jordon各场次得分
> Peter <- c(10, 6, 22, 9, 12)                   #Peter各场次得分
> balls <- data.frame(game, site, Lin, Jordon, Peter)
> balls
```

```
  game       site Lin Jordon Peter
1   G1    Memphis  15     18    10
2   G2     Oxford   6     32     6
3   G3  Lexington  26     21    22
4   G4     Oxford  22     25     9
5   G5  Lexington  18     12    12
>
```

上述是 Lin、Jordon 和 Peter 三位球员在各个球场的 5 场比赛得分。

15-12-1 认识长格式数据与宽格式数据

长格式（Long Format）和宽格式（Wide Format）基本上是指相同的数据使用不同方式所呈现的效果。若以上述所建的 balls 对象而言，字段数据分别叙述场次"game"、地点"site"、球员"Lin"、"Jordon"和"Peter"在不同球场各场次的得分，以这种数据格式呈现的数据表为宽格式数据表。

如果我们将同样的数据框以下列方式表达，则称长格式数据表。

```
   game       site variable value
1    G1    Memphis      Lin    15
2    G2     Oxford      Lin     6
3    G3  Lexington      Lin    26
4    G4     Oxford      Lin    22
5    G5  Lexington      Lin    18
6    G1    Memphis   Jordon    18
7    G2     Oxford   Jordon    32
8    G3  Lexington   Jordon    21
9    G4     Oxford   Jordon    25
10   G5  Lexington   Jordon    12
11   G1    Memphis    Peter    10
12   G2     Oxford    Peter     6
13   G3  Lexington    Peter    22
14   G4     Oxford    Peter     9
15   G5  Lexington    Peter    12
```

若将长格式数据与宽格式数据作比较，可以发现原字段"Lin"、"Jordon"和"Peter"没有了，取而代之的是"variable"字段和"value"字段。"variable"字段内含各球员数据，"value"字段则是得分数据。当然，我们可以更改"variable"和"value"名称，15-2-3 节会介绍。

15-12-2 reshapes2 扩展包

reshapes2 扩展包是 Hadley Wickham 先生所开发的，主要功能是可以很简单地让你执行长格式（Long Format）和宽格式（Wide Format）数据的转换。可以使用下列方式下载并安装。

```
> install.packages("reshape2")          #安装
also installing the dependencies 'plyr', 'Rcpp'

尝试 URL 'http://cran.rstudio.com/bin/macosx/contrib/3.2/plyr_1.8.3.tgz'
Content type 'application/x-gzip' length 786129 bytes (767 KB)
==================================================
downloaded 767 KB

尝试 URL 'http://cran.rstudio.com/bin/macosx/contrib/3.2/Rcpp_0.12.0.tgz'
Content type 'application/x-gzip' length 2591089 bytes (2.5 MB)
==================================================
downloaded 2.5 MB

尝试 URL 'http://cran.rstudio.com/bin/macosx/contrib/3.2/reshape2_1.4.1.tgz'
Content type 'application/x-gzip' length 191395 bytes (186 KB)
==================================================
downloaded 186 KB


The downloaded binary packages are in

/var/folders/4y/blg8hggj1qj_4qfvnrctdp240000gn/T//Rtmp1VBKyI/downloaded_packages
>
```

可以使用下列方式加载。

```
> library("reshape2")                    #下载
>
```

15-12-3　将宽格式数据转成长格式数据 melt () 函数

在 reshape2 扩展包中，将宽格式数据转成长格式数据被称为融化（Melt），reshape2 函数提供了 melt () 函数可以执行此任务，这个函数的基本使用格式如下所示。

melt（data, …, id.vars= "id.var"，variable.name = "variable"，value.name= "value"）

❑ data：宽格式对象。

❑ id.vars：字段变量名称，如果省略，系统将自动抓取原宽格式的字段，一般也可满足需求。

❑ variable.name：设定 variable 字段变量的名称，默认是 "variable"。

❑ value.name：设定 value 字段变量的名称，默认是 "value"。

实例 ch15_69：将 balls 对象由宽格式转成长格式。

```
> lballs <- melt(balls)
Using game, site as id variables
>
```

上述提示显示系统自动使用 game 和 site 当作字段变量，其实我们可以将这个想成数据库的键值，下列是验证结果。

```
> lballs
   game      site variable value
1    G1   Memphis      Lin    15
2    G2    Oxford      Lin     6
3    G3 Lexington      Lin    26
4    G4    Oxford      Lin    22
5    G5 Lexington      Lin    18
6    G1   Memphis   Jordon    18
7    G2    Oxford   Jordon    32
8    G3 Lexington   Jordon    21
9    G4    Oxford   Jordon    25
10   G5 Lexington   Jordon    12
11   G1   Memphis    Peter    10
12   G2    Oxford    Peter     6
13   G3 Lexington    Peter    22
14   G4    Oxford    Peter     9
15   G5 Lexington    Peter    12
>
```

当然我们也可以明显地指出 id.var 具体的名称。

实例 ch15_70：将 balls 对象由宽格式转成长格式，本实例具体指出字段变量名称。

```
> lballs2 <- melt(balls, id.vars = c("game", "site"))
> lballs2
   game      site variable value
1    G1   Memphis      Lin    15
2    G2    Oxford      Lin     6
3    G3 Lexington      Lin    26
4    G4    Oxford      Lin    22
5    G5 Lexington      Lin    18
6    G1   Memphis   Jordon    18
7    G2    Oxford   Jordon    32
8    G3 Lexington   Jordon    21
9    G4    Oxford   Jordon    25
10   G5 Lexington   Jordon    12
11   G1   Memphis    Peter    10
12   G2    Oxford    Peter     6
13   G3 Lexington    Peter    22
14   G4    Oxford    Peter     9
15   G5 Lexington    Peter    12
>
```

上述字段名称"variable"和"value"均是默认的，下列实例将更改这个默认名称。

实例 ch15_71：重新设计实例 ch15_70，将 balls 对象由宽格式转成长格式，同时将"variable"字段名称改成"name"，将"value"改成"points"。

```
> lballs3 <- melt(balls, id.vars = c("game", "site"), variable.name =
"name", value.name = "points")
> lballs3
   game      site name points
1    G1   Memphis  Lin     15
2    G2    Oxford  Lin      6
```

```
 3    G3 Lexington    Lin    26
 4    G4    Oxford    Lin    22
 5    G5 Lexington    Lin    18
 6    G1  Memphis  Jordon    18
 7    G2    Oxford  Jordon    32
 8    G3 Lexington  Jordon    21
 9    G4    Oxford  Jordon    25
10    G5 Lexington  Jordon    12
11    G1  Memphis   Peter    10
12    G2    Oxford   Peter     6
13    G3 Lexington   Peter    22
14    G4    Oxford   Peter     9
15    G5 Lexington   Peter    12
>
```

15-12-4　将长格式数据转成宽格式数据 dcast（）函数

在 reshape2 扩展包中，将长格式数据转成宽格式数据被称为重铸（Cast），reshape2 扩展包提供了 dcast（）函数可以执行此任务，这个函数是用于数据框（Data Frame）数据的，其使用格式如下所示。

dcast（data, formula, fun.aggregate = NULL, … ）

- data：长格式对象。

- formula：这个公式将指示如何重铸数据。

- fun.aggregate：利用公式执行数据重组时所使用的计算函数，常用的计算函数有 sum（）和 mean（）。

 注　reshape2 扩展包提供了 acast（）函数，适用于三维或多维数组（array）数据，将长格式转换成宽格式。

实例 ch15_72：将实例 ch15_69 所建的长格式 lballs 对象，重铸为 balls 宽格式对象。

```
> dcast(lballs, game + site ~ variable, sum)
  game      site Lin Jordon Peter
1   G1   Memphis  15     18    10
2   G2    Oxford   6     32     6
3   G3 Lexington  26     21    22
4   G4    Oxford  22     25     9
5   G5 Lexington  18     12    12
>
```

由上述执行结果可以看到，我们还原了原先的宽格式对象 balls 的内容了。在上述 dcast（）函数中，第 2 个参数 "game + site ~ variable"，实际是一个公式（Formula）。

"game" 和 "site" 是字段变量，在 lballs 对象的 "variable" 字段内的各个名字，将成为宽格式的字段。

实例 ch15_73：将实例 ch15_71 所建的长格式 lballs3 对象，重铸为 balls 宽格式对象。

```
> dcast(lballs3, game + site ~ name, sum)
Using points as value column: use value.var to override.
  game      site Lin Jordon Peter
1   G1   Memphis  15     18    10
2   G2    Oxford   6     32     6
3   G3 Lexington  26     21    22
4   G4    Oxford  22     25     9
5   G5 Lexington  18     12    12
>
```

由于 lballs3 对象的第 3 个字段是 "name"，所以上述公式有一点差别，如下所示。

game + site ~ name

其实利用长格式对象的重铸过程，有时也可以得到一些特别的数据表，这些数据表类似于电子表格（Spreadsheet）的数据透视表（Pivot Table），R 语言程序设计师又将此工作称重塑（Reshape），下面将以实例解说。

实例 ch15_74：建立数据透视表，这个表着重列出球员在各场地得分的总计。

```
> dcast(lballs3, name ~ site, sum)
Using points as value column: use value.var to override.
    name Lexington Memphis Oxford
1    Lin        44      15     28
2 Jordon        33      18     57
3  Peter        34      10     15
>
```

实例 ch15_75：建立数据透视表，这个表着重列出球员在各场地的平均得分。

```
> dcast(lballs3, name ~ site, mean)
Using points as value column: use value.var to override.
    name Lexington Memphis Oxford
1    Lin      22.0      15   14.0
2 Jordon      16.5      18   28.5
3  Peter      17.0      10    7.5
>
```

实例 ch15_76：建立数据透视表，这个表着重列出球员在各场地的平均得分，和前一个实例不同的是字段名称和行名称对调，相当于转置矩阵的效果。

```
> dcast(lballs3, site ~ name, mean)
Using points as value column: use value.var to override.
       site Lin Jordon Peter
1 Lexington  22   16.5  17.0
2   Memphis  15   18.0  10.0
3    Oxford  14   28.5   7.5
>
```

由上述一系列实例可知，基本上所建的数据透视表的变量字段是由 "+" 连接的，而每个维度是用 "~" 隔开的，如果有两个或更多个 "~" 符号出现在公式，则表示所处理的数据是三维或多维数组（Array）。

实例 ch15_77：建立数据透视表，这个表着重列出球员在所有场地以及所有场次的得分。

```
> dcast(lballs3, site + name ~ game, sum)
Using points as value column: use value.var to override.
       site     name G1 G2 G3 G4 G5
1 Lexington     Lin  0  0 26  0 18
2 Lexington  Jordon  0  0 21  0 12
3 Lexington   Peter  0  0 22  0 12
4   Memphis     Lin 15  0  0  0  0
5   Memphis  Jordon 18  0  0  0  0
6   Memphis   Peter 10  0  0  0  0
7    Oxford     Lin  0  6  0 22  0
8    Oxford  Jordon  0 32  0 25  0
9    Oxford   Peter  0  6  0  9  0
>
```

上述执行结果列出了所有场次与所有场地对应关系的矩阵，上述会有数据为 0，是因为相对应的场次不在该球场比赛，所以数据填 0。

本章习题

一、判断题

( ) 1. 使用 sample ( ) 函数执行随机抽样时，参数 replace 如果是 TRUE，则代表抽完一个样本这个样本需放回去，供下次抽取。

( ) 2. seed ( ) 函数的参数可以是一个数字，当设定种子值后，在相同种子值后面的 sample ( ) 所产生的随机数序列将相同。

( ) 3. 如果在取样时，希望某些样本有较高的概率被抽中，可更改比重（Weights）。下列命令将造成，"1"出现的概率最高。

```
> sample(1:6, 12, replace = TRUE, c(3, 1, 1, 1, 2, 4))
```

( ) 4. 下列命令是抽取 islands 对象中，排除索引为 21 至 48 的数据。

```
> islands[-(21:48)]
```

( ) 5. iris 对象是一个数据框数据，如下所示。

```
> str(iris)
'data.frame':    150 obs. of  5 variables:
 $ Sepal.Length: num  5.1 4.9 4.7 4.6 5 5.4 4.6 5 4.4 4.9 ...
 $ Sepal.Width : num  3.5 3 3.2 3.1 3.6 3.9 3.4 3.4 2.9 3.1 ...
 $ Petal.Length: num  1.4 1.4 1.3 1.5 1.4 1.7 1.4 1.5 1.4 1.5 ...
 $ Petal.Width : num  0.2 0.2 0.2 0.2 0.2 0.4 0.3 0.2 0.2 0.1 ...
 $ Species     : Factor w/ 3 levels "setosa","versicolor",..: 1 1
1 1 1 1 1 1 1 ...
```

使用下列方式抽取数据时，将造成 x 对象是向量数据。

```
> x <- iris[, "Petal.Length", drop = FALSE]
```

( ) 6. identical ( ) 这个函数的基本作用是测试 2 个对象是否完全相同，如果完全相同将返回 TRUE，否则返回 FALSE。

( ) 7. with ( ) 在字段运算时可以省略对象名称和" $ "符号，另外，此函数用于字段运算时，可将运算结果放在相同对象的新建字段中。

( ) 8. 假设用如下方式调用 merge ( ) 函数。

```
> merge(A, B)
```

由上述命令可判断它是交集（AND）的合并。

( ) 9. 假设用如下方式调用 merge ( ) 函数。

```
> merge(A, B, all = TRUE)
```

由上述命令可判断它是并集（OR）的合并。

（ ）10. 有时候我们可能会想要将部分字段在排序时使用升序排列，部分字段使用递减排序，此时可以使用 xtfrm () 函数。

（ ）11. 有一如下数据。

```
     game         site variable value
1      G1      Memphis      Lin    15
2      G2       Oxford      Lin     6
3      G3    Lexington      Lin    26
4      G4       Oxford      Lin    22
5      G5    Lexington      Lin    18
6      G1      Memphis   Jordon    18
7      G2       Oxford   Jordon    32
8      G3    Lexington   Jordon    21
9      G4       Oxford   Jordon    25
10     G5    Lexington   Jordon    12
11     G1      Memphis    Peter    10
12     G2       Oxford    Peter     6
13     G3    Lexington    Peter    22
14     G4       Oxford    Peter     9
15     G5    Lexington    Peter    12
```

通常我们将上述数据的表达方式，称为长格式（Long Format）数据表。

二、单选题

（ ）1. %in% 的功能类似于以下哪一个函数？

A. within ()   B. identical ()   C. match ()   D. merge ()

（ ）2. 以下哪一个函数将返回原对象的每一个元素在所排序列中的位置（索引值）？

A. order ()   B. sort ()   C. rev ()   D. rank ()

（ ）3. 下列哪一个 sample () 函数在设计时，将出现 5 的比重设计得最高？

A. `> sample(1:6, 12, replace = TRUE, c(6, 1, 1, 1, 2, 4))`

B. `> sample(1:6, 12)`

C. `> sample(1:6, 12, replace = TRUE)`

D. `> sample(1:6, 12, replace = TRUE, c(1, 2, 3, 4, 5, 1))`

（ ）4. 有如下命令，其执行结果为何？

`> duplicated(c(1, 1, 1, 2, 2))`

A. `[1] FALSE  TRUE  TRUE FALSE  TRUE`

B. `[1] FALSE  TRUE FALSE  TRUE  TRUE`

C. `[1] FALSE FALSE  TRUE  TRUE  TRUE`

D. `[1] FALSE FALSE  TRUE  TRUE  TRUE`

（ ）5. 有如下命令，其执行结果为何？

`> which(duplicated(c(1, 1, 1, 2, 2)))`

A. **[1]** 3 4 5   B. **[1]** 3 4   C. **[1]** 2 3 5   D. **[1]** 2 4

( ) 6. 下列哪一个函数可以将数据等量切割？

     A. cut ()   B. melt ()   C. decast ()   D. table ()

( ) 7. 使用 merge () 函数时若加以下哪个参数，则代表所有 x 对象数据均在这个合并结果内，在合并结果中原属于 y 对象的字段，原字段不存在的数据将以 NA 值填充？

     A. all.x = FALSE   B. all.y = FALSE

     C. all.x = TRUE   D. all.y = TRUE

( ) 8. 将宽格式（Wide Format）数据转成长格式（Long Format）数据称融化，可以使用以下哪一个函数？

     A. match ()   B. melt ()   C. dcast ()   D. aggregate ()

三、多选题

( ) 1. 有一个 iris 对象，其前 6 个行数据如下所示，下列哪些程序片段可以删除重复数据，并将结果存在 x 对象中？（选择两项）

```
> head(iris)
  Sepal.Length Sepal.Width Petal.Length Petal.Width Species
1          5.1         3.5          1.4         0.2 setosa
2          4.9         3.0          1.4         0.2 setosa
3          4.7         3.2          1.3         0.2 setosa
4          4.6         3.1          1.5         0.2 setosa
5          5.0         3.6          1.4         0.2 setosa
6          5.4         3.9          1.7         0.4 setosa
```

A.
```
> i <- which(duplicated(iris))
> x <- iris[-i, ]
```

B.
```
> i <- which(duplicated(iris))
> x <- i[-iris, ]
```

C.
```
> x <- iris[duplicated(iris), ]
```

D.
```
> x <- iris[!duplicated(iris), ]
```

E.
```
> x <- iris[, !duplicated((iris))]
```

( ) 2. 有一个 airquality 对象，其前 6 个行数据如下所示，下列哪些程序片段可以删除含 NA 的数据，并将结果存在 x 对象中？（选择两项）

```
> head(airquality)
  Ozone Solar.R Wind Temp Month Day
1    41     190  7.4   67     5   1
2    36     118  8.0   72     5   2
3    12     149 12.6   74     5   3
```

```
4    18      313 11.5  62      5    4
5    NA       NA 14.3  56      5    5
6    28       NA 14.9  66      5    6
```

A. > x <- airquality[, complete.cases(airquality)]

B. > x <- airquality[complete.cases(airquality),]

C. > x <- na.omit(airquality)

D. > x <- airquality(na.omit)

E. > x <- na.omit(complete.cases(airquality))

四、实际操作题（如果题目有描述不周详时，请自行假设条件）

1. 请重新设计实例 ch13_1.R，利用 sample（）函数，在 10（含）和 100（含）间，自行产生 30 天动物的出现次数。

2. 请利用 R 语言，设计一个比大小的程序，程序执行初可先设定计算机赢的概率，其他接口与细节，可自由发挥。

3. 请设计骰子游戏，每次出现 3 组 1 ~ 6 间的数字，每次结束时询问是否再玩一次。

4. 请计算 iris 对象花瓣以及花萼 length / width 的平均值。

5. 请将 islands 对象按面积大小分成 10 等份。

6. 重新设计实例 ch15_42.R，合并符合人口数少于 500 万人的州并且月收入少于 5000 美元的州。

7. 重新设计实例 ch15_43.R，合并只要符合人口数少于 500 万人的州和月收入少于 5000 美元的州其中一个条件的州。

8. 请参考本章 15-10 节，计算不同汽缸数车辆的平均马力（hp, horse power）。

9. 请参考本章 15-12 节，自行建立班上 5 位篮球队员主力，到各处比赛的数据，可自行建立比赛场地以及得分数据，请制作长格式数据与宽格式数据，同时建立下列数据透视表。

（1）参考实例 ch15_74，建立数据透视表，这个表着重列出球员在各场地的得分总计。

（2）参考实例 ch15_77，建立数据透视表，这个表着重列出球员在所有场地以及所有场次的得分。

16

数据汇总与简单图表制作

16-1 之前的准备工作

16-2 了解数据的唯一值

16-3 基础统计知识与 R 语言

16-4 使用基本图表认识数据

16-5 认识数据汇总函数 summary ()

16-6 绘制箱形图

16-7 数据的相关性分析

16-8 使用表格进行数据分析

之前的 15 章, 笔者完整地介绍了 R 语言的知识, 接下来的章节笔者将介绍如何使用 R 语言制作简单的图表, 以及执行有关统计方面的基本应用。

16-1 之前的准备工作

本章笔者将使用几个 R 语言系统内建的函数, 或扩展包的数据解说。

16-1-1 下载 MASS 扩展包与 crabs 对象

本节笔者将介绍 crabs 对象, 这个对象是在 MASS 扩展包内, 可以使用下列命令安装和加载。

install.packages("MASS")

library(MASS)

crabs 数据框是澳洲收集的公、母(参杂蓝、橘 2 色)各 100 只螃蟹共计 200 只的测量数据, 下列是其数据框内容。

```
> str(crabs)
'data.frame':   200 obs. of  8 variables:
 $ sp   : Factor w/ 2 levels "B","O": 1 1 1 1 1 1 1 1 1 1 ...
 $ sex  : Factor w/ 2 levels "F","M": 2 2 2 2 2 2 2 2 2 2 ...
 $ index: int  1 2 3 4 5 6 7 8 9 10 ...
 $ FL   : num  8.1 8.8 9.2 9.6 9.8 10.8 11.1 11.6 11.8 11.8 ...
 $ RW   : num  6.7 7.7 7.8 7.9 8 9 9.9 9.1 9.6 10.5 ...
 $ CL   : num  16.1 18.1 19 20.1 20.3 23 23.8 24.5 24.2 25.2 ...
 $ CW   : num  19 20.8 22.4 23.1 23 26.5 27.1 28.4 27.8 29.3 ...
 $ BD   : num  7 7.4 7.7 8.2 8.2 9.8 9.8 10.4 9.7 10.3 ...
>
```

下列是前 6 个行数据的内容。

```
  sp sex index  FL  RW   CL   CW  BD
1  B   M     1 8.1 6.7 16.1 19.0 7.0
2  B   M     2 8.7 7.7 18.1 20.8 7.4
3  B   M     3 9.2 7.8 19.0 22.4 7.7
4  B   M     4 9.6 7.9 20.1 23.1 8.2
5  B   M     5 9.8 8.0 20.3 23.0 8.2
6  B   M     6 10.8 9.0 23.0 26.5 9.8
>
```

其中 sex 字段是公母, CL 是螃蟹甲壳长度, CW 是螃蟹甲壳宽度。

16-1-2 准备与调整系统内建 state 相关对象

在真实的大数据数据库中, 所有数据均是储存在一份大文件内, 坦白说原始数据笔者看了也是头痛, 通常这类的文件须经过多次处理才可以成为我们所要的文件, 本小节所介绍的处理文件的方式其实只是小小的一部分工作。在之前章节中, 我们已经多次使用 state.x77 和 state.region 数据集了, 本小节我们将把它们转换成我们想要的文件。

实例 ch16_1：建立一个向量 state.popu，这个向量包含 state.x77 内的 Population 字段（在第 1 个字段），建好后删除向量元素的名称。

```
> state.popu <- state.x77[, 1]          #取得人口数数据
> head(state.popu)                       #验证人口数数据
   Alabama     Alaska    Arizona   Arkansas California   Colorado
      3615        365       2212       2110      21198       2541
> names(state.popu) <- NULL              #删除向量元素名称
> head(state.popu)                       #验证结果
[1]  3615   365  2212  2110 21198  2541
>
```

上述向量建立好后，接下来将建立数据框数据。

实例 ch16_2：建立一个数据框 stateUSA，这个数据框包含以下 4 个向量。

state.name：美国各州州名（系统内建）。

state.popu：美国各州人口数（前一实例所建）。

state.area：美国各州面积（系统内建）。

state.region：美国各州所属区域（系统内建）。

```
> stateUSA <- data.frame(state.name, state.popu, state.area, state.region)
> head(stateUSA)
  state.name state.popu state.area state.region
1    Alabama       3615      51609        South
2     Alaska        365     589757         West
3    Arizona       2212     113909         West
4   Arkansas       2110      53104        South
5 California      21198     158693         West
6   Colorado       2541     104247         West
>
```

上述字段名有点长，下列实例将予以简化。

实例 ch16_3：将 stateUSA 数据框的字段名分别简化为，"name""popu""area"和"region"。

```
> names(stateUSA) <- c("name", "popu", "area", "region")
> head(stateUSA)                        #验证结果
        name  popu   area region
1    Alabama  3615  51609  South
2     Alaska   365 589757   West
3    Arizona  2212 113909   West
4   Arkansas  2110  53104  South
5 California 21198 158693   West
6   Colorado  2541 104247   West
> str(stateUSA)
'data.frame':    50 obs. of  4 variables:
 $ name  : Factor w/ 50 levels "Alabama","Alaska",..: 1 2 3 4 5 6 7 8 9 10 ...
 $ popu  : num  3615 365 2212 2110 21198 ...
 $ area  : num  51609 589757 113909 53104 158693 ...
 $ region: Factor w/ 4 levels "Northeast","South",..: 2 4 4 2 4 4 1 2 2 2 ...
>
```

16-1-3 准备 mtcars 对象

前一章已介绍过 mtcars 数据集是各种汽车发动机的数据集了，在继续下一节内容前，笔者将依据上述数据建立一个新的数据框对象。

实例 ch16_4：建立 mycar 对象，这个对象包含原 mtcars 对象的 4 个字段，第 1 个字段是每加仑汽油可行驶的距离（mpg 单位是英里，这是原对象的第 1 个字段），第 2 个字段是汽缸数（cyl，这是原对象的第 2 个字段），第 3 个字段是自排或手排（am，0 表示自排，1 表示手排，这是原对象的第 9 个字段），第 4 个字段是挡位数（gear，这是原对象的第 10 个字段）。

```
> mycar <- mtcars[c(1, 2, 9, 10)]
> head(mycar)                           #验证
                   mpg cyl am gear
Mazda RX4          21.0  6  1    4
Mazda RX4 Wag      21.0  6  1    4
Datsun 710         22.8  4  1    4
Hornet 4 Drive     21.4  6  0    3
Hornet Sportabout  18.7  8  0    3
Valiant            18.1  6  0    3
>
```

由上述执行结果可知，我们已经成功地建立 mycar 对象了。

实例 ch16_5：将 mycar 对象的 am 字段的向量改成因子，同时以 0 表示自排，1 表示手排。

```
> mycar$am <- factor(mycar$am, labels = c("Auto", "Manual"))
> str(mycar)
'data.frame':   32 obs. of  4 variables:
 $ mpg : num  21 21 22.8 21.4 18.7 18.1 14.3 24.4 22.8 19.2 ...
 $ cyl : num  6 6 4 6 8 6 8 4 4 6 ...
 $ am  : Factor w/ 2 levels "Auto","Manual": 2 2 2 1 1 1 1 1 1 1 ...
 $ gear: num  4 4 4 3 3 3 3 4 4 4 ...
>
```

下列是查询验证前 6 个行数据的结果。

```
> head(mycar)
                   mpg cyl    am gear
Mazda RX4          21.0  6 Manual    4
Mazda RX4 Wag      21.0  6 Manual    4
Datsun 710         22.8  4 Manual    4
Hornet 4 Drive     21.4  6   Auto    3
Hornet Sportabout  18.7  8   Auto    3
Valiant            18.1  6   Auto    3
>
```

16-2 了解数据的唯一值

对于某些数据框的变量字段的数据元素而言，到底是以数值呈现还是以因子（Factor）呈现较佳,完全视所需要分析的数据类型而定,基本原则是若数据可以当作分类数据,则可以考虑改成因子。另外,也可以由数据的唯一值的计数判断,一般若是计数值少的字段也适合改成因子。要作这个分析之前,我们可以先了解数据框内每一个变量字段的数据元素的个数。

实例 ch16_6:了解 mycar 对象各字段数据唯一值的计数(counter)。

```
> sapply(mycar, function(x) length(unique(x)))
 mpg cyl  am gear
  25   3   2    3
>
```

由上述数据可知,尽管在实例 ch16_5 中笔者只将 am 字段改成了因子,但是 cyl 和 gear 字段其实也适合改成因子。例如,由上述数据我们可以直接求得自排(Auto)或手排(Manual)车的平均油耗(每加仑可跑多少距离)。若是我们将 cyl 字段改成因子,则可计算每种汽缸数的车的平均油耗(每加仑可跑多少距离)。若是我们将 gear 字段改成因子,则可计算每种汽车挡位数的车的平均油耗(每加仑可跑多少距离)。但若是将 mpg 字段改成因子,则看不出有多少意义。

16-3 基础统计知识与 R 语言

坦白说 R 语言的诞生,主要是供统计学者作资料分析之用,其实如果各位到书局或图书馆参考 R 语言书籍时应可发现这个事实,因为大多数的 R 语言书籍中真正介绍 R 语言内涵的内容并不多,大多数是只用一点内容讲解 R,然后就直接讲解 R 在各种大数据类别的统计分析与应用。笔者在撰写此书时,决定花许多篇幅介绍 R 语言,为的是希望读者能在完全了解 R 语言后,才进入统计领域的主题,但是笔者将尽量淡化统计专有名词,尽量以非统计学生也容易懂的语言解说。该是时候了,本节的各小节,笔者会将统计学的相关基础名词,用 R 语言呈现,同时用本章的 16-1 节的数据解说。

单一的数值数据,对我们而言其参考价值并不是太高,但对于大量的数据集,则是数据分析师(Data Analyst)或大数据工程师(Big Data Engineer)感兴趣的主题,对于大量的数据集我们多会研究两个基本性质,一个是集中趋势(Central Tendency),另一个是离散程度(Variability 或 Dispersion)。

16-3-1 数据的集中趋势

通常数据会群聚在中位数附近,这样的模式就被称为集中趋势,也可以看作是数据的中心代表。常被用来测量集中趋势的方法有以下 3 种。

1. 平均数(Mean)

2. 中位数(Median)

3. 众数(Mode)

16-3-1-1 认识统计学名词——平均数

所谓的平均数（Mean）是指在一个数据集中，所有观察值的总和除以观察值总个数所得的数值。

在系列的数值数据中，你可能关心的是平均值是多少。例如，在一次考试中你考了 75 分，这对于你是一个参考而已，如果你知道平均数是 95，可能你是伤心的，因为低于平均数太多了，但如果你知道平均数是 50，可能你会高兴，因为你知道你高于平均数很多。所以平均数对于系列数据而言是一个非常好的参考数据。在 R 语言内，可以使用 mean（）函数获得平均数。

实例 ch16_7：使用 crabs 对象计算澳洲螃蟹甲壳宽度的平均值。

```
> mean(crabs$CW)
[1] 36.4145
>
```

有了上述数据，下回吃澳洲螃蟹时即可了解所吃螃蟹的等级了。

实例 ch16_8：使用 mycar 对象计算所有汽车的平均耗油量。

```
> mean(mycar$mpg)
[1] 20.09062
>
```

实例 ch16_9：使用 stateUSA 对象计算美国每州的平均人口数。

```
> mean(stateUSA$popu)
[1] 4246.42
>
```

其实使用数据作数据分析，也是要小心，因为有些数据是无意义的，例如，我们用 mycar 对象计算汽车的平均挡位数或汽缸数所得的结果则是较无意义的参考值。

16-3-1-2 认识统计学名词——中位数

所谓的中位数（Median）是指在一组可排序的数据中，将数据切成下 50% 及上 50% 的值（或是最中间的值）即为中位数，也就是将数据排序以后恰好有一半的数据大于，也恰有一半的数据小于等于中位数。简单说如果数据量是奇数，最中间的数字就是中位数。如果数据量是偶数，则最中间的两个数字的平均值就是中位数。在 R 语言内，可以使用 median（）函数获得中位数。下列是用 Median（）求中位数的测试结果。

```
> x <- c(100, 7, 12, 6)
> median(x)
[1] 9.5
> x <- c(100, 7, 8, 9, 10)
> median(x)
[1] 9
>
```

上述第一个测试实例有 4 个数据，所以排序后最中间的两个数字分别是 7 和 12，取平均，所以中位数是 9.5。第二个测试实例有 5 个数据，所以排序后最中间的数字就是中位数，此例是 9。

如果参考本章的 16-3-1 节计算 mycar 对象汽车挡位的平均数，得到的结果如下所示。

```
> mean(mycar$gear)
[1] 3.6875
>
```

我们获得了 mycar 对象汽车挡位的平均数是 3.6875，其实这是一个无意义的值。但如果我们想了解 mycar 对象汽车挡位的中位数，那就有意义了。

实例 ch16_10：使用 mycar 对象，求汽车挡位的中位数。

```
> median(mycar$gear)
[1] 4
>
```

实例 ch16_11：使用 crabs 对象计算澳洲螃蟹甲壳宽度的中位数。

```
> median(crabs$CW)
[1] 36.8
>
```

实例 ch16_12：使用 stateUSA 对象计算美国每州人口数的中位数。

```
> median(stateUSA$popu)
[1] 2838.5
>
```

16-3-1-3：认识统计学名词——众数

所谓的众数（Mode）是指在数据集中，出现次数最多的值。需特别注意的是，这并不是指数据的中心，我们可能面对有序数据与无序数据，对于无序数据而言，也就没有所谓的数据的中心。其实众数一般最常用在列出分类数据中最常出现的值，对于 R 语言而言，因子最适合应用在求众数，可惜 R 语言目前没有求众数的函数，但可以用其他方法求得。

有关众数的实例解说，笔者将在讲解更多统计学名词及概念后作一系列实例说明。

16-3-2　数据的离散程度

单一数据的价值不高，但对于大量数据集而言，了解数据的离散程度是非常重要的。而用来衡量离散（变化）程度的标准有标准偏差（Standard Deviation）、变异数（Variance）、变异系数（Coefficient of Variation）、全距（Range）、四分位数（Quartile）、百分位数（Percentile）、四分位距（Interquartile Range），等等。

16-3-2-1　认识统计学名词——标准偏差、变异数

其实标准偏差（Standard Deviation）、变异数（Variance）、变异系数（Coefficient of Variation）均是用来了解数据的变化性的，有关这方面的真实统计定义，请参考统计相关的书籍。在 R 语言

中使用的相关函数如下所示。

❑ sd（）：标准偏差函数。

❑ var（）：变异数函数。

实例 ch16_13：计算 crabs 对象，BD（相当于螃蟹身体的厚度）字段数据的标准偏差。

```
> sd(crabs$BD)
[1] 3.424772
>
```

实例 ch16_14：计算 crabs 对象，BD（相当于螃蟹身体厚度）字段数据的变异数。

```
> var(crabs$BD)
[1] 11.72907
>
```

实例 ch16_15：计算 mycar 对象，mpg 字段数据的标准偏差。

```
> sd(mycar$mpg)
[1] 6.026948
>
```

实例 ch16_16：计算 mycar 对象，mpg 字段数据的变异数。

```
> var(mycar$mpg)
[1] 36.3241
>
```

16-3-2-2 认识统计学名词——全距

所谓全距（Range）是指数据集中最大观察值减掉最小观察值所得的数值，实际上可想成数据的范围，本书第 4 章 4-2 节曾介绍 max（）函数可求得最大值，min（）函数可求得最小值，依照定义最大值减去最小值的所得值即为全距。事实上 R 语言提供了 range（）函数，可以列出数据的最大值与最小值。

实例 ch16_17：列出 crabs 对象中螃蟹甲壳宽度的范围。

```
> range(crabs$CW)
[1] 17.1 54.6
>
```

实例 ch16_18：列出 stateUSA 对象中各州的人口数范围。

```
> range(stateUSA$popu)
[1]   365 21198
>
```

实例 ch16_19：列出 mycar 对象中每加仑汽油可行驶的距离范围。

```
> range(mycar$mpg)
[1] 10.4 33.9
>
```

16-3-2-3 认识统计学名词——四分位数

所谓的四分位数（Quartile）是指将数据集（由小到大排列）分成 4 等份的 3 个数值，其中第 1 个四分位数通常为第 25% 的数值，第 2 四分位数也就是中位数（通常为第 50% 的数值），而第 3 个四分位数通常为第 75% 的数值。我们可以用 quantile（) 函数取得这些值。我们可以通过下列实例是观察 quantile（) 函数的基本操作方法。

```
> x <- c(1, 3, 5, 11, 23, 33, 66, 99)
> quantile(x)
    0%    25%    50%    75%   100%
  1.00   4.50  17.00  41.25  99.00
>
```

对上述实例而言，共有 8 个数据，所以第 2 个四分位数也就是中位数，序位的计算为（8+1）/2=4.5，也就是第 4 个数据和第 5 个数据的平均值，得到结果为（11+23）/2=17；第 1 个四分位数（也就是 25%）是由序位的最小值 1 与中位数的序位数 4.5 取平均得到其序位数，即（1+4.5）/2=2.75，再由第 2 个数据和第 3 个数据取内插求得，所以是 [3+0.75×（5-3）] 得到的结果是 4.5。相类似的第 3 个四分位数（也就是 75%）是由序位的最大值 8 与中位数的 4.5 取平均得到其序位数，即（8+4.5）/2=6.25，再由第 6 个数据和第 7 个数据取内插求得，所以是 [33+0.25×（66-33）] 得到的结果是 41.25。

实例 ch16_20：计算 stateUSA 对象中各州的人口数的四分位数。

```
> quantile(stateUSA$popu)
     0%     25%     50%     75%    100%
   365.0  1079.5  2838.5  4968.5 21198.0
>
```

实例 ch16_21：计算 crabs 对象中，螃蟹甲壳宽度的四分位数。

```
> quantile(crabs$CW)
  0%  25%  50%  75% 100%
17.1 31.5 36.8 42.0 54.6
>
```

实例 ch16_22：计算 mycar 对象中每加仑汽油可行驶距离的四分位数。

```
> quantile(mycar$mpg)
     0%     25%     50%     75%    100%
 10.400 15.425 19.200 22.800 33.900
>
```

16-3-2-4 认识统计学名词——百分位数

所谓的百分位数（Percentile）是指将数据（由小到大排序）等分为 100 份的数值，我们一样可以使用 quantile（) 函数计算此百分位数，笔者将直接以实例解说。

实例 ch16_23：计算 crabs 对象中螃蟹甲壳宽度的 10% 和 90% 的值。

```
> quantile(crabs$CW, probs = c(0.1, 0.9))
  10%   90%
25.67 46.57
>
```

其实若和前一小节相比，我们会发现两者用的是同样的函数，但是此例中我们获得的是指定的百分位数，主要的原因是前一小节的实例使用 quantile（）函数时忽略了第 2 个参数 "probs = …"，这个函数将直接用默认值处理，默认值如下所示。

probs = seq（0, 1, 0.25）

可以看以下表达式。

probs = c（0, 0.25, 0.5, 0.75, 1）

实例 ch16_24：计算 stateUSA 对象中各州的人口数 10% 和 90% 的值。

```
> quantile(stateUSA$popu, probs = c(0.1, 0.9))
   10%     90%
 632.3 10781.2
>
```

实例 ch16_25：计算 mycar 对象中每加仑汽油可行驶距离 10% 的值。

```
> quantile(mycar$mpg, 0.1)
  10%
14.34
>
```

如果只想列出一个特定值，则可以省略 "probs ="，直接输入值，如上述实例 16_25 所述。

16-3-3　数据的统计

当我们有了前两个小节的知识后，接下来我们将执行数据的统计，当有了数据的统计数据后，我们将对整个数据有一些基本的了解。

16-3-3-1　计数值

计数主要是应用在数据框内的因子，计算某个因子元素的数据出现的次数或称频率。我们常用 table（）函数执行这个任务，也可以将这个 table（）函数的返回结果称频率表（Frequency Table）。

实例 ch16_26：使用 stateUSA 对象，计算美国各区包括州的实际数量。

```
> table(stateUSA$region)

    Northeast      South North Central          West
            9             16            12            13
>
```

实例 ch16_27：使用 crabs 对象，计算澳洲公或母螃蟹的实际数量。

```
> table(crabs$sex)

  F   M
100 100
>
```

实例 ch16_28：使用 mycar 对象，计算自排（Auto）或手排（Manual）车的数量。

```
> table(mycar$am)

Auto Manual
  19     13
>
```

16-3-3-2 Table 对象

在前一小节中，我们使用 table（）函数产生了表格数据，到底这个表格数据是属于那一种数据对象？下面我们可以验证。

```
> regioninfo <- table(stateUSA$region)
> regioninfo             #验证结果

  Northeast     South North Central      West
          9        16            12        13
> class(regioninfo)      #了解对象的数据类型
[1] "table"
>
```

由上述执行结果可知我们有了新的数据类型"表格（Table）"，这个结果与一维数组（Array）相同，对于数组数据而言，可以有一到多维的表格，每个维度的表格又可以有个别的名称。

16-3-3-3 计算占比

有了计数数据后，接下来可以计算各个因子元素数据的占比。计算占比很容易，只要将计数值除以总数即可。

实例 ch16_29：使用 stateUSA 对象，计算美国各区的实际州数的占比。

```
> regioninfo / sum(regioninfo)

  Northeast     South North Central      West
       0.18      0.32          0.24      0.26
>
```

实例 ch16_30：使用 crabs 对象，计算澳洲公或母螃蟹的占比。

```
> crabsinfo <- table(crabs$sex)
> crabsinfo / sum(crabsinfo)

  F   M
0.5 0.5
>
```

实例 ch16_31：使用 mycar 对象，计算自排（Auto）或手排（Manual）车的占比。

```
> carinfo <- table(mycar$am)
> carinfo / sum(carinfo)

    Auto  Manual
0.59375 0.40625
>
```

16-3-3-4　再看众数

在本章的 16-3-1-3 节我们介绍了众数（Mode），再解释一遍所谓众数是指在分类数据中最常出现的值，由 16-3-3-3 节的实例可知以下信息。

stateUSA $ region 对象的众数是 "South"。

mycar $ am 对象的众数是 "Manual"。

crabs $ sex 对象的众数是 "M" 或 "F"。

有了之前的了解，现在我们可以直接以实例说明众数了。

实例 ch16_32：计算 stateUSA $ region 对象的众数。

```
> index <- regioninfo == max(regioninfo)
> index                           #列出index逻辑向量

  Northeast         South North Central            West
      FALSE          TRUE         FALSE           FALSE
> names(regioninfo)[index]
[1] "South"
>
```

上述实例的第 2 行，笔者故意列出 index 内容，重点是希望读者了解执行第 1 行代码后，index 的内容。

实例 ch16_32：计算 mycar $ am 对象的众数。

```
> index <- carinfo == max(carinfo)
> index                           #列出index逻辑向量

  Auto Manual
  TRUE  FALSE
> names(carinfo)[index]
[1] "Auto"
>
```

在前面几小节，笔者一直用 3 个对象解说，本节笔者故意先忽略 crabs 对象，因为我们已知螃蟹共 200 只，公、母各 100 只，那么它的众数到底是什么？看以下实例吧！

实例 ch16_33：计算 crabs $ sex 对象的众数。

```
> index <- crabsinfo == max(crabsinfo)
> index                           #列出index逻辑向量

    F     M
```

```
TRUE  TRUE
> names(crabsinfo)[index]
[1] "F" "M"
>
```

可以获得公或母均是众数，现在我们已经获得结论了，众数不是唯一的，如果发生出现次数相同的情况，则这些元素都将是众数。

16-3-3-5　which.max () 函数

其时 R 语言提供了一个函数 which.max ()，可以求得对象的最大值，我们也可以使用这个函数的最大值求得众数。

实例 ch16_34：使用 which.max () 函数计算 stateUSA $ region 对象的众数。

```
> which.max(regioninfo)
South
    2
>
```

实例 ch16_35：使用 which.max () 函数计算 mycar $ am 对象的众数。

```
> which.max(carinfo)
Auto
   1
>
```

由上述结果可知 which.max () 函数真的很好用，那为什么笔者在前一小节不直接使用呢？最大的原因是，如果对象内有两个或更多个最大值时，which.max () 函数将只返回第 1 个数据，可参考下列实例。

实例 ch16_36：使用 which.max () 函数计算 crabs $ sex 对象的众数。

```
> which.max(crabsinfo)
F
1
>
```

理论上 "F" 和 "M" 皆是 100 只，但只返回 "F"，所以这个函数尽管好用，但使用上仍要小心。

16-4　使用基本图表认识数据

如果想要更进一步了解数据，可以用 R 语言提供图表绘制功能，这将是本节的重点。

16-4-1　绘制直方图

直方图（Histogram）是根据数据的分布情况，自动选择有利于表现数据的柱宽作 x 轴间隔，以频数（或称计数）或者百分比为 y 轴的将一系列数据连接起来的直方图。直方图的优点是不论数据样本数量的多寡都能使用直方图。

 使用 R 系统绘制数据图时，若使用 PC 的 Windows 系统则可以在数据图内加注中文字，但目前在数据图内加注中文字的功能并不支持 Mac OS 系统上的 R。本书有些数据图有中文，那是笔者用 PC 的 Windows 系统测试的结果。

实例 ch16_37：使用对象 stateUSA $ popu 绘制美国各州人口数的直方图。

```
> hist(stateUSA$popu, col = "Green")
>
```

[执行结果]

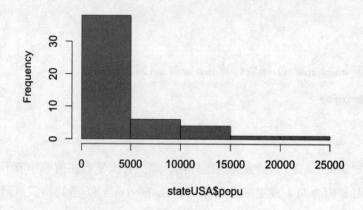

Histogram of stateUSA$popu

上述图形的主标题、x 和 y 轴标题均是默认的，有了图表方便太多了，数据也更清楚了，原来美国大多数的州人口数均在 500 万以下。

16-4-1-1 设置直方图的标题

其实在 hist () 函数中，可以加上下列参数。

❑ main：图表标题。

❑ xlab：x 轴标题。

❑ ylab：y 轴标题。

如果 R 是在 Windows 系统下执行，你可以设置中文标题，但上述功能目前并不支持在 Mac OS 系统下执行的 R 语言。

实例 ch16_38：使用对象 crabs $ CW 绘制澳洲螃蟹甲壳宽度的直方图，直方图使用灰色。

```
> hist(crabs$CW, col = "Gray", main = "Histogram of Crab", xlab = "Ca
rapace width", ylab = "Counter")
>
```

[执行结果]

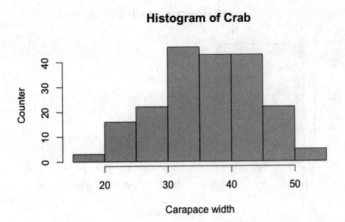

实例 ch16_39：使用对象 mycar $ CW 绘制汽车油耗的直方图，直方图使用黄色。

```
> hist(mycar$mpg, col = "Yellow", main = "Histogram of MPG", xlab =
"Mile per Gallon")
>
```

[执行结果]

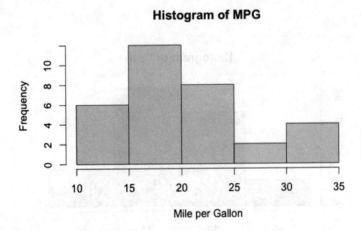

16-4-1-2 设置直方图的矩形数

在 hist () 函数内，可以直接指定直方图矩形的数量。

实例 ch16_40：使用对象 mycar $ CW 绘制汽车油耗的直方图，直方图使用黄色，直接指定矩形的数量为 3。

```
> hist(mycar$mpg, col = "Yellow", main = "Histogram of MPG", xlab =
"Mile per Gallon", breaks = 3)
>
```

[执行结果]

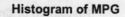
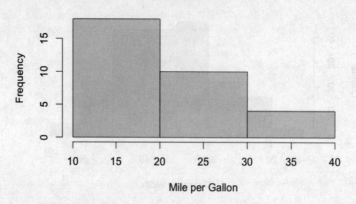

另外，你也可以直接使用 breaks 参数，设定矩形的区间。

实例 ch16_41：重新设计实例 ch16_38，使用对象 crabs＄CW 绘制澳洲螃蟹甲壳宽度的直方图，直方图使用灰色。设定矩形的区间为 15 ～ 25, 25 ～ 35, 35 ～ 45, 45 ～ 55。

```
> hist(crabs$CW, col = "Gray", main = "Histogram of Crab", xlab = "Ca
rapace width", ylab = "Counter", breaks = c(15, 25, 35, 45, 55))
>
```

[执行结果]

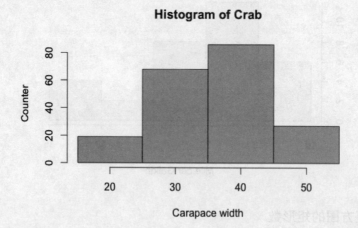

16-4-2　绘制密度图

R 语言提供的密度函数 density ()，可以将欲建图表的数据利用这个函数转成一个密度对象串行（List），然后将这个对象放入 plot () 函数内就可以绘制密度图。下列程序代码是将 crabs＄CW 对象转成密度对象串行，同时用 str () 函数验证这个密度对象。

```
> dencrabs <- density(crabs$CW)
>
> str(dencrabs)
List of 7
 $ x         : num [1:512] 9.77 9.87 9.97 10.07 10.18 ...
 $ y         : num [1:512] 1.11e-05 1.27e-05 1.43e-05 1.63e-05 1.85e-05 ...
 $ bw        : num 2.44
 $ n         : int 200
 $ call      : language density.default(x = crabs$CW)
 $ data.name : chr "crabs$CW"
 $ has.na    : logi FALSE
 - attr(*, "class")= chr "density"
>
```

由上述执行结果可以看到我们已经将 crabs＄CW 对象转成串行（List）对象。只要将上述密度对象放入 plot () 函数，即可绘制密度图。

实例 16_42：使用 dencrabs 密度对象绘制密度图。

```
> plot(dencrabs)
>
```

[执行结果]

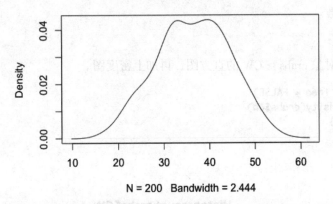

与 hist () 函数一样，可以使用下列参数设置图的标题。

❑ main：图表标题。

❑ xlab：x 轴标题。

❑ ylab：y 轴标题。

实例 ch16_43：使用 mycar＄mpg 绘制密度图。

```
> dencars <- density(mycar$mpg)
> plot(dencars, main = "Miles per Gallon")
>
```

[执行结果]

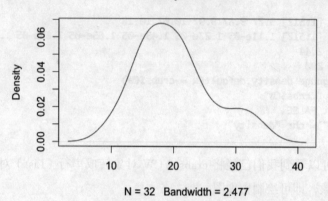

16-4-3　在直方图内绘制密度图

R 语言是允许你在直方图内多加上密度图的，若想达到这个目标，在使用 hist（）函数时，需增加下列参数。

freq = FALSE

然后调用下列函数。

lines（）

实例 ch16_44：建立对象 crabs $ CW 的直方图，再加上密度图。

```
> hist(crabs$CW, freq = FALSE)
> dencrabs <- density(crabs$CW)
> lines(dencrabs)
>
```

[执行结果]

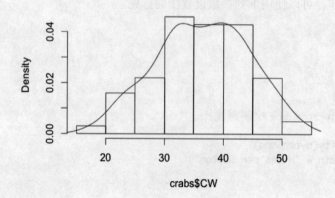

16-5 认识数据汇总函数 summary ()

经过前面章节的洗礼，相信位各位拿到数据，可以很容易地分析这个数据的基本数据，例如，可以使用输入对象名称了解内容，可以使用 str () 函数了解数据结构。不过，对于数据分析师（Data Analyst）或大数据工程师（Big Data Engineer）而言这些数据是不够的，本节将讲解另一个函数 summary ()，这个函数可以传回数据分布的信息。

实例 ch16_45：使用 summary () 函数了解 mycar 对象。

```
> summary(mycar)
      mpg             cyl             am          gear
 Min.   :10.40   Min.   :4.000   Auto  :19   Min.   :3.000
 1st Qu.:15.43   1st Qu.:4.000   Manual:13   1st Qu.:3.000
 Median :19.20   Median :6.000               Median :4.000
 Mean   :20.09   Mean   :6.188               Mean   :3.688
 3rd Qu.:22.80   3rd Qu.:8.000               3rd Qu.:4.000
 Max.   :33.90   Max.   :8.000               Max.   :5.000
>
```

实例 ch16_46：使用 summary () 函数了解 stateUSA 对象。

```
> summary(stateUSA)
       name         popu            area                region
 Alabama   : 1   Min.   :  365   Min.   :  1214   Northeast    : 9
 Alaska    : 1   1st Qu.: 1080   1st Qu.: 37317   South        :16
 Arizona   : 1   Median : 2838   Median : 56222   North Central:12
 Arkansas  : 1   Mean   : 4246   Mean   : 72368   West         :13
 California: 1   3rd Qu.: 4968   3rd Qu.: 83234
 Colorado  : 1   Max.   :21198   Max.   :589757
 (Other)   :44
>
```

由上述两个实例，我们可以获得下列信息。

1） 数值变量：会列出最小值、最大值、平均数、第 1 个四分位数、中位数（也可想成第 2 个四分位数）、第 3 个四分位数。如果有 NA 值，也会列出 NA 值的数量。

2） 因子：列出频率表，如果有 NA 值，也会列出 NA 值的数量。

3） 字符串变量：列出字符串长度。

在上述两个实例中，对 stateUSA 对象使用 summary () 函数后所获得的结果是完美的。但仔细看对 mycar 对象使用 summary () 后的输出结果，在 cyl 变量和 gear 变量均可以发现最小值和第 1 个四分位数相同，为了避免这种情况，在以后碰上类似的数据只要将它们转成因子即可。

实例 ch16_47：将 mycar 对象的 cyl 和 gear 变量转成因子。

```
> mycar$cyl <- as.factor(mycar$cyl)      #cyl对象转成因子
> mycar$gear <- as.factor(mycar$gear)    #gear对象转成因子
> summary(mycar)                         #验证结果
```

```
          mpg             cyl            am                gear
    Min.   :10.40    4:11    Min.   :0.0000    3:15
    1st Qu.:15.43    6: 7    1st Qu.:0.0000    4:12
    Median :19.20    8:14    Median :0.0000    5: 5
    Mean   :20.09            Mean   :0.4062
    3rd Qu.:22.80            3rd Qu.:1.0000
    Max.   :33.90            Max.   :1.0000
>
```

16-6 绘制箱形图

在本章 16-4 节所绘制的图表其实所使用的变量只有 1 个，虽然我们也获得了一些有用的信息，但是若想了解对象全面的信息，那是不够的，例如，如果我们想了解下列信息，如果只有一个变量是无法得到结果的。

1) 汽缸数（cyl）对油耗（mpg）的影响？

2) 自排与手排（am）对油耗（mpg）的影响？

3) 挡位数（gear）对油耗（mpg）的影响？

当然如果你已经熟悉 R 语言了，则可以立即想到可以使用 tapply（）函数，其实 R 语言提供的功能不仅如此，我们可以使用本节介绍的绘制箱形图（Boxplot）解决上述问题。这个绘制箱形图工具的原理，基本上是将因子变量的每个类别视为原始数据对象的子集，依照每一个类别的最小值、最大值、平均数、第 1 个四分位数（也有人称下四分位数）、中位数（也可想成第 2 个四分位数）、第 3 个四分位数（也有人称上四分位数）绘出箱形图。在此，笔者先介绍实例，最后再解说箱形图的意义。

实例 ch16_48：使用 mycar 对象绘制汽缸数（cyl）对油耗（mpg）影响的箱形图。

```
> boxplot(mpg ~ cyl, data = mycar)
>
```

[执行结果]

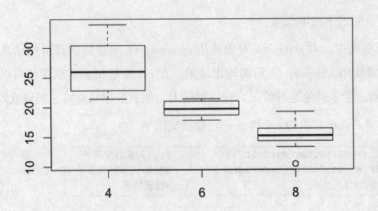

上述 boxplot（）函数的第 1 个参数，如下所示，其实是一个公式。

mpg ~ cyl

其意义是与变量 cyl 类别（可想成与这个汽缸数）相关的 mpg 数值，将被带入 boxplot（）函数中运算，而箱形图各线条的意义如下所示。

1） 箱子上下边缘线条：代表上四分位数和下四分位数。

2） 横向贯穿箱子粗线条：中位数。

3） 纵向贯穿箱子的线条：最大值与最小值或是上下四分位间距离的 1.5 倍。

之前使用的 main 参数仍可以用在这里列出箱形图的标题，"col ="参数仍可用于产生彩色箱形图。

实例 16_49：使用 mycar 对象绘制手排或自排（am）对油耗（mpg）影响的箱形图，图表标题是"am vs mpg"，箱形图用黄色绘制。

```
> boxplot(mpg ~ am, data = mycar, main = "am vs mpg", col = "Yellow")
>
```

[执行结果]

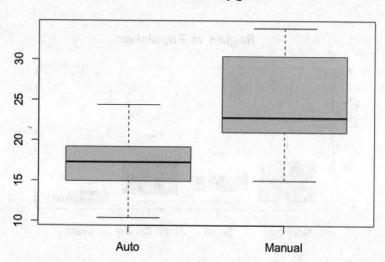

实例 16_50：使用 mycar 对象绘制挡位（gear）对油耗（mpg）影响的箱形图，图表标题是"gear vs mpg"，箱形图用蓝色绘制。

```
> boxplot(mpg ~ gear, data = mycar, main = "gear vs mpg", col = "Blue")
>
```

[执行结果]

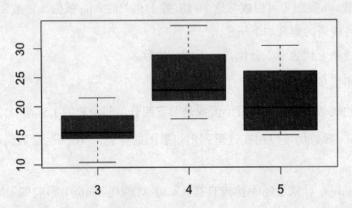

gear vs mpg

实例 ch16_51：使用 stateUSA 对象绘制美国区域（region）对人口数（popu）影响的箱形图，图表标题是 "Region vs Population"，箱形图用绿色绘制。

```
> boxplot(popu ~ region, data = stateUSA, main = "Region vs Population",
col = "Green")
>
```

[执行结果]

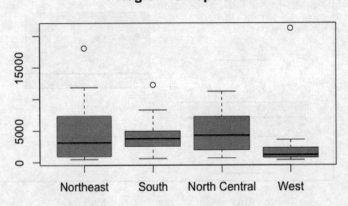

Region vs Population

其实如果仔细看上述箱形图，可以看到 Northeast、South 和 West 上方有空心圆点，那才是真正的线段的最大值（在其他实例中也许会在线段下方看到空心圆点，此时是代表线段的最小值），若是希望箱形图线段指向最大或最小值，可以在 boxplot（）函数内加上参数 "range = 0"。

实例 ch16_52：在 boxplot（）函数内加上参数 "range = 0"，然后重新设计实例 ch16_51，使用 stateUSA 对象绘制美国区域（region）对人口数（popu）影响的箱形图，图表标题是 "Region vs Population"，箱形图用绿色绘制。

```
> boxplot(popu ~ region, data = stateUSA, main = "Region vs Population",
col = "Green", range = 0)
>
```

[执行结果]

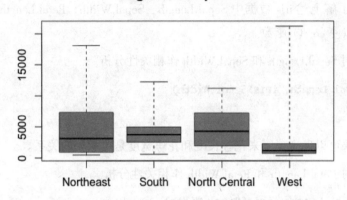

16-7 数据的相关性分析

对于两个数值向量变量来看，两个向量变量的线性变化也可以用量化来进行分析。当其中一个增加、另一个也会相对地增加，这样的相关关系就是正向相关。例如身高高的人往往体重也会比较重一些，就是符合正相关的概念。反之若是其中一个增加、另一个反随之减少，这样就是负相关了。例如货车承载的货物越重则其每升汽油可以行驶的距离也就越短，可以说是符合负相关的概念。

统计学中对于反映两个向量变量的相关程度指标称相关系数（Correlation Coefficient），相关系数的数值是在 −1 至 1 之间；愈靠近 1 的相关系数数值代表正相关越强，而越靠近 −1 的相关系数数值则表示负相关越强；而靠近在 0 附近则表示两变量间的线性相关是相对微弱的。

了解了以上概念，接下来我们将以 R 语言内建的数据集作相关性分析。

16-7-1 iris 对象数据的相关性分析

先前已有多次使用这个对象了，以下先列出它的字段信息。

```
> names(iris)
[1] "Sepal.Length" "Sepal.Width"  "Petal.Length" "Petal.Width"  "Species"
>
```

上述是 3 个品种 150 朵鸢尾花的数据，包括以下字段。

❑ Sepal.Length：花萼长度。

❏ Sepal.Width：花萼宽度。

❏ Petal.Length：花瓣长度。

❏ Petal.Width：花瓣宽度。

❏ Species：品种名称。

如果我们想要了解上述 iris 数据中 Sepal.Length、Sepal.Width、Petal.Length、Petal.Width 的相关性，那么我们可以使 cor () 函数。

实例 ch16_53：针对 Sepal.Length 和 Sepal.Width 作相关性分析。

```
> cor(iris$Sepal.Length, iris$Sepal.Width)
[1] -0.1175698
>
```

由上述执行结果可以发现，原来花萼长度和花萼宽度是负相关的关系。

实例 ch16_54：针对 Petal.Length 和 Petal.Width 作相关性分析。

```
> cor(iris$Petal.Length, iris$Petal.Width)
[1] 0.9628654
>
```

由上述执行结果接近 1 可以发现，原来花瓣长度和花瓣宽度是强的正相关关系。接着，笔者将用相关系数矩阵列出 Sepal.Length、Sepal.Width、Petal.Length、Petal.Width 的相关性作此项数据的总结。

实例 ch16_55：列出 iris 对象中 Sepal.Length、Sepal.Width、Petal.Length、Petal.Width 的相关系数矩阵。

```
> cor(iris[-5])
             Sepal.Length Sepal.Width Petal.Length Petal.Width
Sepal.Length    1.0000000  -0.1175698    0.8717538   0.8179411
Sepal.Width    -0.1175698   1.0000000   -0.4284401  -0.3661259
Petal.Length    0.8717538  -0.4284401    1.0000000   0.9628654
Petal.Width     0.8179411  -0.3661259    0.9628654   1.0000000
>
```

在上述执行结果中，其主对角线的相关系数是相同变量的关系，因此都是 1，其他则是两两不同变量间的相关系数。其实我们也可以利用 plot () 函数，绘出两两不同变量间的相关系数的散点图（Scatterplot）。

实例 ch16_56：绘出 iris 对象中 Sepal.Length、Sepal.Width、Petal.Length、Petal.Width，两两不同变数间的相关系数的散点图。

```
> plot(iris[-5])
>
```

[执行结果]

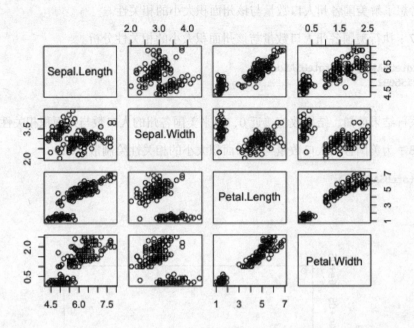

在上述散点图中，由于主对角线的相关系数是相同变量的关系，结果是 1，因此直接用数据名称取代。其实数据名称也同时指出 x 轴和 y 轴所代表的意义，当然 x 轴和 y 轴所代表的意义也和实例 ch16_55 相同。此外，在这个实例中，笔者使用 plot（）函数执行绘制散点图的任务，这个函数其实和 print（）函数类似，这是一个很有弹性的函数，当它发现所传入的参数是数据框时，它是调用 pairs（）执行绘制上述散点图。所以，你也可以使用下列方式绘制上述散点图，可以获得一样的结果。

```
> pairs(iris[-5])
>
```

最后使用 cor（）函数时须考虑数据中有 NA 值的情形，此时需使用参数"use ="，其基本使用方式如下所示。

1） 参数 use = "everything" 是默认值，若是向量变量元素中有 NA，则该元素的计算结果也是 NA。

2） 参数 use = "complete"，不处理 NA 值，此时只计算非 NA 值的部分。

3） 参数 use = "pairwise"，变量内有 NA 值的向量则不予计算。

16-7-2 stateUSA 对象数据的相关性分析

stateUSA 对象的字段名称如下所示。

```
> names(stateUSA)
[1] "name"  "popu"  "area"  "region"
>
```

接着笔者想了解美国各州人口数量与该州面积大小的相关性。

实例 ch16_57：执行美国各州人口数量与该州面积大小的相关性分析。

```
> cor(stateUSA$popu, stateUSA$area)
[1] 0.02156692
>
```

由上述执行结果可知，结果数值接近 0，原来美国各州的人口数与州面积相关性不大。

实例 ch16_58：为美国各州人口数量与该州面积大小的相关性绘制散点图。

```
> plot(stateUSA[2:3])
>
```

[执行结果]

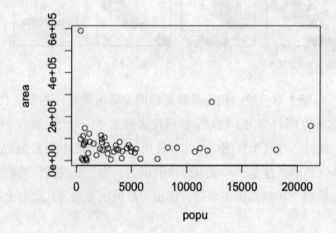

16-7-3　crabs 对象数据的相关性分析

crabs 对象包括的字段如下所示。

```
> names(crabs)
[1] "sp"    "sex"   "index" "FL"    "RW"    "CL"    "CW"    "BD"
>
```

上述第 4 字段至第 8 字段是 200 只澳洲螃蟹身体各部位的测量值。

实例 ch16_59：列出 crabs 对象 FL（甲壳额叶区域的宽度 frontal lobe size）、RW（甲壳后方宽度 rear width）、CL（甲壳长度）、CW（甲壳宽度）和 BD（身体厚度）的相关系数矩阵。

```
> cor(crabs[4:8])
           FL        RW        CL        CW        BD
FL 1.0000000 0.9069876 0.9788418 0.9649558 0.9876272
RW 0.9069876 1.0000000 0.8927430 0.9004021 0.8892054
CL 0.9788418 0.8927430 1.0000000 0.9950225 0.9832038
CW 0.9649558 0.9004021 0.9950225 1.0000000 0.9678117
BD 0.9876272 0.8892054 0.9832038 0.9678117 1.0000000
>
```

由上述矩阵可以看到所有相关系数数值均在 0.84 以上，所以上述螃蟹身体各部位大小均存在很强的正相关。

16-8 使用表格进行数据分析

在本章前面我们已经多次使用 table () 函数，针对一个变量的情况进行数据汇总，当然表格也适合为多个变量的数据进行汇总。

16-8-1 简单的表格分析与使用

本章已经多次使用 mycar 对象了，假设我们想了解 3 挡（gear）、4 挡和 5 挡数车子各有多少种是属于自排车或手排车，对数据分析而言，此时有两个变量，一个是挡数（gear），另一个是自排或手排（am），我们用下列实例解说。

实例 ch16_60：使用 mycar 对象建立挡数（gear）和自排或手排（am）各种可能组合的表格。

```
> mycartable <- with(mycar, table(am, gear))
> mycartable
       gear
am       3  4  5
  Auto  15  4  0
  Manual  0  8  5
>
```

对上述 table () 函数而言，第 1 个参数被作为行名称，第 2 个参数则作为列名称。这个表已经将所有组合都列出来了，例如，由上述表格可以得知 4 个挡的车有 4 种是手排车，8 种是自排车。

16-8-2 从无到有建立一个表格数据

前一个小节我们利用了现有的数据框对象建立了一个表格数据，本节笔者将从最基础的开始从无到有一步一步讲解如何建立表格。

在医学研究中，常常发现吃某种食物可能造成某些疾病，例如，常吃鸡鸭的颈部，可能造成身体疾病。或常抽烟可能造成肺癌。这时会有下列 4 种可能。

1) 抽烟造成肺癌。

2) 抽烟身体仍保持健康。

3) 不抽烟仍有肺癌。

4) 不抽烟身体保持健康。

假设目前我们抽样调查的数据如下表所示。

	肺癌	健康
不抽烟	20	80
抽烟	72	28

接下来，笔者将讲解如何一步一步用上述数据建立表格。

实例 ch16_61：将上述抽样调查数据转换成矩阵。

```
> myresearch <- matrix(c(20, 72, 80, 28), ncol = 2)
> rownames(myresearch) <- c("No.Smoking", "Smoking")
> colnames(myresearch) <- c("Lung.Cancer", "Health")
>
```

下列是验证这个矩阵 myresearch 的输出结果。

```
> myresearch
           Lung.Cancer Health
No.Smoking          20     80
Smoking             72     28
>
```

在上述实例中笔者先建立矩阵 myresearch，接着为这个矩阵的行和列建立名称。接下来我们可以使用上述矩阵建立表格。

实例 ch16_62：将矩阵 myresearch 转成表格数据，笔者为这个表格取名 mytable。

```
> mytable <- as.table(myresearch)
>
```

[执行结果]

```
> mytable
           Lung.Cancer Health
No.Smoking          20     80
Smoking             72     28
>
```

我们已经成功地将实验收集的数据转成表格数据了，由上述执行结果看来，矩阵 myresearch 对象和表格 mytable 对象好像相同，其实不然，若是我们使用 str（）函数，如下程序代码所示，可以发现它们彼此是有差别的，在下一个小节中笔者会介绍它们之间的差别。表格建立好了以后，如果想要存取数据，与其他数据类似，其实很容易，下列是实例。

```
> str(myresearch)
 num [1:2, 1:2] 20 72 80 28
 - attr(*, "dimnames")=List of 2
  ..$ : chr [1:2] "No.Smoking" "Smoking"
  ..$ : chr [1:2] "Lung.Cancer" "Health"
> str(mytable)
 table [1:2, 1:2] 20 72 80 28
 - attr(*, "dimnames")=List of 2
```

```
..$ : chr [1:2] "No.Smoking" "Smoking"
..$ : chr [1:2] "Lung.Cancer" "Health"
>
```

实例 ch16_63：在数据中提取抽烟的人中患肺癌的人数。

```
> mytable["Smoking", "Lung.Cancer"]
[1] 72
>
```

实例 ch16_64：在数据中提取不抽烟的人中健康的人数。

```
> mytable["No.Smoking", "Health"]
[1] 80
>
```

16-8-3　分别将矩阵与表格转成数据框

前面笔者已讲解矩阵与表格数据虽然看起来相同，但使用 str () 函数后，可以看到不同，如果我们分别将 myresearch 矩阵对象和 mytable 表格对象转成数据框则更可以更明显地看出彼此的差别。

实例 ch16_65：将 myresearch 矩阵对象转成数据框。

```
> myresearch.df <- as.data.frame(myresearch)
> str(myresearch.df)
'data.frame':   2 obs. of  2 variables:
 $ Lung.Cancer: num  20 72
 $ Health     : num  80 28
>
```

由上述执行结果可以看出，myresearch 中有两个变量，每个变量有两个实验的数据。

实例 ch16_66：将 mytable 表格对象转成数据框。

```
> mytable.df <- as.data.frame(mytable)
> str(mytable.df)
'data.frame':   4 obs. of  3 variables:
 $ Var1: Factor w/ 2 levels "No.Smoking","Smoking": 1 2 1 2
 $ Var2: Factor w/ 2 levels "Lung.Cancer",..: 1 1 2 2
 $ Freq: num  20 72 80 28
>
```

此时的数据框有 3 个变量，其中 Var1 和 Var2 均是因子，另一个变量是 Freq，Freq 包含 Var1 和 Var2 各种组合的实验数据。

16-8-4　边际总和

在数据分析过程中，我们很可能会对表格的行或列进行加总运算，所得值我们称边际总和（Marginal Totals）。我们可以使用下列函数。

addmargins（A, margin）

❑ A. 表格数据或数组。

❑ margin：若省略则行与列皆计算，若为 1 则计算"列"所以"行"会增加 Sum，若为 2 则计算"行"所以"列"会增加 Sum。

实例 ch16_67：使用 mytable 对象，计算参与研究中抽烟者和不抽烟者的总人数。

```
> addmargins(mytable, margin = 2)
         Lung.Cancer Health Sum
No.Smoking          20     80 100
Smoking             72     28 100
>
```

由于是要将 Smoking 和 No.Smoking 这 2 行数据相加，然后增加 Sum 这一字段，所以设定"margin = 2"。

实例 ch16_68：使用 mytable 对象，计算参与研究中健康和不健康的总人数。

```
> addmargins(mytable, margin = 1)
         Lung.Cancer Health
No.Smoking          20     80
Smoking             72     28
Sum                 92    108
>
```

实例 ch16_69：使用 mytable 对象，同时计算参与研究中抽烟者和不抽烟者的总人数和参与研究中健康和不健康的总人数。

```
> addmargins(mytable)
         Lung.Cancer Health Sum
No.Smoking          20     80 100
Smoking             72     28 100
Sum                 92    108 200
>
```

16-8-5 计算数据的占比

在分析表格的过程中，如果纯数字，可能感觉没有这么强烈，例如以 mytable 为例，我想了解在实验的抽样调查中，抽烟同时有肺癌者的占比是多少？或是不抽烟同时身体健康者的占比是多少？R 语言提供的 prob.table（）函数可以很轻易给我们答案。

实例 ch16_70：计算 mytable 表格对象的数据占比。

```
> prop.table(mytable)
         Lung.Cancer Health
No.Smoking         0.10   0.40
Smoking            0.36   0.14
>
```

由上述执行结果我们获得了下列信息。

1） 不抽烟而罹患肺癌者在全部受测者中的占比是 0.1。

2） 抽烟而罹患肺癌者在全部受测者中的占比是 0.36。

3） 不抽烟而健康者在全部受测者中的占比是 0.40。

4） 抽烟而健康者在全部受测者中的占比是 0.14。

16-8-6 计算行与列的数据占比

假设我们现在只想要了解实验数据中抽烟者中罹患肺癌或是健康的人的占比，以及不抽烟者中罹患肺癌或是健康的人的占比。此时在利用 prob.table() 函数时，也可以通过增加参数 margin，实现只针对行做计算或列做计算。

实例 ch16_71：计算抽烟者中罹患肺癌或是健康者的占比，以及不抽烟者中罹患肺癌或是健康者的占比。

```
> prop.table(mytable, margin = 1)
         Lung.Cancer Health
No.Smoking      0.20   0.80
Smoking         0.72   0.28
>
```

由上述执行结果可以获得下列信息。

1） 不抽烟而罹患肺癌者在全部不抽烟受测者中的占比是 0.20。

2） 不抽烟而健康者在全部不抽烟受测者中的占比是 0.80。

3） 抽烟而罹患肺癌者在全部抽烟受测者中的占比是 0.72。

4） 抽烟而健康者在全部抽烟受测者中的占比是 0.28。

本章习题

一、判断题

（　　）1. 我们可以使用 install () 函数来下载所需要的扩展包。

（　　）2. 常被用来获得数据集中趋势的 R 函数有 3 种：mean ()、median () 与 mode ()。

（　　）3. R 程序求取标准偏差的函数为 stdev ()。

（　　）4. 有如下两个命令。

```
> x<- c(3,3,3,2,2,1)
> unique(x)
```

上述命令的执行结果如下所示。

```
[1] 3 2 1
```

（　　）5. 我们可以用 quantile () 函数同时取得第 1 个四分位数、第 2 个四分位数以及第 3 个
四分位数。

（　　）6. 有如下命令。

```
> quantile(1:7)
```

上述命令的执行结果如下所示。

```
  0%  25%  50%  75% 100%
 1.0  2.5  4.0  5.5  7.0
```

（　　）7. R 可以使用 table () 函数去取得数据出现的次数或称频率。

（　　）8. R 可以使用 hist () 函数去绘制直方图，若使用参数 nbreaks =10，表示指定柱状的数
量为 10。

（　　）9. R 语言提供的密度函数 density ()，可以将欲建图表的数据利用这个函数转成一个密度
对象串行（List），然后将这个对象放入 plot () 函数内就可以绘制密度图。

（　　）10. mycar 对象的前 6 个行数据如下所示。

```
                  mpg cyl    am gear
Mazda RX4         21.0  6 Manual    4
Mazda RX4 Wag     21.0  6 Manual    4
Datsun 710        22.8  4 Manual    4
Hornet 4 Drive    21.4  6  Auto     3
Hornet Sportabout 18.7  8  Auto     3
Valiant           18.1  6  Auto     3
```

若使用 mycar 数据框对象绘制汽缸数（cyl）对油耗（mpg）之间的箱形比较图。可以使
用以下的 R 命令。

```
> boxplot(mpg ~ cyl, data = mycar)
```

二、单选题

( ) 1. 以下哪一个不是正确的求取数据集中趋势的函数？

    A. mean（）   B. median（）

    C. 所列 3 个函数都是   D. mode（）

( ) 2. R 程序求取标准偏差的函数为何？

    A. stdev（）   B. std（）   C. sd（）   D. dev（）

( ) 3. 以下命令会得到哪种数值结果？

```
> x<- c(3,3,3,2,2,1)
> length(unique(x))
```

    A. [1] 1   B. [1] 6   C. [1] 3   D. [1] 0

( ) 4. 以下命令会得到哪种执行结果？

```
> x <- c(1,1,1,1,2,2,3)
> table(x)
```

    A. [1] 1 2 3

    B.
```
x
1 2 3
4 2 1
```

    C.
```
x
1 2 3
1 2 3
```

    D. [1] 1 4 2 2 2 3 1

( ) 5. 以下程序片断会得到哪种执行结果？

```
> x <- c(1,1,1,1,2,2,3,4)
> tx <- table(x)
> index <- tx == max(tx)
> names(tx[index])
```

    A. [1] "1"   B. [1] "2"   C. [1] "3"   D. [1] "4"

( ) 6. 以下命令会得到哪种数值结果？

```
> x <- c(1,1,1,1,2,2,3,4)
> which.max(x)
```

    A. [1] 1   B. [1] 4   C. [1] 8   D. [1] 6

( ) 7. 给定 x 向量内容为（1, 2, 2, 3, 3, 3, 4, 4, 4, 4, 5, 5, 5, 6, 6, 7），使用以下哪个命令可以得到以下的统计图？

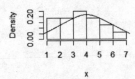

    A.
```
> hist(x)
> density(x)
```

    B.
```
> hist(x,freq=FALSE)
> lines(density(x))
```

C. ```
> plot(density(x))
> hist(x)
```

D. ```
> hist(x)
> lines(density(x))
```

( ) 8. mycar 对象的前 6 个行数据如下所示。

```
                  mpg cyl      am gear
Mazda RX4         21.0  6 Manual    4
Mazda RX4 Wag     21.0  6 Manual    4
Datsun 710        22.8  4 Manual    4
Hornet 4 Drive    21.4  6 Auto      3
Hornet Sportabout 18.7  8 Auto      3
Valiant           18.1  6 Auto      3
```

若使用 mycar 数据框对象绘制汽缸数（cyl）对油耗（mpg）影响的箱形图。应该使用以下的哪一个命令？

A. `> boxplot(mpg | cyl,data=mycar)`

B. `> boxplot(mpg ~ cyl, data = mycar)`

C. `> boxplot(mycar$mpg + mycar$cyl)`

D. `> boxplot(~mpg+cyl,data=mycar)`

( ) 9. 若两个向量 x 与 y 执行了以下的命令，并且结果如下所示。

```
> length(x)
[1] 10
> cor(x,y)
[1] -0.9006627
```

可知两向量之间的关系为何？

A. 轻微的正线性相关
B. 很强的正线性相关
C. 很强的负线性相关
D. 无法判断线性相关性

( ) 10. 若给定 1 个 table 对象，它的内容如下所示。

```
> tab1
   C D
A  1 3
B  2 4
```

使用以下哪个命令可以得到下列加总的结果？

```
   C D Sum
A  1 3  4
B  2 4  6
```

A. `> addrow(tab1)`

B. `> addmargins(tab1,margin=1)`

C. `> addmargins(tab1,margin=2)`

D. `> addmargins(tab1)`

三、多选题

( ) 1. 以下何命令可以用来下载 MASS 扩充包？（选择两项）

A. > load（MASS）
B. > install.packages（MASS）

C. > download（MASS） D. > library（MASS）

E. > install（MASS）

（　　）2.　summary（）函数所提供的结果中不包含以下哪种统计值？（选择两项）

A. mean B. 3rd. Qu.

C. median D. mode

E. var

四、实际操作题（如果题目有描述不周详时，请自行假设条件）

1.　以 x<-rnorm（100,mean=60,sd=12）产生包含 100 个平均数为 60，标准偏差为 12 的正态分布
随机数向量 x，并计算出 x 的平均数、中位数、众数、变异数、标准偏差、全距、最大值、
最小值、第 1 个四分位数、第 3 个四分位数等各项统计值。

注：rnorm（）函数的第一个参数是表示产生 100 个数据。

2.　参考实例 ch16-44 绘制上题中 x 的直方图并加上密度图。

3.　使用 summary（）函数以了解前题中的向量 x 的各项汇总统计并绘制其箱形图。

4.　以 y<-rchisq（100, df=8）产生包含 100 个自由度为 8，卡方分布的随机数向量 y，并重复前面
三题的操作，求取各项统计值、绘制直方图加密度图、调用 summary（）函数并绘制箱形图。

5.　求上述题目所产生的 x 与 y 两向量间的线性相关系数。

MEMO

17

正态分布

所谓的正态分布（Normal Distribution）又称高斯分布（Gaussian Distribution），许多统计学的理论都是假设所使用的数据是正态分布，这也是本章的主题。

数据分析师（Data Analyst）或大数据工程师（Big Data Engineer）在研究数据时，首先要做的是确定数据是否合理？也就是要求数据是正态分布，接下来我们将举一系列实例作说明。

17-1 用直方图检验 crabs 对象

检验数据是否符合正态分布，很简单的方法是我们可以用 histogram（）函数将数据导入，直接了解数据的分布从而作推断。由于这个函数是在扩展包 lattice 内，所以使用前须先加载。

```
> library(lattice)
>
```

在前面章节我们已经多次使用了这个对象 crabs，本小节笔者将用该对象的 CW 字段（甲壳宽度）为例作说明。

实例 ch17_1：使用 histogram（）函数绘出 crabs 对象 CW（螃蟹甲壳宽度）的直方图。

```
> histogram(crabs$CW)
>
```

[执行结果]

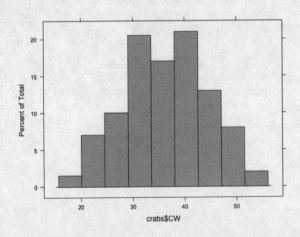

由上图判断 crabs ＄CW 数据是否为正态分布？可能不同的数据分析师有不同的看法，不过没关系，因为接下来笔者还会介绍如何直接用数据作检验。不过笔者在此还是先下结论，上述数据是服从正态分布的。其实我们也可以使用 crabs 对象的 sex 字段，将公的螃蟹和母的螃蟹分开检验其 CW 数据，从而了解其是否符合正态分布。

实例 ch17_2：绘出公螃蟹和母螃蟹 CW 数据的直方图。

```
> histogram(~CW | sex, data = crabs)
>
```

[执行结果]

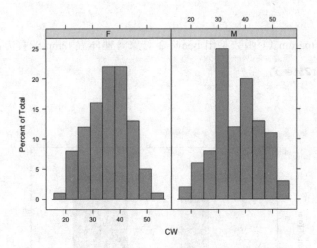

在上述 histogram () 函数中，我们在第 1 个参数中使用了如下公式。

~CW | sex

~ : 左边没有数据，右边有下列两个数据。

❑ CW : 绘图是使用 CW 变量的数据。

❑ sex : 这是一个因子变量，F 表示母螃蟹，M 表示公螃蟹。

sex 参数左边有 "|"，这是统计学符号，表示 "基于……条件"，由此可以分开处理公螃蟹和母螃蟹的数据。得到上述结果后，笔者在此还是先下结论，上述两个数据均服从正态分布假设。

17-2 用直方图检验 beaver2 对象

beaver2 这组数据是美国威斯康星州的生物学家 Reynolds 在 1990 年 11 月 3 日和 4 日 2 天每隔 10 分钟记录一次海狸（Beaver）的体温所得的数据，同时他还记录当时的海狸是否属于活跃（active）状态，以下是这个对象的数据。

```
> str(beaver2)
'data.frame':    100 obs. of  4 variables:
 $ day  : num  307 307 307 307 307 307 307 307 307 307 ...
 $ time : num  930 940 950 1000 1010 1020 1030 1040 1050 1100 ...
 $ temp : num  36.6 36.7 36.9 37.1 37.2 ...
 $ activ: num  0 0 0 0 0 0 0 0 0 0 ...
> head(beaver2)
  day time  temp activ
1 307  930 36.58     0
2 307  940 36.73     0
3 307  950 36.93     0
4 307 1000 37.15     0
5 307 1010 37.23     0
6 307 1020 37.24     0
>
```

上述 temp 字段记录的是海狸的体温，activ 字段记录的是海狸是否处于活跃状态，1 表示"是"，0 表示"否"。

实例 ch17_3：使用 histogram（）函数绘出 beaver2 对象海狸体温 temp 的直方图。

```
> histogram(beaver2$temp)
>
```

[执行结果]

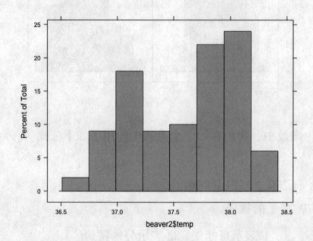

由上述结果可以发现数据的高峰有两块，同时中位部分往下凹，笔者在此还是先下结论，上述海狸数据与正态分布相比有较大的偏差。但是在上述数据中部分海狸是属活跃状态，部分是属非活跃状态，接下来我们分开处理这两种状态的海狸。

实例 ch17_4：绘出活跃和不活跃海狸体温 temp 数据的直方图。

```
> histogram(~temp | factor(activ), data = beaver2)
>
```

[执行结果]

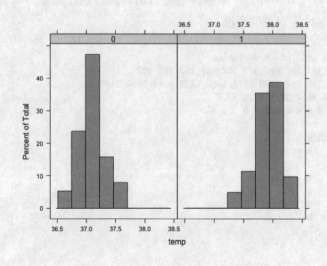

与实例 ch17_2 相同的是，笔者在 histogram（）函数的第一个参数，输入了一个如下公式。

~temp | factor（activ）

由于在 beaver2 对象内 activ 是一个数值向量，所以笔者使用 factor（）函数将 activ 对象转成因子。当然若是由上图看来，活跃的海狸体温数据和不活跃的海狸体温数据是不拒绝服从正态分布假设的。

17-3 用 QQ 图检验数据是否服从正态分布

R 语言提供的 qqnorm（）函数可以绘制 QQ 图，我们可以用所绘制的图是否呈现一直线判断其是否正态分布。另外，R 语言还提供了一个 qqline（）函数，这个函数会在 QQ 图中绘一条直线，如果 QQ 图的点越接近这条直线，则表示数据越接近正态分布。

实例 ch17_5：使用 qqnorm（）函数绘出 crabs 对象 CW（螃蟹甲壳宽度）的 QQ 图，然后判断是否其服从正态分布。

```
> qqnorm(crabs$CW, main = "QQ for Crabs")
>
```

[执行结果]

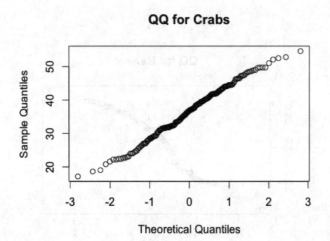

由上图可以发现，数据趋近直线，所以上述数据是服从正态分布的。接下来我们可以使用 qqline（）为上述 QQ 图增加一条直线，再观察结果。

实例 ch17_6：使用 qqline（）函数为实例 ch17_5 的结果增加直线，再判断其是否服从正态分布。

```
> qqline(crabs$CW)
>
```

[执行结果]

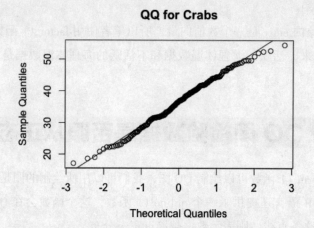

由上述执行结果可以看到 QQ 图的确是非常趋进一条直线，所以更加确定上述数据是服从正态分布的。接下来我们看看海狸的实例。

实例 ch17_7：使用 qqnorm（）函数绘出 beaver2 对象中海狸体温 temp 的 QQ 图，再判断其是否服从正态分布。

```
> qqnorm(beaver2$temp, main = "QQ for Beaver")
>
```

[执行结果]

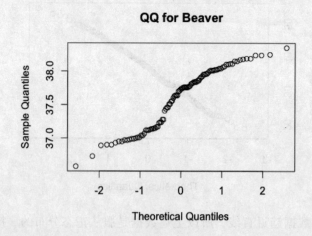

由上图可以发现，数据没有趋近直线，所以上述数据是不服从正态分布的。接下来我们可以使用 qqline（）为上述 QQ 图增加一条直线，再观察结果。

实例 ch17_8：使用 qqline（）函数为实例 ch17_7 的结果增加直线，再判断其是否服从正态分布。

```
> qqline(beaver2$temp)
>
```

[执行结果]

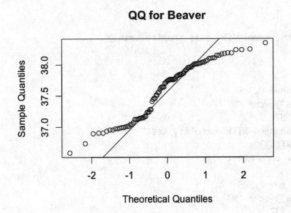

由上图可以发现，上述数据偏离直线许多，所以更加确定上述海狸体温的数据是不服从正态分布的。

17-4 shapiro.test（）函数

前 2 节笔者使用了直方图显示了数据的分布，最后判断数据是否呈现正态分布难免受到主客观因素的干扰，因此我们可能需使用更客观的方法来检验数据是否服从正态分布，一般最广泛使用的是本节所要介绍的 Shapiro-Wilk 检验，这个方法非常容易，只要将要检验的数据当作 shapiro.test（）函数的参数即可。

实例 ch17_9：使用 shapiro.test（）检验 crabs 对象的 CW（甲壳宽度）数据是否服从正态分布。

```
> nortest1 <- shapiro.test(crabs$CW)
> str(nortest1)
List of 4
 $ statistic: Named num 0.991
  ..- attr(*, "names")= chr "W"
 $ p.value  : num 0.254
 $ method   : chr "Shapiro-Wilk normality test"
 $ data.name: chr "crabs$CW"
 - attr(*, "class")= chr "htest"
>
```

上述 R 将传回一个串行（List）对象，所以笔者使用 str（）函数列出结果对象，当然对于上述传回的串行数据最重要的元素是 p.value，所以下列笔者单独列出其值。

```
> nortest1$p.value
[1] 0.2541548
>
```

p-value 主要是反映数据样本服从正态分布的概率，值越小概率越小，通常用 0.05 做临界标准，如果值大于 0.05（此例是 0.2541548），表示此数据服从正态分布的。

实例 ch17_10：使用 shapiro.test（）检验 crabs 对象中公螃蟹和母螃蟹的 CW（甲壳宽度）数据是否服从正态分布。

```
> nortest2 <- with(crabs, tapply(CW, sex, shapiro.test))
> str(nortest2)
List of 2
 $ F:List of 4
  ..$ statistic: Named num 0.988
  .. ..- attr(*, "names")= chr "W"
  ..$ p.value  : num 0.526
  ..$ method   : chr "Shapiro-Wilk normality test"
  ..$ data.name: chr "X[[i]]"
  ..- attr(*, "class")= chr "htest"
 $ M:List of 4
  ..$ statistic: Named num 0.983
  .. ..- attr(*, "names")= chr "W"
  ..$ p.value  : num 0.237
  ..$ method   : chr "Shapiro-Wilk normality test"
  ..$ data.name: chr "X[[i]]"
  ..- attr(*, "class")= chr "htest"
 - attr(*, "dim")= int 2
 - attr(*, "dimnames")=List of 1
  ..$ : chr [1:2] "F" "M"
>
```

上述传回的串行内又有两个串行，我们可以使用下列方法了解个别的 p-value 值。

```
> nortest2$F$p.value          #母螃蟹的p.value值
[1] 0.5256088
> nortest2$M$p.value          #公螃蟹的p.value值
[1] 0.2368288
>
```

由上述数据可以得到，p.value（母螃蟹）和 p.value（公螃蟹）的值均远大于 0.05，所以 crabs 对象的公螃蟹和母螃蟹的 CW（甲壳宽度）数据是服从正态分布的。

实例 ch17_11：使用 shapiro.test（）检验 beaver2 对象的 temp（海狸体温）数据是否服从正态分布。

```
> nortest3 <- shapiro.test(beaver2$temp)
> nortest3$p.value
[1] 7.763623e-05
>
```

由于最后 p.value 值小于 0.05，表示此数据不服从正态分布的。

实例 ch17_12：使用 shapiro.test（）检验 beaver2 对象，了解活跃海狸和不活跃海狸的 temp（海狸体温）数据是否服从正态分布。

```
> nortest4 <- with(beaver2, tapply(temp, activ, shapiro.test))
> nortest4$`0`$p.value
[1] 0.1231222
> nortest4$`1`$p.value
[1] 0.5582682
>
```

由于最后不论是活跃的还是不活跃的海狸的 p.value 值均大于 0.05，表示两个数据均服从正态分布。

本章习题

一、判断题

(   )1. 我们可以用 histogram () 函数将数据导入，直接了解数据的分布从而作推断。由于这个函数是在扩展包 lattice 内，所以使用前先以 library（lattice）加载。

(   )2. histogram () 函数已经在 R 的基本设定中，因此不需要加载任何扩展包，可以直接执行，不会有任何错误信息。

(   )3. shapiro.test () 函数已经在 R 的基本设定中，因此不需要加载任何扩展包，可以直接执行检测，不会有任何错误信息。

(   )4. 我们想要数据框 x 中的数值变量 y 在不同的因子变量 sex 下分别检验其 y 数据，了解其是否符合正态分布。在我们已经加载了相关的扩展包后，可以使用以下代码来完成检测。

```
> histogram( ~ y | sex, data=x)
```

(   )5. 我们可以仅使用 qqnorm () 函数绘制出以下的统计图。

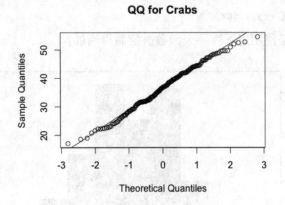

(   )6. 以下的 QQ 图可以看出 Beaver 变量大致是服从正态分布的。

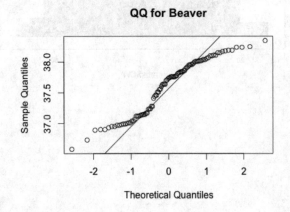

（　　）7. 我们使用了 shapiro（x）函数对数值变量 x 进行检测，结果 x $ p.value 的数值为 0.12。表示有很强的证据显示 x 符合正态分布。

二、单选题

（　　）1. 以下哪种函数在使用前必须加载扩展包才能够顺利执行，否则会产生错误信息。

    A. histogram（）

    B. shapiro.test（）

    C. qqnorm（）

    D. qqline（）

（　　）2. 我们想要数据框 x 中的数值变量 y 在不同的因子变量 sex 下分别检验其 y 数据，从而了解其是否符合正态分布。我们已经加载了相关的扩展包后，可以使用以下哪一个 histogram（）函数来正确完成检测？

    A. > histogram(~ y | sex, data=x)

    B. > histogram(y | sex, data=x)

    C. > histogram(x$y | sex)

    D. > histogram(~ y | sex)

（　　）3. 以下的统计图是使用以下哪一个函数所绘制得到的？

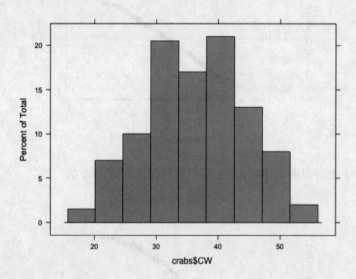

    A. histogram（）

    B. qqline（）

    C. boxplot（）

    D. plot（）

( ) 4. 以下的统计图是使用以下哪一个函数所绘制得到的?

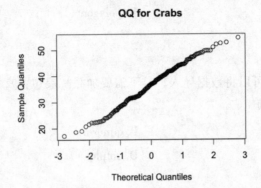

    A. qqline ()   B. qqnorm ()   C. qqpoints ()   D. histogram ()

( ) 5. 我们使用了 shapiro.test（x）函数对数值变量 x 进行检测，以下哪一个 x $ p.value 数值结果。表示有很强的证据显示 x 不符合正态分布。

    A. 0.12   B. 0.58   C. 0.001   D. 0.95

( ) 6. 我们使用了 shapiro.test（）分别对 nortest2 $ F 与 nortest2 $ M 进行了检测，得到如下的结果。以下结论哪一个是正确的?

```
> nortest2$F$p.value
[1] 0.5256088
> nortest2$M$p.value
[1] 0.0068288
```

    A. nortest2 $ F 与 nortest2 $ M 均符合正态分布

    B. nortest2 $ F 与 nortest2 $ M 均不符合正态分布

    C. nortest2 $ F 不符合正态分布而 nortest2 $ M 符合正态分布

    D. nortest2 $ F 符合正态分布而 nortest2 $ M 不符合正态分布

( ) 7. 以下是在不同的条件下 temp 变量的直方图，它们是由以下哪一个绘图函数所绘制出来的?

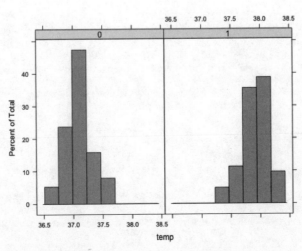

A. qqplot（）   B. histogram（）

C. barplot（）   D. polygon（）

三、多选题

（   ）1. 以下哪几种函数可以将数据导入，且不需要加载扩展包，直接了解数据的分布从而作推断？（选择 3 项）

A. hist（）   B. qqnorm（）

C. shapiro.test（）   D. dotplot（）

E. histogram（）

（   ）2. 以下哪几种函数可以用来检测数值数据是否为正态分布？（选择 3 项）

A. histogram（）   B. qqnorm（）

C. shapiro.test（）   D. boxplot（）

E. dotchart（）

四、实际操作题（如果题目有描述不周详时，请自行假设条件）

1. 使用 histogram（）函数绘制 crabs 数据框的 FL 变量的直方图；并使用 sex 因子变量作为条件变量再绘制直方图，并解说你所得到的结果。

2. 使用 qqnorm（）与 qqline（）函数绘制 crabs 数据框的 FL 变量的 QQ 图，并解说你所得到的结果；再使用 shapiro.test（）检测 crabs＄FL 变量是否符合正态分布。

18

数据分析——统计绘图

18-1 分类数据的图形描述

在进行数据分析时，如果能够有相关的图形做辅助，更能使分析令人印象深刻。分类（质化）数据的描述绘图，相对比较简单，使用柱形图（Barplot）或圆饼图（Pie Chart），均可以直观地进行各个类别间次数或者量化多寡的比较。之前我们使用 table（）函数已经能够以汇总表的方式呈现，在此我们以两种统计图的方式来呈现各类别数据间的相互比较。

18-1-1 条形图与 barplot（）函数

条形图又可分为垂直条形图与水平条形图，主要是用来标示某变量的数据变化，我们可以使用 barplot（）函数轻易完成此项工作。有关于 barplot（）绘图函数的使用格式如下所示。

barplot（height, width = 1, space = NULL, horiz = FALSE,

xlim = NULL, ylim = NULL, legend.text = NULL,

main = NULL, xlab = NULL, ylab = NULL）

❏ height：绘图的对象，可以为向量或者矩阵，提供形的高度值。

❏ width：直方图中每一形的宽度。

❏ space：直方图中两相邻形的间隔。

❏ horiz：逻辑值；默认为 FALSE，绘制的是直立式，若为 TRUE 则绘制水平式。

❏ legend.text：一个作为图例说明的文字向量。

❏ main, sub：绘图的标题文字及副标题文字。

❏ xlab, ylab：x 轴及 y 轴的标签。

❏ xlim, ylim：x 轴及 y 轴的数值界限。

其他参数及说明请使用" ?barplot"查询。

实例 ch18_1：使用 barplot（）函数绘制出 islands 数据中前 5 大岛屿的面积垂直条形图，以下是先建立前 5 大岛屿的面积向量。

```
> big.islands <- head(sort(islands, decreasing = TRUE), 5)
>
```

以下是验证 big.islands 向量对象的内容。

```
> big.islands
        Asia        Africa North America South America    Antarctica
       16988         11506          9390          6795          5500
>
```

以下是绘制垂直条形图的程序代码。

```
> barplot(big.islands, width = 1, space = 0.2, main = "Land area of islands")
>
```

[执行结果]

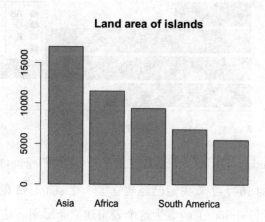

可以看到部分岛屿的名称未显示，加大宽度即可显示，如下图所示。

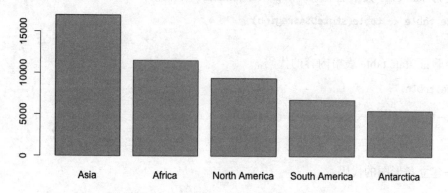

实例 ch18_2：建立一个血型数据向量，同时依据此血型数据绘出条形图。

以下是建立此血型数据向量以及给此数据向量的各元素命名。

```
> blood.info <- c(23, 40, 38, 12)
> names(blood.info) <- c("A", "B", "O", "AB")
>
```

以下是验证此向量数据。

```
> blood.info
 A  B  O AB
23 40 38 12
```

以下是建立水平条形图。

```
> barplot(blood.info, horiz = TRUE, width = 1, space = 0.2, legend.text = names
(blood.info), main = "Blood Statistics")
>
```

[执行结果]

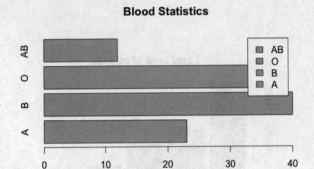

上述代码中的参数 "horiz = TRUE"，表示建立水平条形图，"legend.text" 参数表示建立图例。

实例 ch18_3：在第 16 章的 16-1-2 节我们已经建立了一个 stateUSA 的数据框，我们先用 region 字段建立一个表格，再利用 barplot () 函数为这个表格建立条形图。这样就可以建立，美国各区（region）的州数量的条形图。

下列是为 stateUSA 数据框对象的 region 字段建立一个表格 state.table 的代码。

```
> state.table <- table(stateUSA$region)
>
```

下列是验证 state.table 表格内容的代码。

```
> state.table

    Northeast    South North Central        West
            9       16            12          13
>
```

下列是建立条形图的代码。

```
> barplot(state.table, xlab = "Region", ylab = "Population", col = "Green")
>
```

[执行结果]

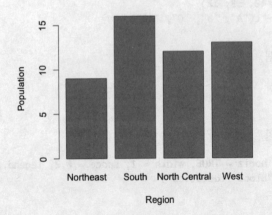

在上述建立条形图的过程中，我们建立了 x 和 y 轴的标签，同时也将条形图的颜色设为绿色。

18-1-2　圆饼图与 pie () 函数

圆饼图（也称圆瓣图）适合表示于分类数据中各个不同类别的数据占总数的比例，因此可以说是分类数据下相对次数分布表的图示。在圆饼中显示所有类别及各类实际出现的相对次数或比例，以面积表达相对差异。面积大小的比例计算即化为角度大小的比例，可以使用（360 度）*（所占百分比）得到。有关于 pie () 绘图函数的使用格式如下所示。

pie（x, labels = names（x），radius = 0.8,

　　clockwise = FALSE, main = NULL, ... ）

- ❑ x：一个非负值向量，作为圆饼图每一部分面积大小的比例。
- ❑ labels：一个文字向量，作为圆饼图每一部分的名称说明。
- ❑ radius：圆饼图的半径长度，数值在 –1 与 1 之间，超过 1 时会有部分图被切割。
- ❑ clockwise：逻辑值，表示将所给数值按顺时针或逆时针绘图。
- ❑ col：一组向量，表示圆饼图每一部分的颜色。
- ❑ main：圆饼图的标题文字。

其他参数及说明请使用"?pie"查询。

实例 ch18_4：重新设实例 ch18_1，使用 pie () 函数，依据 big.islands 数据（实例 ch18_1 所建），绘制出前 5 大岛屿的面积圆饼图。

```
> pie(big.islands, main = "Land area of islands")
>
```

[执行结果]

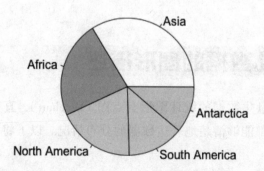

实例 ch18_5：重新设计实例 ch18_2，建立一个血型数据向量，同时依此血型数据绘出圆饼图，所有数据均使用实例 ch18_2 所建的数据。

```
> pie(blood.info, main = "Blood Statistics")
>
```

[执行结果]

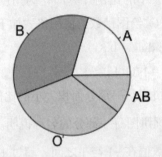

实例 ch18_6 : 重新设计实例 ch18_3，使用 pie () 函数为美国各区（region）的州数量建立圆饼图，同时设定每个数据对应区域的颜色。

```
> pie(state.table, col = c("Yellow", "Green", "Gray", "Red"))
>
```

[执行结果]

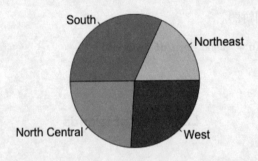

18-2 量化数据的图形描述

　　一般常见的单变量量化数据的统计图形有点图（Dotchart）、直方图（Histogram）、箱形图（Boxplot），等等。它们都能够清楚地表达数据的分布情况。以下将分别使用 Dotchart、Hist 与 Boxplot 来描述量化数据。

　　绘图函数内部的参数，例如，xlim、ylim、xlab、ylab 以及 main 均已经在上一节分类数据绘图函数 barplot () 中说明，它们的使用方法均是一样的，因此在此也就不加以赘述了。

18-2-1 点图与 dotchart () 函数

R 中的点图是使用 dotchart () 函数来绘制的。水平轴是用来表示数值出现的次数，垂直轴则是用来表示数值数据变量值的范围，每一个点代表某一个数值出现了几次。所以由点图就能够了解数据实际出现在那些数值即隐含的分配情形，也能够迅速地得到数值数据的众数。有关于 pie () 绘图函数的使用格式如下所示。

dotchart（x, labels = NULL, groups = NULL, gdata = NULL,

cex = par（"cex"）, pch = 21, gpch = 21, bg = par（"bg"）,

color = par（"fg"）, gcolor = par（"fg"）, lcolor ="gray",

xlim = range（x[is.finite（x）]）,

main = NULL, xlab = NULL, ylab = NULL, ...）

❏ x：可以是向量或者矩阵（使用行）。

❏ labels：数据的标签。

❏ groups：列出数据如何分组，若为矩阵，则以列（Column）进行分组。

❏ gdata：标示出使用什么样的统计方式作为绘图的依据。

❏ cex：绘图字符的大小。

❏ pch：绘图字符，默认是 19，代表空心圆。

❏ gpch：不同的分组分别使用什么字符绘图。

❏ bg：背景颜色。

❏ color：标签与绘图点的颜色。

❏ gcolor：分组标签与值的颜色。

❏ lcolor：绘制的水平线的颜色。

其他参数及说明请使用"?dotchart"查询。

实例 ch18_7：使用 dotchart () 函数，绘出美国人口最少的 5 个州的数据的点图，程序代码如下所示。

```
> state.po <- state.x77[, 1]            #取得各州人口数向量
> small.st <- head(sort(state.po), 5)  #取得人口最少的5个州数据
>
```

下列是验证 small.st 对象的数据内容的。

```
> small.st
  Alaska Wyoming Vermont Delaware   Nevada
     365     376     472      579      590
>
```

下列是建立点图的程序代码。

```
> dotchart(small.st)
>
```

[执行结果]

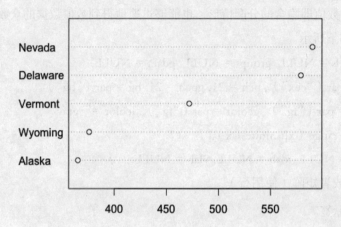

在 R 中有一个系统内建的矩阵 VADeaths 对象，这个对象记录了 1940 年美国 Virginia 州每 1000 人的死亡率，其中年龄层的划分为 50 ~ 54、55 ~ 59、60 ~ 64、65 ~ 69、70 ~ 74。同时区分乡村（Rural）男性与女性，城市（Urban）男性和女性。下列是了解其结构的程序代码。

```
> str(VADeaths)
 num [1:5, 1:4] 11.7 18.1 26.9 41 66 8.7 11.7 20.3 30.9 54.3 ...
 - attr(*, "dimnames")=List of 2
  ..$ : chr [1:5] "50-54" "55-59" "60-64" "65-69" ...
  ..$ : chr [1:4] "Rural Male" "Rural Female" "Urban Male" "Urban Female"
>
```

下列是列出 VADeaths 内容的程序代码。

```
> VADeaths
      Rural Male Rural Female Urban Male Urban Female
50-54       11.7          8.7       15.4          8.4
55-59       18.1         11.7       24.3         13.6
60-64       26.9         20.3       37.0         19.3
65-69       41.0         30.9       54.6         35.1
70-74       66.0         54.3       71.1         50.0
>
```

实例 ch18_8：使用 dotchart（）函数绘出系统内部对象 VADeaths 的点图。

```
> dotchart(VADeaths, main = "Death Rates in Virginia(1940)")
>
```

[执行结果]

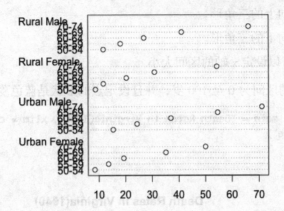

适度增加高度，可以得到下图的结果。

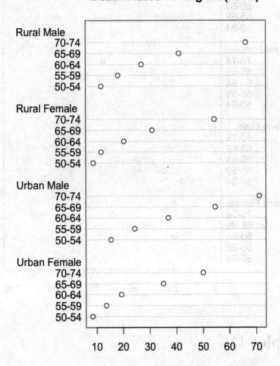

上述 dotchart () 函数，通过设定参数 pch 可设定点的形状，默认是"pch = 19"代表空心圆，其他几个常用的数值及意义如下所示。

pch = 19：实心圆。

pch = 20：项目符号，小一点的实心圆（约 2/3 大小）。

pch = 21：空心圆。

pch = 22：空心正方形。

pch = 23：空心菱形。

pch = 24：空心箭头向上的三角形。

pch = 25：空心箭头向下的三角形。

此外通过 xlim 参数可以设定 x 轴的区间大小。

实例 ch18_9：设定 x 轴的区间为 0 至 100 岁，并且设定点的形状是蓝色菱形。

```
> dotchart(VADeaths, main = "Death Rates in Virginia(1940", xlim = c(0, 100),
pch = 23, col = "Blue")
>
```

[执行结果]

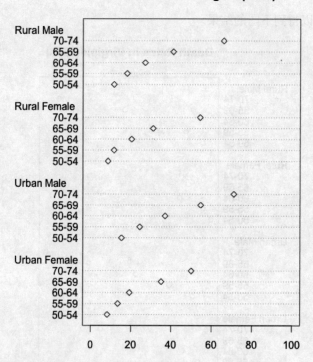

18-2-2　绘图函数 plot（）

plot（）函数其实是一个通用函数，它会依据所输入的对象，自行分配适当的绘图函数执行所需要的任务。此函数可绘制两数值变量的散点图（Scatter plot），可以从中观察出两数值变量间的线性相关性。当然 plot（）也被用来绘制 table、factor 以及 ts 等对象的统计图，只是应用于不同的对象时所定义出来的图形也会有所不同。我们先来介绍 plot（）函数的语法与所需要的参数，并实际举出各种不同对象的实例来加以说明其应用。有关于 plot（）绘图函数的使用格式如下所示。

plot（x, y, ...）

❑ x : x 数值向量数据，不同的对象可以绘制出不同的结果。

❑ y : y 数值向量数据，视 x 有无情况而定。

❑ type : 绘图的形式。"p" 为点；"l" 为线；"b" 为两者（点和线）；"c" 为 "b" 中的线部分；"o" 为重叠；"h" 为垂直线图；"s" 为阶梯型；"n" 为不绘图。

❑ main, sub, xlab, ylab : 标题、次标题、x 轴标签、y 轴标签。

❑ asp : y/x（y 对比于 x）间的比值。

18-2-2-1　绘制时间数列对象

我们首先绘制的是时间数列（ts）图，也就是在图上依时间序列绘出唯一提供的数值向量。

实例 ch18_10 : 使用实例 ch10_25 所建的中国台湾出生人口的时间数列对象 num.birth，然后利用 plot（）函数绘制只有一个变量的时间数列图。

```
> plot(num.birth, xlab = "Year", ylab = "Born Population", type = "l", main =
"type = l -- Default")
>
```

[执行结果]

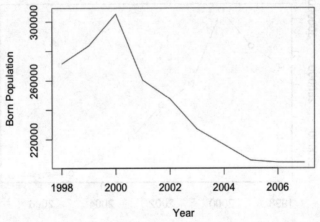

上述参数 "type ="，将直接影响所绘制图的类型，默认 type = "l"，表示各点间用直线连接，所以上述实例若省略参数 "type =" 将获得一样的结果，以下是不同 type 参数所获得的图形，请留意笔者在标题标注了所用的 type 类型。

1）type = p : 点。

```
> plot(num.birth, xlab = "Year", ylab = "Born Population", type = "p", main =
"type = p")
>
```

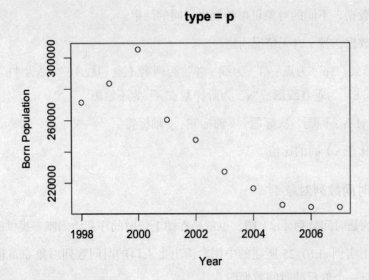

2）type = b：点和线。

```
> plot(num.birth, xlab = "Year", ylab = "Born Population", type = "b", main =
"type = b")
>
```

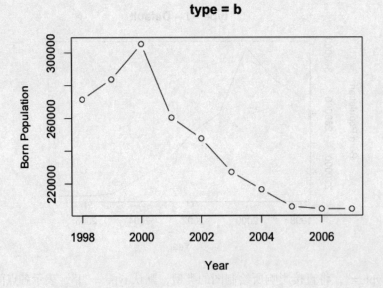

3）type = c："b" 的线部分。

```
> plot(num.birth, xlab = "Year", ylab = "Born Population", type = "c", main =
"type = c")
>
```

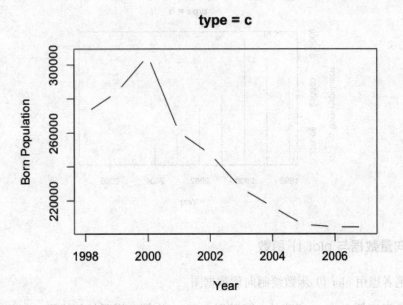

4）type = o：重叠"a""b"两种图。

```
> plot(num.birth, xlab = "Year", ylab = "Born Population", type = "o", main =
"type = o")
>
```

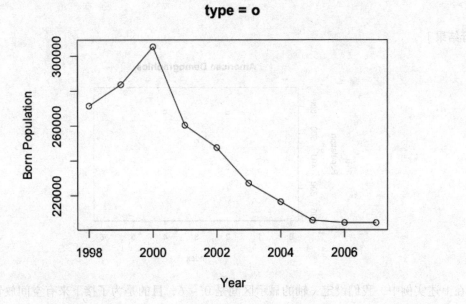

5）type = h：垂直线图。

```
> plot(num.birth, xlab = "Year", ylab = "Born Population", type = "h", main =
"type = h")
>
```

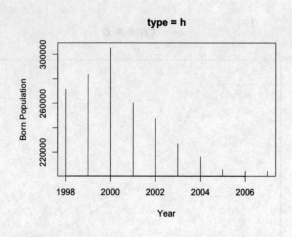

18-2-2-2　向量数据与 plot () 函数

接下来，笔者想用 plot () 函数绘制向量数据图。

实例 ch18_11：以实例 ch18_7 所建的向量数据 state.po 为例，说明如何使用 plot () 函数，绘制美国人口数最少的 5 个州的数据图。

```
> plot(small.st, xlim = c(0, 6), ylim = c(200, 650), ylab = "Population", main =
"American Demographics")
>
```

[执行结果]

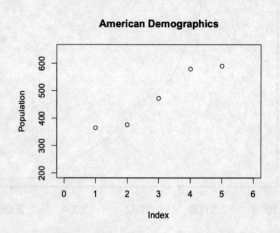

在上述实例中，我们设定 x 轴的显示区间是 0 ~ 6，目的是为了接下来有空间放置文字，y 轴的显示区间是 200-600（20 万至 60 万人口），也是为了接下来有空间放置文字。我们将 y 轴标题设为 "Population"，主标题设为 "American Demographics"。

实例 ch18_12：为数据标签加上州名。

```
> text(small.st, labels = names(small.st), adj = c(0.5, 1))
>
```

[执行结果]

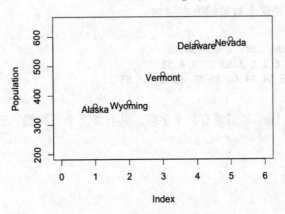

由上述执行结果可以看到,我们已经成功使用 text () 函数为数据标签加上州名称了。另外在 text () 函数内,参数 adj 的作用主要是指出标签数据的对齐方式。这是一个含两个元素的向量,它的可能值是 0、0.5 和 1,分别表示靠左 / 靠下、中间和靠右 / 靠上对齐。

18-2-2-3 数据框数据与 plot () 函数

在前几章节笔者已经多次使用 crabs 对象,在此我们也继续使用此对象,这是一个数据框对象。

实例 ch18_13:使用 plot () 函数绘制 crabs 对象的 FL(前额叶长度)和 CW(甲壳宽度)的数据关系图。

```
> plot(crabs$CW, crabs$FL)
>
```

[执行结果]

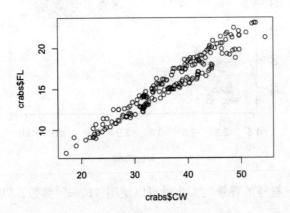

由上述图形的趋势,可以发现螃蟹的前额叶长度(FL)较长则甲壳宽度也将较宽,前额叶长度(FL)较短则甲壳宽度也将较窄。美国黄石国家公园(Yellowstone Natural Park)有一个著名的

景点老实泉（Old Faithful Geyser），它会按固定时间喷发温泉。在 R 系统内有一个数据集 faithful，这个数据集记录每次温泉喷发的时间长短（eruptions）和两次喷发之间的时间（waiting），两个数据的单位均是分钟。下列是这个对象的数据结构。

```
> str(faithful)
'data.frame':   272 obs. of  2 variables:
 $ eruptions: num  3.6 1.8 3.33 2.28 4.53 ...
 $ waiting  : num  79 54 74 62 85 55 88 85 51 85 ...
>
```

由以上数据可以知道 faithful 对象有两个字段，共有 272 个行数据，下列是此数据框的前 6 个行数据。

```
> head(faithful)
  eruptions waiting
1     3.600      79
2     1.800      54
3     3.333      74
4     2.283      62
5     4.533      85
6     2.883      55
>
```

实例 ch18_14：使用 plot（）函数绘制 faithful 对象的数据图。同时笔者参考本章的 18-2-1 节，使用"pch = 24"将标注符号设为箭头朝上的三角形，同时将此符号设为绿色。

```
> plot(faithful, pch = 24, col = "Green")
>
```

[执行结果]

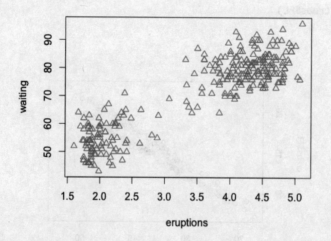

其实也可以设定标记符号的背景色，此时可以使用"bg ="参数，以类似"col ="的方式设定符号的背景色。

实例 ch18_15：重新设计实例 ch18_14，将标注符号设为菱形以及红色背景。

```
> plot(faithful, pch = 23, col = "Green", bg = "Red")
>
```

[执行结果]

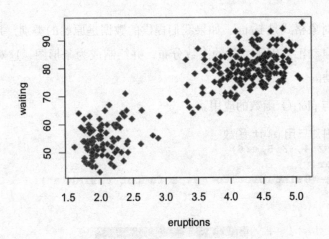

从上述数据图的趋势可以发现，温泉喷发时间越短，等待时间也越短。若温泉喷发时间越长，则等待时间也越长。在设计图表时，可以将不同的数据区域以不同颜色显示。

实例 ch18_16：将温泉喷发时间在 3 分钟之内的数据以红色实心圆形显示，将温泉喷发时间在 4 分钟以上的数据以蓝色实心圆形显示。

在设计这个实例之前，我们必须先将温泉喷发时间大于 4 分钟（long.eru）和小于 3 分钟（short.eru）的数据提取出来，可参考下列代码。

```
> long.eru <- with(faithful, faithful[eruptions > 4, ])
> short.eru <- with(faithful, faithful[eruptions < 3, ])
>
```

接下来使用 plot () 函数绘制 faithful 的数据图，然后再用 points () 函数标注符号的外形和颜色。

```
> plot(faithful)
> points(long.eru, pch = 19, col = "Blue")
> points(short.eru, pch = 19, col = "Red")
>
```

[执行结果]

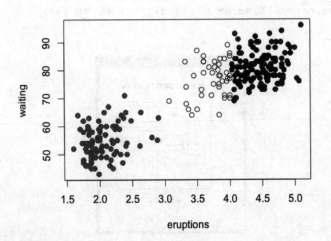

18-2-2-4　因子 factor 与 plot () 函数

另外一个常用的对象格式是 factor，如果我们提供的数据是原始的类别，并使用了 as.factor () 函数，则 plot 函数会自动汇总因子变量的次数分布，并绘制成为条形图，这对于分类数据的分析与绘图也是相当有帮助的。

实例 ch18_17：因子与 plot () 函数的应用。

```
> #建立因子变量并对其用 plot 函数
> y <- c(1:3, 2:4, 3:5,4:6)
> yf<-as.factor(y)
> plot(yf,main="Using plot to graph factor variable")
```

[执行结果]

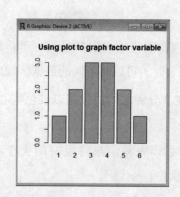

当我们提供的 x 向量为因子变量，而 y 向量为数值向量，则所绘制的 plot 图形为各个因子变量的箱形图。

实例 ch18_18：在这个实例中，我们将 crabs 数据集内的前两个字段以 paste 函数连接起来，并将其重新定义为因子变量，之后将所需要提供的 y 数值变量以该数据集的 FL 变量带入 plot 函数就能够绘制出 4 种群组的箱形图以供进一步的图形比较。

```
> #建立数值变量 FLVS 因子变量的箱形图
> crabs$ss <- as.factor(paste(crabs$sp, crabs$sex, sep="-"))
> plot(crabs$ss,crabs$FL,main='plot(boxplot) FL vs ss')
```

[执行结果]

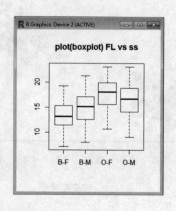

18-2-2-5 使用 lines () 函数绘制回归线

当我们了解如何绘制上述数据图后，也可以使用上述数据图绘制回归线，步骤如下所示。

1) 使用 lm () 函数可以建立一个最简单的线性模型。此例使用 lm () 函数建立喷发温泉的等待模型，如下所示。

```
> model.waiting <- lm(waiting ~ eruptions, data = faithful)
>
```

上述 model.waiting 是 lm () 的一个返回结果，同时上述代码会将 waiting 作为 eruptions 的一个函数。

2) 接着我们可以使用 fitted () 函数，从回归模型中获得拟合值。

```
> model.value <- fitted(model.waiting)
>
```

实例 ch18_19：为 faithful 数据图增加回归线。

```
> plot(faithful)
> lines(faithful$eruptions, model.value, col = "Green")
>
```

[执行结果]

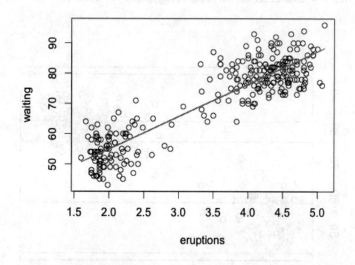

18-2-2-6 使用 abline () 函数绘制线条

若在 abline () 函数内加上参数 "v =" 则可以绘制垂直线。

实例 ch18_20：在 "v = 3.5" 的位置为 faithful 数据图增加垂直线。

```
> plot(faithful)
> abline(faithful, v= 3.5, col = "Blue")
>
```

[执行结果]

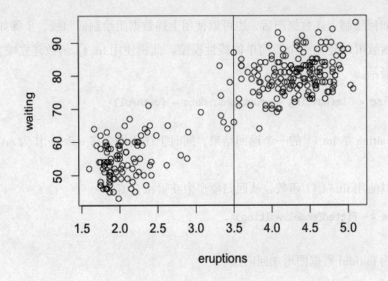

若在 abline () 函数内加上参数 "h =" 则可以绘制水平线。

实例 ch18_21 : 在 waiting 变量的四分位数位置绘制水平线。

```
> plot(faithful)
> abline(faithful, h = quantile(faithful$waiting), col = "Blue")
>
```

[执行结果]

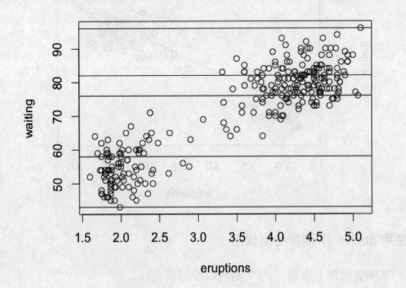

其实 abline () 函数也是一个通用函数，如果传递本章的 18-2-2-4 节所建的 model.waiting，也可以直接绘出 faithful 数据图的回归线。

实例 ch18_22：使用 abline（）函数绘制 faithful 数据图的回归线。

```
> plot(faithful)
> abline(model.waiting, col = "Blue")
>
```

[执行结果]

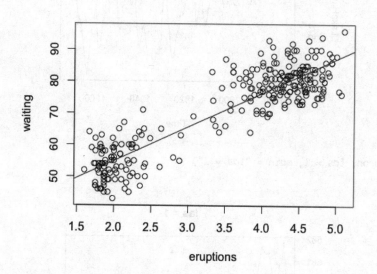

18-2-2-7 控制其他绘图的参数说明

在正式讲述本小节实例前，笔者将介绍另一个对象 LakeHuron，这是一个时间序列对象，其数据结构如下所示。

```
> str(LakeHuron)
 Time-Series [1:98] from 1875 to 1972: 580 582 581 581 580 ...
>
```

上述对象记录了 1875 年至 1972 年美国休伦湖（Huron）的湖面平均高度，单位是英尺。接下来的图形将以这个对象为实例进行说明。

las 参数，las（label style），可用于设定坐标轴的标签角度，它的可能值如下所示。

❑ "0"：这是默认值，坐标轴的标签与坐标轴平行。

❑ "1"：坐标轴的标签保持水平。

❑ "2"：坐标轴的标签与坐标轴垂直。

❑ "3"：坐标轴的标签保持垂直。

实例 ch18_23：测试 las 参数，了解其应用。

```
> plot(LakeHuron, las = 0, main = "las = 0 -- default")
>
```

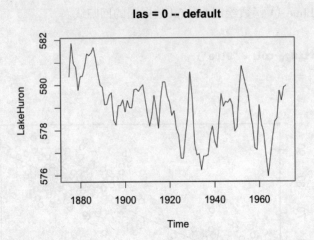

```
> plot(LakeHuron, las = 1, main = "las = 1")
>
```

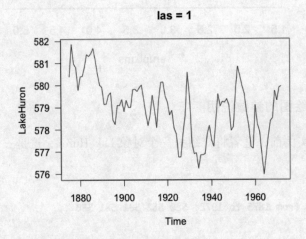

```
> plot(LakeHuron, las = 2, main = "las = 2")
>
```

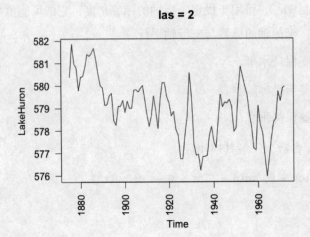

```
> plot(LakeHuron, las = 3, main = "las = 3")
>
```

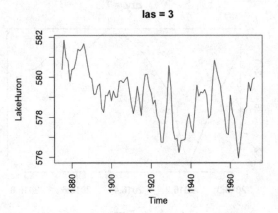

bty 参数：bty（box type），可用于设定外框类型，它的可能值如下所示。

❑ "o"：这是默认值，会绘出完整的图表外框。

❑ "n"：不绘制图表外框。

❑ "l" "7" "c" "u" "]"：可根据这些参数对应的字符形状，绘出边框。

接下来的实例，将使用实例 ch10_27 所建的时间序列变量 water.levels（石门水库的水位数据）。

实例 ch18_24：使用 bty = "n"，不绘边框的应用。

```
> plot(water.levels, bty = "n", main = "bty = n")
>
```

[执行结果]

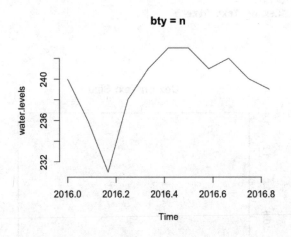

实例 ch18_25：使用 bty = "7"，绘边框的应用。

```
> plot(water.levels, bty = "7", main = "bty = 7")
>
```

R 语言——迈向大数据之路

[执行结果]

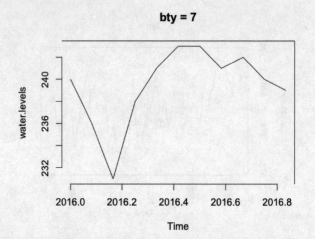

cex 参数：cex（character expansion ratio），这个参数可用于设定图表标签、坐标轴标签和坐标轴刻度的数字大小。它的默认值是 1，若此值小于 1 则字缩小；若此值大于 1 则字放大。它的使用方式如下所示。

- ❑ cex.main：设定图表标签的大小。
- ❑ cex.lab：设定坐标轴标签。
- ❑ cex.axis：设定坐标轴刻度。

实例 ch18_26：下列是笔者随意建立的一个数据图，使用默认的字号。

```
> x <- seq(0, 10, 2)
> y <- rep(1, length(x))
> plot(x, y, main = "Cex on Text Size")
>
```

[执行结果]

Cex on Text Size

实例 ch18_27：使用 cex 调整图表标签、坐标轴标签和坐标轴刻度的数字大小的应用。

```
> plot(x, y, main = "New Cex on Text Size", cex.main = 2, cex.lab = 1.5, cex.axis
= 0.5)
>
```

[执行结果]

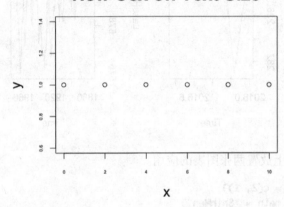

18-3　在一个页面内绘制多张图表的应用

如果想要在单张页面内放置多张图片，需使用两个参数，分别是 mfrow 和 mfcol，可由此设定一个页面要放多少张图，mfrow 可控制 1 行的图形数，mfcol 可控制 1 列的图形数，这两个参数将接收一个含两个元素的向量，由此判断应该如何安排图。mfrow 参数的使用方式如下所示。

如果想要设定 1 行有两张图，则其设定如下所示。

mfrow = c（1, 2）

如果想要设定 1 列有两张图，则其设定如下所示。

mfcol = c（2, 1）

如果想要设定一个页面有 4 张图，则其设定如下所示。

mfrow = c（2, 2）

另外，我们还需使用 par（）函数，我们需将上述设定放入 par（）函数，若想结束目前单个页面放置多张图的状态，也需将上述设定放入 par（）函数。

实例 ch18_28：单个页面并排放置 2 张图表的应用。

```
> x.par <- par(mfrow = c(1, 2))
> plot(water.levels, main = "ShihMen")
> plot(LakeHuron, main = "Lake Huron")
> par(x.par)
>
```

[执行结果]

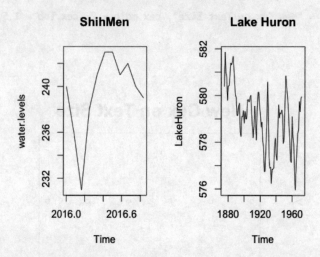

实例 ch18_29：单个页面上放置两张图表的应用。

```
> y.par <- par(mfcol = c(2, 1))
> plot(water.levels, main = "ShihMen")
> plot(LakeHuron, main = "Lake Huron")
> par(y.par)
>
```

[执行结果]

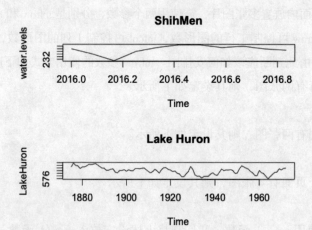

实例 ch18_30：单个页面放置 4 张图表的应用。

```
> x.par <- par(mfrow = c(2, 2))
> plot(water.levels, main = "ShihMen")
> plot(LakeHuron, main = "Lake Huron")
> plot(faithful, main = "faithful")
> plot(crabs$FL, crabs$CW, main = "Crabs")
> par(x.par)
>
```

[执行结果]

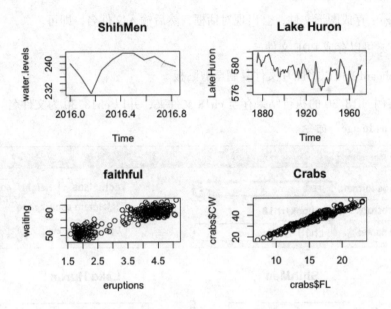

18-4 将数据图存盘

我们可以将所建的图片存入磁盘内，在 RStudio 环境，这项工作非常简单。在 RStudio 窗口右下方的绘图区有 Export 功能按钮，可单击此按钮，如下所示。

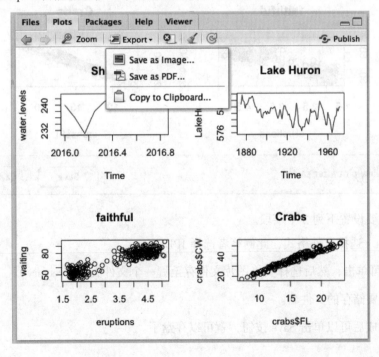

在下拉菜单中有 3 个菜单项。

❏ Save as Image：存成图形文件，会出现对话框，然后输入文件名，即可。

❏ Save as PDF：可以存成 PDF 文件。

❏ Copy to Clipboard：可以将图片文件复制至剪贴板 。

下图是将实例 ch18_30 的执行结果存至 ch18 文件夹，并以 ch18_30 为文件名。在上述窗口中笔者执行 "Save as Image" 命令。

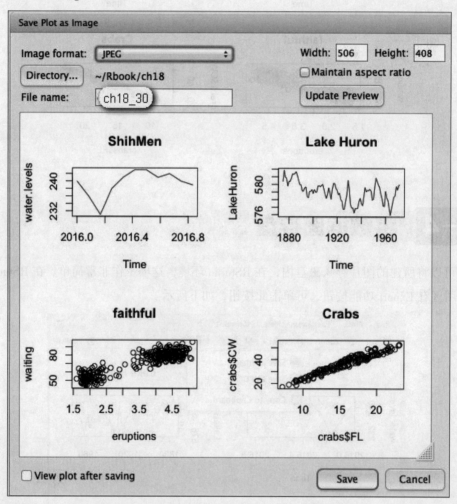

在上图中主要设置下列 3 个字段。

❏ Image format：选择文件格式，此例笔者选择 JPEG。

❏ Directory：可单击，然后选择要将图片文件存至哪一个文件夹（Directory）。

❏ File name：要储存的文件名。

上述设定完成后可以单击 Save 按钮，就可以存盘了。

18-5 新建窗口

至今所绘制的图均是在 RStudio 右下方的窗口显示，其实 R 系统也允许你开一个窗口显示所建的数据文件，可以使用 dev.new () 函数，新建一个窗口，如下所示。

```
> dev.new()
NULL
>
```

上述代码执行后，将新建一个窗口，如下所示。

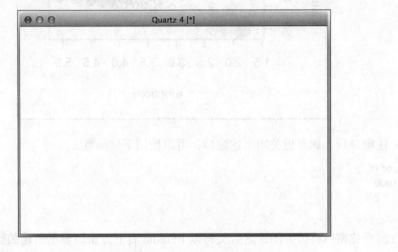

实例 ch18_31：在新建窗口建立一个 LakeHuran 对象的数据文件。

```
> plot(LakeHuron)
>
```

[执行结果]

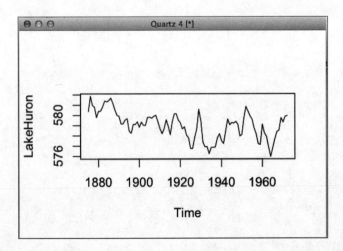

如果没有关闭上述窗口，则所有绘图均在此窗口显示。例如笔者再绘制一张数据图，如下所示。

```
> plot(faithful)
>
```

可以得到下列结果。

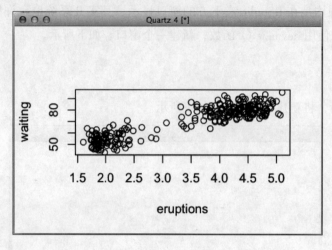

新建上述窗口后，如果想关闭上述窗口，可以使用下列函数。

```
> dev.off( )
RStudioGD
        2
>
```

此时之前所建窗口将被关闭，之后又将以 RStudio 右下方窗口显示所建的数据图。

本章习题

一、判断题

( ) 1. barplot () 与 pie () 两个函数主要是用来绘制分类数据统计图。

( ) 2. dotchart () 与 plot () 两个函数主要是用来绘制分类数据统计图。

( ) 3. 设定函数 barplot () 的参数 horiz=TRUE 将会绘制水平式的条形图。

( ) 4. 如果想要在单个页面内放置多张图片，必须使用参数 mfrow。

( ) 5. 如果想要设定在一个页面内有 2 行 3 列共 6 张图，可以用如下命令。

```
> par(mfrow=c(2, 3))
```

( ) 6. plot () 主要是绘制两数值变量的散点图（Scatterplot），可以从中观察出两数值变量间的线性相关性。当然 plot 也被用来绘制 Table、Factor 以及 timeSeries 等对象的统计图，只是应用于不同的对象时所定义出来的图形也会有所不同。

( ) 7. Plot () 仅用来绘制两数值变量的散点图（Scatterplot），可以从中观察出两数值变量间的线性，并无法应用于分类变量，绘制出箱形图。

( ) 8. 绘制直方图的 R 基本默认命令为 hist (x)。

( ) 9. 绘制箱形图的 R 基本默认命令为 plot (x)。

( ) 10. 绘制 x 与 y 散点图（Scatterplot）的 R 命令为 plot (x, y)。

( ) 11. 绘制箱形图的 R 基本默认命令为 boxplot (x)。

( ) 12. 绘制茎叶图的 R 基本默认命令为 stemplot (x)。

( ) 13. 绘制条形图的 R 基本默认命令为 barplot (x)。

( ) 14. 绘制茎叶图的 R 基本默认命令为 stem (x)。

二、单选题

( ) 1. 以下哪个函数主要是用来绘制分类数据的统计图？

    A. boxplot ()   B. dotchart ()

    C. barplot ()   D. hist ()

( ) 2. 以下哪个函数主要是用来绘制数值数据的统计图？

    A. boxplot ()   B. pie ()

    C. barplot ()   D. points ()

( ) 3. 以下哪种类型的统计图是 plot () 函数无法绘制的？

    A. 成对的散点图   B. 时间序列图

    C. 箱形比较图   D. 所列 3 种都可以绘制

（　）4.　当以下的命令被执行后，我们可以得到以下哪种的统计图形？

> plot(as.factor(x))

A. 散点图　　　　　　　　　　　　B. 时间序列图

C. 箱形图　　　　　　　　　　　　D. 条形图

（　）5.　使用以下哪个函数可以建立一个最简单的线性模型？

A. abline（）　　　　　　　　　　B. anova（）

C. lines（）　　　　　　　　　　　D. lm（）

（　）6.　绘制以下图型的 R 命令可能为哪个？

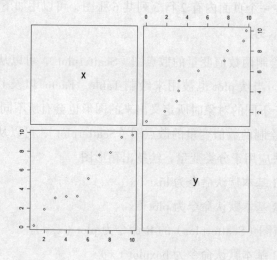

A. plot（matrix（x, y））　　　　　　B. matrix（plot（x, y））

C. pairs（cbind（x, y））　　　　　　D. pair（cbind（x, y））

（　）7.　绘以下图型 R 命令可能为以下哪个？

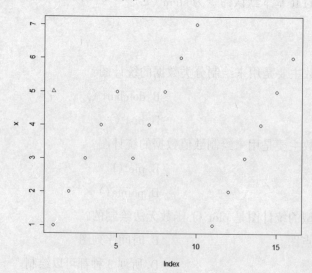

A. plot（x）

points（5, col = "red"）

B. plot（x）

points（5, pch = 24）

C. plot（x）

points（5）

D. plot（x）

points（5, col = "red", pch = 24）

（　　）8. 哪种 R 命令会产生以下图形?

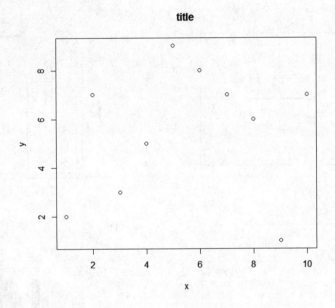

A.
```
1  x=1:10
2  y=c(2,7,3,5,9,8,7,6,1,7)
3  plot(x, y)
```

B.
```
1  x=1:10
2  y=c(2,7,3,5,9,8,7,6,1,7)
3  plot(x, y)
4  title(main="title")
```

C.
```
1  x=1:10
2  y=c(2,7,3,5,9,8,7,6,1,7)
3  plot(x, y)
4  title(sub="title")
```

D.
```
1  x=1:10
2  y=c(2,7,3,5,9,8,7,6,1,7)
3  plot(x, y)
4  title(xlab="title")
```

（　　）9. 以下哪种 R 命令会产生以下图形?

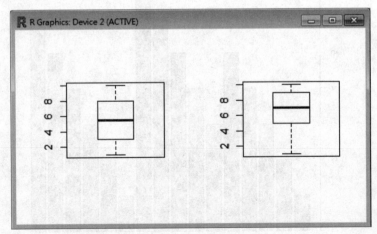

A.
```
1  boxplot(x)
2  boxplot(y)
3  par(mfrow=c(1,2))
```

B.
```
1  par(mfrow=c(1,2))
2  boxplot(x)
3  boxplot(y)
```

C.
```
1  par(mfrow=c(boxplot(x),boxplot(y)))
```

D. 以上均不对

（　）10. 以下 R 命令执行结果为以下哪个？

```
1  x=c(1:5,3:7,1:6)
2  hist(x)
```

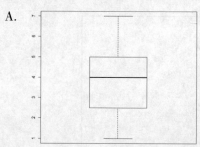

（　）11. 绘制以下图形的 R 命令可能为以下哪个？

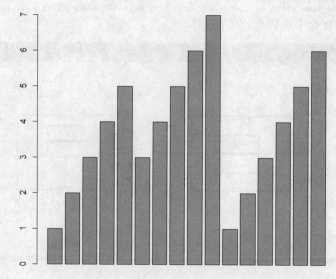

A. hist（x）   B. boxplot（x）

C. barplot（x）   D. stem（x）

三、多选题

（   ）1. 以下哪些函数是用来绘制分类数据统计图的？（选择两项）

A. hist（）   B. pie（）

C. barplot（）   D. dotplot（）

E. stem（）

（   ）2. 以下哪些函数是用来绘制数值数据统计图的？（选择 3 项）

A. hist（）   B. pie（）

C. barplot（）   D. plot（）

E. pairs（）

四、实际操作题（如果题目有描述不周详时，请自行假设条件）

1. 下载软件包 MASS 并使用其中的数据框 Cars93（在 1993 年销售部 93 汽车的数据）。将其中的汽车分类变量 Type 转换成为 table 变量并使用 mfcol=c（1,2）绘图参数设定在单个页面中并排绘制 1 张柱形图（barplot）与另 1 张圆饼图（pie）。

2. 下载软件包 MASS 并使用其中的数据框 Cars93（在 1993 年销售部 93 汽车的数据）。使用 2 个耗油量数值变量 MPG.city 与 MPG.highway 绘制散点图，并加上趋势线与标题。

MEMO

19

再谈 R 的绘图功能

R 语言内置了许多的绘图工具函数以供参考使用，对于初学者来说，可以先使用 demo（graphics）或者 demo（image）两个命令来参考 R 所提供的绘图实例。

R 的绘图语句可以分成以下 3 个基本类型。

1） 高级绘图（High-level Plotting Functions）：主要用来建立一个新的图形，在第 16 至 18 章我们所介绍的各种统计绘图，基本上都是属于高级绘图。

2） 低级绘图（Low-level Plotting Functions）：在一个已经绘制好的图形上加上其他的图形元素，例如加上说明文字、直线或点，等等。

3） 交互式绘图（Interactive Graphics Functions）：允许使用者以互动的方式使用其他的设备，例如鼠标，在一个已经存在的图形上加入绘图的相关信息。

19-1 绘图的基本设置

在 R 软件制作统计绘图时可以新建单个窗口，新建多个绘图窗口，也可以设计成单个窗口内含多个图形的方式，甚至可以将图形储存为对象以备后续的参照修改与使用。当然也需要设置图形区域的大小范围与纸张的边缘尺寸等参数，以使得图形更加完整。

19-1-1 绘图设备

R 在绘图时会关系到各种相关设备，例如窗口、打印机、屏幕环境，等等，也需要考虑所使用的操作系统。例如在 Unix 操作系统中，绘图窗口的新建是使用 X11（）命令，但是在 Windows 操作系统环境中，新建绘图窗口则是 windows（）命令。以下介绍几个常用的绘图设备的设置命令。

- ❑ dev.cur（）：查询当前设备。
- ❑ dev.list（）：所有设备列表。
- ❑ dev.next（）：选择向后方向打开的下一设备。
- ❑ dev.prev（）：选择向前方向打开的上一设备。
- ❑ dev.off（which = dev.cur（））：关闭设备。
- ❑ dev.set（which = dev.next（））：设定目前设备。
- ❑ dev.new（...）：新建设备。
- ❑ graphics.off（）：关闭所有绘图设备。

在当前设备中，只有一个设备是正在工作中（active）的，这是所有图形绘制时的实际绘图的设备。还有一种始终是开启的"空设备"（null device），它只是一个占位符。任何尝试使用"空设备"的操作都将打开一个绘图的新设备，并且设定该绘图设备的参数。我们在前几章作的任何绘图，因为都没有实际打开任何绘图设备，因此 R 就自动替我们打开了一个新的窗口，并且嵌入了默认的绘图环境参数。

所有的设备是有相关名称的（例如，"X11"、"windows" 或 "postscript"）和一个 1 到 63 范围内的数值作为简单参照，"空设备"始终是设备 1。一旦有绘图设备被打开则"空设备"将不被视为工作中的设备。我们可以使用 dev.list ()，来列出打开的绘图设备清单。dev.next () 和 dev.prev () 可选择在所需方向打开的下或者上一设备，除非没有设备是开放的。

dev.off () 的作用是关闭指定的设备，若未指定的话，在默认情况下是关闭当前设备。如果关闭的是当前设备而还有其他设备是打开的情况下，则下一个已打开的设备将被设定为工作中的当前设备。当所有的绘图设备已经被关闭仅剩下唯一的"空设备"也就是设备 1 时，若再继续尝试关闭设备 1 将会产生一个错误的信息。而 graphics.off () 将关闭所有打开的图形设备。

dev.set () 可以将特定的装备设为工作中的当前设备。如果没有与这一数值相同的设备，它等同于执行设定该数值的下一个数值对应的设备为当前设备。如果将参数设为 which=1，它将打开一个新的设备。

dev.new () 将新建一个设备。通常 R 会自动在需要时新建设备，这使我们能够以独立于绘图平台的方式打开更多设备。对于文件类型的设备例如 PDF 格式等的文件，R 会自动以 "Rplots1.pdf" "Rplots2.pdf" "Rplots3.pdf" ...... "Rplots999.pdf" 来依序命名。文件类型的绘图设备的新建命令有许多，例如：jpeg ()、png ()、bmp ()、tiff ()、pdf () 与 postscript ()，等等。

下面我们设计了一系列的绘图命令，能够让读者迅速有效地掌握 R 的绘图设备与应用。在窗口环境中我们使用了 3 种新建设备的方式：windows ()（这个函数适用于 Windows 操作系统）、dev.new () 以及打开绘图文件的方式。R 也会依照我们所给予的命令返回相应的结果，下列是笔者用 Macos 系统新建一个绘图窗口的实例说明。

```
> #新建一个绘图设备，多新建一个绘图窗口
> dev.new()
NULL
> #查询所有的绘图设备，列表
> dev.list()
        RStudioGD quartz_off_screen              quartz
             2                   3                   4
> #查询工作中的当前绘图设备
> dev.cur()
quartz
      4
>
```

上述 RStudioGD 是 RStudio Graphics Device，quartz 是笔者使用 dev.new () 新建的绘图设备。接下来笔者将用 Windows 操作系统进行测试。下列是实例。

```
> #查询系统所有的绘图设备，列表
> dev.list()
RStudioGD         png
        2           3
> #新建一个绘图窗口
> windows()
> #再度查询系统所有的绘图设备，列表
> dev.list()
RStudioGD         png      windows
        2           3            4
> #查询工作中的当前绘图设备
> dev.cur()
windows
      4
>
```

以下笔者将返回 Mac OS 系统测试与执行，当我们在绘图时如果并未打开任何绘图设备的话，R 会自动新建一个绘图窗口并将图绘制在该新建的窗口。如果已经有打开的唯一绘图设备，则图自然会绘制在此绘图设备内。如下所示，若有多个绘图设备被打开时，我们可以以 dev.set() 命令先设定工作中的当前设备，也可以用 dev.cur() 确认，当前打开的设备确实是我们希望将图绘制入的设备。

```
> #设定第2个绘图设备为当前设备
> dev.set(2)
RStudioGD
        2
>
```

如以上的命令，我们知道如果目前绘图，将绘在 RStudio 窗口。在下列实例中，笔者先将当前绘图窗口改为编号为 4 的 quartz 窗口，然后再关闭此窗口再列出所有绘图设备，让读者了解其变化，最后再关闭所有绘图设备。

```
> #设定第4个绘图设备为当前设备
> dev.set(4)
quartz
      4
> #关闭当前预设的设备
> dev.off()
RStudioGD
        2
> #查询所有的绘图设备，列表
> dev.list()
        RStudioGD quartz_off_screen
                2                 3
> #关闭所有的绘图设备
> graphics.off()
> #查询系统所有的绘图设备，列表。NULL表示所有的绘图设备均已关闭
> dev.list()
NULL
> dev.off()
Error in dev.off() : cannot shut down device 1 (the null device)
>
```

当我们需要关闭当前的绘图设备时可以使用 dev.off () 函数，R 会告诉我们关闭后工作的当前绘图设备，若没有任何绘图设备被打开的话，则会返回错误的信息。另外我们可以使用 graphics.off () 去关闭所有的绘图设备。

实例 ch19_1：新建一个图形文件，之后所绘的图将在此图形文件内。

```
> getwd()              #了解当前工作目录
[1] "/Users/cshung"
> #打开一个绘图文件，以供绘图使用及存盘
> jpeg(filename = "mypict.jpg")      #在当前工作目录下建立此图文件
> pie(4:1)                           #所建的图
> dev.off()                          #关闭此文件
RStudioGD
        2
>
```

然后可以在当前工作目录中看到 mypict.jpg 文件，如下图所示。

| | mypict.jpg | 15.3 KB | Sep 9, 2015, 10:27 PM |

须特别留意，必须执行 dev.off () 命令后，才可以打开文件，因为如果不关闭此绘图设备（此时，图形文件也被视为是存图文件设备），R 系统认为还可能要绘图，即使打开文件也将看不到任何内容。在这里，最后可以看到 mypict.jpg 的内容，如下所示。

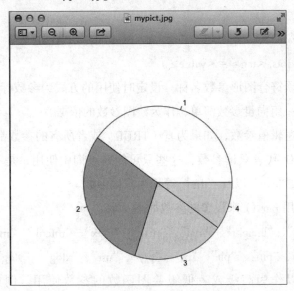

19-1-2 绘图设置

其实本节内容部分已在前 3 章做过解说，在此则作完整的说明。R 的绘图相关的参数有许多，我们可以使用 ?par 命令来加以了解。而了解后就可以使用 par () 函数来查询当前设置与进行相关的设置了。我们可以使用 par () 或 par（no.readonly = TRUE）来获取当前所有图形参数的设

置值，总计有 72 个。这些参数的名称也可以使用 graphics::.pars 命令来获取。

实例 ch19_2：获得 par () 的所有参数。

```
> graphics:::.Pars
 [1] "xlog"      "ylog"      "adj"       "ann"       "ask"
 [6] "bg"        "bty"       "cex"       "cex.axis"  "cex.lab"
[11] "cex.main"  "cex.sub"   "cin"       "col"       "col.axis"
[16] "col.lab"   "col.main"  "col.sub"   "cra"       "crt"
[21] "csi"       "cxy"       "din"       "err"       "family"
[26] "fg"        "fig"       "fin"       "font"      "font.axis"
[31] "font.lab"  "font.main" "font.sub"  "lab"       "las"
[36] "lend"      "lheight"   "ljoin"     "lmitre"    "lty"
[41] "lwd"       "mai"       "mar"       "mex"       "mfcol"
[46] "mfg"       "mfrow"     "mgp"       "mkh"       "new"
[51] "oma"       "omd"       "omi"       "page"      "pch"
[56] "pin"       "plt"       "ps"        "pty"       "smo"
[61] "srt"       "tck"       "tcl"       "usr"       "xaxp"
[66] "xaxs"      "xaxt"      "xpd"       "yaxp"      "yaxs"
[71] "yaxt"      "ylbias"
>
```

每个设备会有其自己的图形参数集合。如果当前设备是空设备（null device），par 将根据之前所设置的参数新建一个设备。设备所需要的参数是由函数 options（"device"）来提供的。通过一个或多个特征向量的参数名称给予 par 所需要的各项参数。我们首先介绍 par () 函数的使用格式，如下所示。

par（...,<tag> = <value>, <tag> = <value>, no.readonly = FALSE）

<highlevel plot>（\dots, <tag> = <value>）

参数标签 <tag> 必须符合图形参数名称。设定时使用的方式为参数标签 <tag>= 参数值；所有的参数值设定后就形成一组向量参数清单，作为绘图参数的依据。

no.readonly 是一个逻辑值参数，如果为真（TRUE）或者所有的参数都为空白，则将返回所有目前的图形参数值。R.O. 代表只读参数，这些只可能在查询中使用，是不能加以设置的。例如，"cin"，"cra"，"csi"，"cxy" 以及 "din" 等均为只读参数。

此外，只能通过使用 par () 来设置的参数如下所示。

"ask"、"fig"、"fin"、"lheight"、"mai"、"mar"、"mex"、"mfcol"、"mfrow"、"mfg"、"new"、"oma"、"omd"、"omi"、"pin"、"plt"、"ps"、"pty"、"usr"、"xlog"、"ylog" 以及 "ylbias"。

其余的参数还可以作为高级或者低级绘图函数的参数使用。例如，plot.default ()、plot.window ()、points ()、lines ()、abline ()、axis ()、title ()、text ()、mtext ()、segments ()、symbols ()、arrows ()、polygon ()、rect ()、box ()、contour ()、filled.contour () 以及 image ()，等，这种设置功能，只在执行过程中会被启动。然而 "bg"、"cex"、"col"、"lty"、"lwd" 和 "pch" 6 项只能作为某些特定绘图函数的参数。

以下尽可能详细地对图形参数加以说明，部分参数辅以实例，以便读者理解其应用。

❏ adj：设置文字的对齐方式。值为 0 是左对齐；1 则是右对齐；0.5（默认值）为居中对齐。任何在 [0, 1] 区间的数值都是可以使用的，因此也做相对位置的对应。也可以用向量 adj = c（x, y）分别表示文字与 x 轴与 y 轴的对齐方式。

❏ ann：此为注释的逻辑值，默认值是 TRUE，表示加上注释，若设定为 FALSE 则表示不加上轴的标签也不加标题。

❏ ask：此为逻辑值，如果为 TRUE（与 R 会话是交互式），则在绘制新图之前系统将要求使用者输入参数。因为各种设备的不同，它也会有不同的影响。这不是真的图形参数且它的使用也不支持 devAskNewPage。

❏ bg：用于设置区域的背景颜色。当从 par（）调用新的图形文件时，它的起始值会设置为 FALSE。图形的背景色会自动设为合适的值。许多设备的初始值的设置会遵从 bg 参数，其余通常它的设置是"白色"。请注意，对于某些图形功能，如 plot.default（）和点参数此名称具有不同的含义。

❏ bty：确定关于框的绘制类型的字符。如果是"o"（默认值），"l"，"7"，"c"，"u"或"]"则图形的边框类似于相应的字符。值为"n"则代表取消框。

❏ cex：所绘制的文字和符号相对于默认值的数值应放大的倍率，当设备被打开时默认值是 1，如果设为 2 则为原先的两倍，如果设为 0.75 则为原先的 0.75 倍。当我们设置图片的版面（layout）改变时，例如，设置 mfrow 时，即会开启设置。有些绘图功能，如 plot.default（）使用这个参数设置值，表示此图形乘以该参数的数值。如点（points）和文字（text）等一些绘图函数接受一组向量值并可以重复使用。cex 具体分为以下几个参数。

cex.main：设置图表标签的大小。

cex.lab：设置坐标轴标签。

cex.axis：设置坐标轴刻度。

cex.sub：副标签相对应放大的倍数。

❏ cin：文字的宽与高（width, height）尺寸使用英寸为单位。与 cra 为不同单位的描述方式。

❏ col：绘图的默认颜色，以正整数来表示。常用的颜色有黑色（1）、红色（2）、绿色（3）、蓝色（4）、浅蓝（5）、紫红（6）、黄色（7）与灰色（8），等等。我们可以使用 pie（rep（1,8），col=1:8）绘图得知。另外我们也常使用 rainbow（）函数去选用红、橙、黄、绿、蓝、靛、紫等色彩。如果对各种色彩的英文单词有把握的话，也可以直接使用，例如笔者在前几章使用颜色的英文，直接设置颜色了。有些函数例如线（lines）和文字（text）会使用一组整数向量，其数值以供重复使用。

实例 ch19_3：使用 pie（）函数和 col 参数，列出绘图的 8 种颜色。

```
> pie(rep(1,8), col = 1:8, main = "Colors")
>
```

[执行结果]

Colors

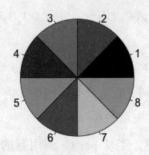

实例 ch19_4：使用 pie（）函数和 rainbow 参数，列出彩虹区分绘图的 16 种颜色。

```
> pie(rep(1, 16), col = rainbow(16), main = "Rainbow Colors")
>
```

[执行结果]

Rainbow Colors

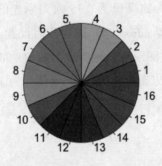

实例 ch19_5：列出所有 colors（）函数内置的颜色名称。

```
> colors( )
  [1] "white"            "aliceblue"        "antiquewhite"     "antiquewhite1"
  [5] "antiquewhite2"    "antiquewhite3"    "antiquewhite4"    "aquamarine"
  [9] "aquamarine1"      "aquamarine2"      "aquamarine3"      "aquamarine4"
 [13] "azure"            "azure1"           "azure2"           "azure3"
 [17] "azure4"           "beige"            "bisque"           "bisque1"
 [21] "bisque2"          "bisque3"          "bisque4"          "black"
 [25] "blanchedalmond"   "blue"             "blue1"            "blue2"
 [29] "blue3"            "blue4"            "blueviolet"       "brown"
 [33] "brown1"           "brown2"           "brown3"           "brown4"
 [37] "burlywood"        "burlywood1"       "burlywood2"       "burlywood3"
 [41] "burlywood4"       "cadetblue"        "cadetblue1"       "cadetblue2"
 [45] "cadetblue3"       "cadetblue4"       "chartreuse"       "chartreuse1"
 [49] "chartreuse2"      "chartreuse3"      "chartreuse4"      "chocolate"
```

共计有 657 种英文颜色的单词。上述结果仅列出了前 52 种颜色。

- □ col.axis：坐标轴的颜色，默认为黑色。

- □ col.lab：坐标轴标签的颜色，默认为黑色。

- □ col.main：标题的颜色，默认为黑色。

- □ col.sub：副标题的颜色，默认为黑色。

- □ cra：文字的宽与高（width, height）的尺寸，使用像素（pixels）为单位。

- □ crt：字母旋转的角度，通常使用 90、180、270 度。

- □ csi：只读参数，默认的字母高度以英寸为单位。与 par（"cin"）[2] 设置相同。

- □ cxy：只读参数，用户自定义默认的字母大小。par（"cxy"）的值可以理解为 par（"cin"）/par（"pin"）。

- □ din：只读参数，设备的尺寸（宽与高），以英寸为单位。

- □ err：错误时回报的程度，通常有点超出范围，R 既不绘出也不回报。

- □ family：用于绘制文本的字体系列名称。最大允许长度为 200 个字节。此名称获取映射到特定于设备的字体描述每个图形设备。默认值是""（空字符串），这意味着，默认值将使用设备字体。标准值是"serif"，"sans"、"mono"和"Hershey"字体系列也可。（不同的设备可以定义其他字体，而某一些设备会完全忽略此设置）

- □ fg：绘图的前景色，例如坐标轴，方块框，等等，默认是黑色。

- □ fig：以数值向量形式 c（x 1，x 2，y1、y2）给出了在设备的显示图形区域在绘图区中相对坐标的数值向量。例如：par（fig=c（0.5, 1, 0, 0.5））表示实际图形仅绘制在绘图区的右下方 1/4 大小。

 RStudio 在 Mac OS 系统运作时，在笔者撰写此书时，绘图区仍无法处理中文，所以下列所有程序均是在 Windows 操作系统下完成。

实例 ch19_6：控制图形在绘图区的右下方 1/4 大小处。

```
> #绘图参数fig的使用，图形仅绘制在绘图区的右下方1/4大小处
> par(mfrow=c(1,1),mai=c(0.4,0.5,1.2,0.2), fig=c(0.5, 1, 0, 0.5))
> plot(1:5,main="图形仅绘制在绘图区 \n 的右下方1/4大小处")
```

[执行结果]

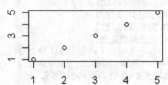

若想恢复图形在原绘图区的位置，可重新调整上述 par () 函数，或是可参考实例第 18 章的 ch18_26。

- ❑ fin：实际图形区域的尺寸（宽与高），单位为英寸。

- ❑ font：使用整数值表达使用的文字选取的字体。1 为默认值，2 为粗体，3 为斜体，4 为粗斜体，5 为选用符号字体，等等。

- ❑ font.axis：坐标轴注释所使用的字体。

- ❑ font.lab：坐标轴标签所使用的字体。

- ❑ font.main：标题所使用的字体。

- ❑ font.sub：副标题所使用的字体。

- ❑ lab：以数值向量形式 c（x, y, len），修改坐标轴被注释的默认方式。x 和 y 值给出 x 和 y 轴的刻度（近似）数目而 len 指定标签的长度。默认值是 c（5，5，7）。注意这只在用户建立坐标系统时才影响参数 xaxp 和 yaxp，并不影响已建立的坐标轴的参数。

- ❑ las：数值表示坐标轴标签的表示方式。0 为默认值，平行于坐标轴；1 为水平方式；2 为垂直于坐标轴；3 垂直方式。也适用于 mtext 低级绘图。

- ❑ lend：线条端点的型式，可以用整数或描述两种方式来表达。0 或 "round" 为默认值表示圆形的线端点；1 或 "butt" 表示对接的线端点；2 或 "square" 表示方形的线端点。

- ❑ lheight：行高度的乘数。用于多行文字间的空间距离，文字行的高度是当前字符高和此行高度乘数的乘积。默认值是 1。

- ❑ ljoin：线条连接的样式，可以用整数或描述两种方式来表达。0 或 "round" 为默认值，表示圆形的连接；1 或 "mitre" 表示斜接的连接；2 或 "bevel" 表示斜角的连接。

- ❑ lmitre：行斜接限制。此参数控制线条在连接时自动转换成斜面线条连接。其值必须大于 1，默认值是 10。并非所有设备都将履行此设置。

- ❑ log：字符串参数，表示坐标单位是否用 log10 函数调整。如果是 "x" 则表示 x 轴方向数值的单位用 log10 函数调整；如果是 "y" 则表示 y 轴方向数值的单位用 log10 函数调整；如果是 "xy" 则表示两轴方向数值的单位均用 log10 函数调整；如果是 "" 表示两轴方向数值均为原始数值不做调整。我们以下列实例呈现此结果。

实例 ch19_7：log 参数的应用。

```
> #绘制四合一图说明log参数
> x <- 1:10;y <- 1:10;ex <- 10^x; ey <- 10^y
> # mai 设置 留空(英寸): 下0.3 左0.5 上0.3 右0.2
> par(mfrow=c(2,2), mai=c(0.3,0.5,0.3,0.2))
> plot(cbind(x,y),log="", main="标准单位系统")
> plot(cbind(x,ey),log="y",main="x标准单位，ey取log10单位")
> plot(cbind(ex,y),log="x",main="ex取log10单位，y标准单位")
> plot(cbind(ex,ey),log="xy",main="ex与ey均取log10单位")
```

[执行结果]

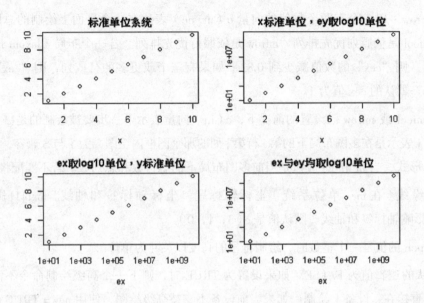

- lty：直线的样式。以整数表达（0= 空白，1= 默认值实线，2= 虚线，3= 点缀线，4= 点虚线，5= 长虚线，6= 两虚点线）也可以使用与上列数值对应的的英文描述字 "blank"、"solid"、"dashed"、"dotted"、"dotdash"、"longdash" 和 "twodash"。其中空白或 "blank" 指的是绘制看不见的线。

- lwd：线条的宽度，默认值是 1。通常使用不小于 1 的数值。

- mai：一个含 4 个数值的向量 c（底、左、顶、右）给定边界的尺寸，单位是英寸，如下图所示。

- mar：一个含 4 个数值的向量 c（底、左、顶、右）给定边界的尺寸，单位是文字高或宽度的数值，默认数值为 c（5，4，4，2）+ 0.1，如下图所示。

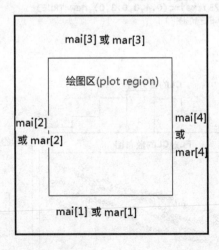

- mex：用来描述影响坐标系统的页边距坐标字符大小的因素。这不会更改字体大小，而指定的大小的字体（如 csi 的倍数）用于 mar（或 mai）和 oma（或 omi）之间的转换。当设备新建时会默认为 1，并且在布局（layout）更改时，同时重置 cex。

- mfcol、mfrow：以一个有两个数值的向量 c（nr, nc）表达在一个页面上绘制的总图数，等于 nr*nc；mfcol 是依照列优先排列、mfrow 是依照行优先排列。若一个布局（layout），恰好是两个行和列，则 "cex" 的数值减少到 0.83；如果有三个或更多的行或列，则 "cex" 系数会折减到 0.66。默认的 cex 值为 1。

- mfg：在 mfcol 或 mfrow 已设置的前提下，c（i,j）向量表示下一步要被绘制的是哪一个图形。其中 i 和 j 表示是在多图布局下的第 i 行第 j 列的那个图框内绘图，为了与 S 兼容，也接受 c（i, j, nr, nc）形式，当 nr 和 nc 应该是当前多图布局下的总行数和总列数。若不匹配将被忽略。

- mgp：边缘线（在 mex 单位系统）坐标轴标题、坐标轴标签和轴线。mgp[1] 影响标题，mgp[2:3] 影响轴标签和轴线。默认值是 c（3, 1, 0）。

- mkh：当 pch 的值是一个整数时，绘制符号的高度以英寸为单位。

- new：默认的逻辑值为 FALSE。如果设置为 TRUE 时，则下一个高级绘制命令不清除已经绘制的图，直接在新设备上绘制。如果当前设备不支持高级绘图，使用 new= TRUE 会产生错误信息。

实例 ch19_8：了解 fig 与 mai 参数的使用。

```
> #使用par与fig参数，绘出对应的三种图形
> #左下角绘制0.75*0.75的直方图，并设定边界的留空
> par(fig=c(0, 0.75, 0, 0.75),mai=c(0.4,0,0.3,0.1),new=TRUE)
> plot(crabs[,3:4],main="FL对CL的散布图")
> #左上角绘制0.75*0.25的散布图，并设定边界的留空
> #new=TRUE在原绘图上继续绘制
> par(fig=c(0, 0.75, 0.75, 1),mai=c(0,0,0.3,0.1),new=TRUE)
> hist(crabs$CL,axes=FALSE, main="CL的直方图")
> #右下角绘制0.25*0.75的箱形图，并设定边界的留空
> par(fig=c(0.75, 1, 0, 0.75),mai=c(0.4,0,0.3,0),new=TRUE)
> boxplot(crabs$FL,main="FL的箱形图")
```

[执行结果]

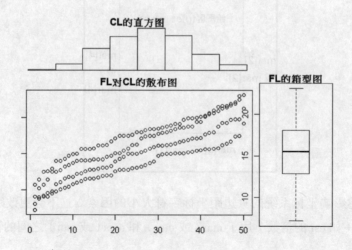

- ❑ oma：以几个字母宽或高的向量设置外围边界的尺寸，c（下，左，上，右）。

- ❑ omd：以一个向量的形式 c（x1, x2, y1, y2）给绘图区内边缘的区域放置标准单位坐标，4 个数值都是在 [0, 1] 范围内的设备区域。

- ❑ omi：以英寸向量形式设置外围边界的尺寸，c（下，左，上，右），单位为英寸。

- ❑ page：只读逻辑参数，TRUE 表示在下一次调用时新建一个新页面。

- ❑ pch：表示绘图使用的字母或特殊符号，仅能是数值或单一字母，有些状况下，可以使用重复的数值向量。

- ❑ pin：当前绘图区的尺寸（宽与高），以英寸为单位。

- ❑ plt：以向量 c（x1, x2, y1, y2）表达的当前绘图区。

- ❑ ps：文字的大小，以整数值表示，单位是 bp。不同的设备可能略有差异，多数的设备，单位是 1bp=1/72 英寸。

- ❑ pty：以单一字母表示绘图的区域，"s"产生正方形区域而"m"则产生利用率最高的图形区域。

- ❑ smo：以数值表达圆弧或圆形的平滑程度。

- ❑ srt：字母旋转的角度，不是使用角度而是使用文字描述。

- ❑ tck：刻度线的长度将标记较小的一小部分的宽度或高度的图形区域。tck = 1 表示完整绘制网格线；0 < tck < 1 表示绘制部分的网格线；tck=0 不绘制网格线。

实例 ch19_9：使用四合一图说明 tck 参数的使用。

```
> #绘制四合一图说明tck参数
> par(mfrow=c(2,2))
> plot(1:10,tck=1,main="tck=1完整网格线")
> plot(1:10,tck=0.6,main="tck=0.6长宽6成网格线")
> plot(1:10,tck=0.2,main="tck=0.2长宽2成网格线")
> plot(1:10,tck=0,main="tck=0无网格线")
```

[执行结果]

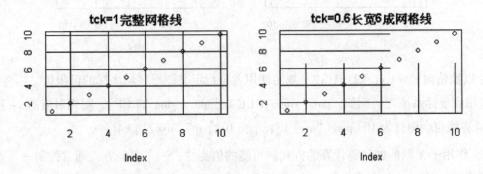

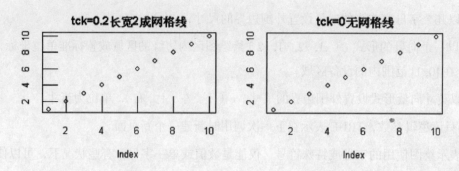

- □ tcl：刻度标示线的长度为文本行的高度的一小部分。默认值是 –0.5，方向为指向图外。设置 tcl = 1 则长度为文字的全高度并指向图内。

实例 ch19_10：使用四合一图说明 tcl 参数的使用。

```
> #绘制四合一图说明tcl参数
> par(mfrow=c(2,2))
> plot(1:10,tcl=-0.5,main="tcl=-0.5，标示线向外0.5字高")
> plot(1:10,tcl=-1,main="tcl=-1，标示线向外1字高")
> plot(1:10,tcl=0.5,main="tcl=0.5，标示线向内0.5字高")
> plot(1:10,tcl=1,main="tcl=1，标示线向内1字高")
```

[执行结果]

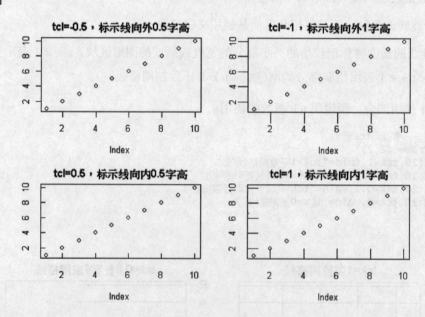

- □ usr：以数值向量 c（x1, x2, y1, y2）规定使用者自行定义图形区域坐标的极限值。当将 log 函数应用到坐标系统时，例如，par（xlog=TRUE）或 par（ylog=TRUE），则相对应的 x– 界线或者 y– 界线也会调整为 10 ^ par（"usr"）[1:2] 或 10 ^ par（"usr"）[3:4]。

- □ xaxs：作用于 X 轴的轴间隔计算的方式。可能的值为 "r" "i" 等。方式通常控制一系列的数据的范围（xlim）。方式 "r"（regular）首先通过在每个末端的按 4% 扩展数据区域，然后查找扩展范围内适合的最佳标签与坐标轴。方式 "i"（internal）是查找原始数据范围内适合最佳标签与坐标轴。

☐ xaxt：指定 x 轴类型的字符。指定 "n" 表示取消绘制轴。标准值是 "s"，其他诸如 "l" 和 "t" 都可接受，除了 "n" 之外的任何值意味着要绘制 x 轴线。

☐ xlog：逻辑值，若设为 TRUE 则表示 x 轴的数值是以取 log 函数后的数值为尺度，默认是 FALSE。

☐ xpd：一个逻辑值或 NA。如果为 FALSE，则图形被剪切粘贴到绘图区域（plot region）；如果为 TRUE，则图形被剪切粘贴到图区域（figure region）；如果是 NA，则图形被剪切粘贴到设备区域。

☐ yaxs：应用于 y 轴的轴间隔计算的方式。请参考 xaxs。

☐ yaxt：指定 y 轴类型的字符。请参考 xaxt。

☐ ylog：逻辑值，若设为 TRUE 则表示 y 轴的数值是以取 log 函数后的数值为尺度，默认是 FALSE。

实例 ch19_11：使用四合一图说明 xlog 和 ylog 参数的使用。

```
> #绘制四合一图说明xlog和ylog参数的使用
> x <- 1:10;y <- 1:10;ex <- 10^x; ey <- 10^y
> # mai 设置 留空(英寸): 下0.3 左0.5 上0.3 右0.2
> par(mfrow=c(2,2), mai=c(0.3,0.5,0.3,0.2))
> plot(cbind(x,y), main="标准单位系统")
> plot(cbind(x,ey),ylog=TRUE,usr=c(1,10,1,10),
+       main="x标准单位，ey取log单位")
> plot(cbind(ex,y),xlog=TRUE,usr=c(1,10,1,10),
+       main="ex取log单位，y标准单位")
> plot(cbind(ex,ey), xlog=TRUE, ylog=TRUE,
+       usr=c(1,10,1,10), main="ex与ey均取log单位")
>
```

[执行结果]

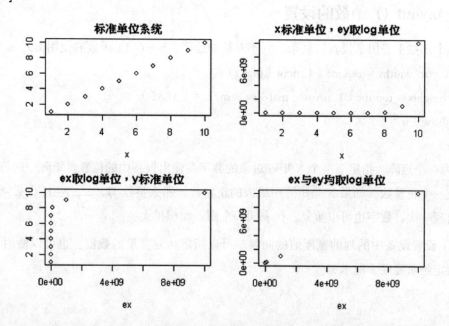

实例 ch19_12：绘图各种参数的混合使用说明。

```
> #下留空1.2英寸，左留空1.5英寸，上留空1.5英寸，右留空0.5英寸
> par(mfcol=c(1,1),mai=c(1.2,1.5,1.5,0.5))
> plot(1:16,pch=1:16,cex=1+(1:16)/8,xlim=c(-6,16),xlab="")
> abline(h=1:16, lty=1:16, col=1:16,lwd=1+(1:16)/4)
> text(1:16,16:1,labels=as.character(16:1),font=1:8)
> legend(-6,16.5,legend=16:1,col=16:1,lty=16:1,
+        lwd=seq(5,1.25, -0.25), cex=0.8,bty="o",bg="white")
> title(main="绘图的各项主要参数参照 \n
+        留空(英寸)：下1.2 左1.5 上1.5 右0.5",
+        sub="col:颜色 lty,lwd:线条种类、宽度,legend:图例")
>
```

[执行结果]

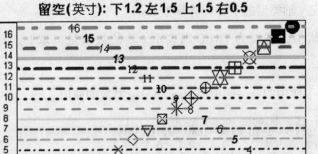

绘图的各项主要参数参照

留空(英寸)：下1.2 左1.5 上1.5 右0.5

col:颜色 lty,lwd:线条种类、宽度,legend:图例

19-1-3 layout（）函数的设置

以下 3 个函数主要用来设置较复杂，且不对称的绘图，layout（）函数的使用格式如下所示。

layout（mat, widths = rep.int（1, ncol（mat）），

heights = rep.int（1, nrow（mat）），respect = FALSE）

layout.show（n = 1）

lcm（x）

❑ mat：为一个矩阵，指定下一个 N 矩阵对象的数字在输出设备中的位置。矩阵中的每个值必须是 0 或一个正整数。如果 N 是矩阵中最大的正整数，那么整数 {1，...，N–1} 也必须在矩阵中至少出现一次。数字也可以重复，代表同一个图，面积扩大。

❑ widths：设置设备中的列的宽度值的向量。可以指定相对宽度的数值。也可以使用 lcm（）函数来指定绝对宽度（厘米）。

❑ heights：设置设备中的行的高度值的向量。可以指定相对高度的数值。也可以使用 lcm（）函数来指定绝对高度（厘米）。

❑ respect：逻辑值或一个矩阵对象。若为 TRUE 则表示 x 轴与 y 轴所使用的长度单位一致；默认为 FALSE。如果是矩阵的话，那么它必须与前面的 mat 矩阵具有相同的维度且矩阵中的每个值必须是 0 或 1。

❑ n：绘图图形的数目。

❑ x：以厘米为单位的长度。

实例 ch19_13：以 layout（）函数呈现 3 种布局的应用。

```
> #ch19_13
> # 将图分割成2*2四块
> # 图1与图2绘制在第一行
> # 图3重复两次表示为同一图在第2行
> layout(matrix(c(1,2,3,3), 2, 2, byrow = TRUE))
> #显示此三图的布局
> layout.show(3)
```

[执行结果]

```
> # 将图分割成2*2四块
> # 图1重复两次表示为同一图在第1行
> # 第二行0表示不绘图，2要绘图
> # x轴与y轴所使用的长度单位一致
> #列两图宽度比为1:3;行两图高度比为1:2
> nf <- layout(matrix(c(1,1,0,2), 2, 2, byrow = TRUE),
+              widths=c(1,3) , heights= c(1,2),respect = TRUE)
> #显示此三图的布局
> layout.show(nf)
```

[执行结果]

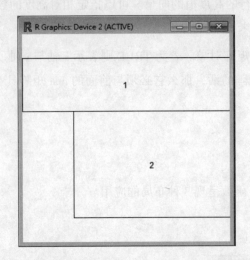

```
> #   产生单一图形长与宽，均为 5cm显示出一个正方形
> nf <- layout(matrix(1), widths = lcm(5), heights = lcm(5))
> #显示此图的布局
> layout.show(nf)
```

[执行结果]

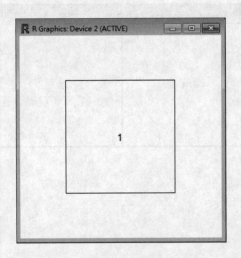

接下来我们以 MASS 套件内的 crabs 数据框内的 FL 与 CL 两个变量对象来绘制相对应的散点图，并在此图上方将所对应的 CL 变量绘制成一张直方图，同时在散布图的右方，也绘制相对应的 FL 的箱形图。

实例 ch19_14：绘图区含有 3 张图的应用。

```
> library(MASS) #加载R套件
> #设定绘图的布局；共绘出对应的三种图形
> layout(matrix(c(2,0,1,3), 2, 2, byrow = TRUE),
+        widths=c(3,1) , heights= c(1,3),respect = TRUE)
> plot(crabs[,3:4],main="FL对CL的散点图")
> hist(crabs$CL,main="CL的直方图")
> boxplot(crabs$FL,main="FL的箱形图")
```

[执行结果]

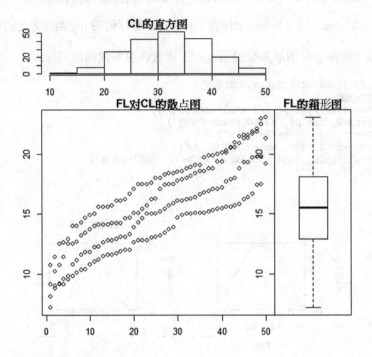

19-2 高级绘图

我们在前一章常用的统计绘图中已经讲解并使用了许多的高级绘图函数，例如 :plot ()、pie ()、pairs ()、qqnorm ()、qqplot ()、qqline ()、hist ()、dotchart ()、barplot () 与 boxplot () 等等。在此我们再列出其他相关的高级绘图函数。

19-2-1　曲线绘图 curve ()

curve () 主要是用来绘制给定函数的曲线图，它的使用格式如下图所示。

curve（expr, from = NULL, to = NULL, n = 101, add = FALSE,

　　　 type = "l", xname = "x", xlab = xname, ylab = NULL,

　　　 log = NULL, xlim = NULL, ...)

❑ expr : 函数名称、表达式或者自定义函数名称，能够通过计算得到数值向量的 R 对象。

❑ from、to : 绘图的起点与终点。

❑ n : 所绘制的点数的总数。

❑ add : 逻辑参数，若为 TRUE 则将会在已存在的图内绘图 ; 若为 NA 则将会绘制新图，也会延续之前所规定的范围与 log 参数等设置。

❑ xname：字符串，给予所使用变量坐标名称。但无法与表达式共同使用。

❑ xlim、xlab、ylab、log, ... : x 界限、x 标签、y 标签、坐标值的 log 调整等之前已叙述过。

实例 ch19_15：以下面四合一图形来呈现 curve () 函数各项参数的使用方式。

```
> par(mfcol=c(2,2),mai=c(0.9,0.9,0.9,0.9))
> #自定义标准常态函数
> mynorm <- function(x){exp(-1/2*x^2)/sqrt(2*pi)}
> curve(sin,from=0, to= pi, n=100,xname="正弦")
> curve(x^2-2*x,0,  3, xlab="x^2-2*x")
> curve(mynorm, -3, 3, 300, main="自定义正态")
> curve(exp(x+5),0, 10, log="y",xlab="exp(x+5)，值经log调整")
```

[执行结果]

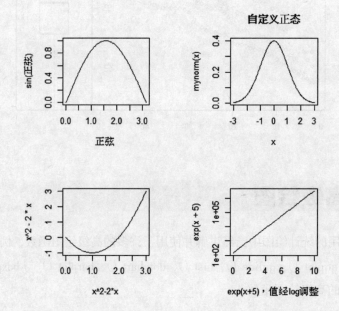

实例 ch19_16.R：使用 crabs 数据框的 5 个数值变量对象，在同一张图内根据变量所计算出来的平均数 mu 与标准偏差 s，利用 curve () 函数来绘制 5 张正态分布的密度函数图，在这里我们使用了参数 add=TRUE，能够在绘制好的曲线图内继续增加曲线。我们仍然使用前面所提到的 legend 与 title 两个函数。

```
1  #
2  # 实例ch19_16.R
3  #
4  mynorm2 <- function(x,XX){
5    mu <- mean(XX)
6    s <- sd(XX)
7    exp(-1/2*(x-mu)^2)/sqrt(2*pi)/s
8  }
9  ch19_16 <- function ( ) {
10 #计算出crabs数据框的最小与最大值
11 min <- min(crabs[,4:8]); max <-max(crabs[,4:8])
12 #绘出第一个变量FL的正态分布密度函数图
```

```
13  curve(mynorm2(x,crabs$FL),min, max,ylim=c(0,0.15),
14      lty=1,col=1,add=FALSE)
15  #在图上持续加上RW,CL,CW BD等四个变量的正态分布密度函数图
16  curve(mynorm2(x,crabs$RW),min, max,lty=2,col=2,add=TRUE)
17  curve(mynorm2(x,crabs$CL),min, max,lty=3,col=3,add=TRUE)
18  curve(mynorm2(x,crabs$CW),min, max,lty=4,col=4,add=TRUE)
19  curve(mynorm2(x,crabs$BD),min, max,lty=5,col=5,add=TRUE)
20  #加入图例说明，以便比较了解
21  legend(35,0.15,legend=names(crabs)[4:8],col=1:5,lty=1:5,
22      cex=1)
23  title(main="crabs数据框5个数值变量的比较",sub="大小(mm)")
24  }
```

[执行结果]

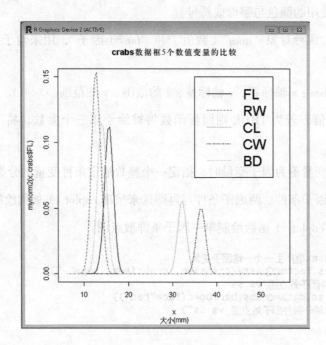

19-2-2 绘图函数 coplot ()

coplot () 是一种绘制条件式散点图的函数，在散点图中加入第 3 个因子变量，可以很容易区分与比较因子之间的分布情况。它的使用格式如下所示。

coplot（formula, data, given.values, panel = points, rows, columns,

    show.given = TRUE, col = par（"fg"）, pch = par（"pch"）,

    bar.bg = c（num = gray（0.8）, fac = gray（0.95））,

    xlab = c（x.name, paste（"Given :", a.name））,

    ylab = c（y.name, paste（"Given :", b.name））,

    subscripts = FALSE,

    number = 6, xlim, ylim, …）

❑ formula：从公式形式"y ~ x | b"表示 x 与 y 两个变量对应于所给予的因子变量 b。以公式形式"y ~ x | a*b"表示 x 与 y 两个变量对应于所给予的两个因子变量，a 与 b。

❑ data：所使用数据框的名称，可以使公式变得简单。

❑ given.values：使用串行给条件变量再加筛选条件。

❑ panel：以一个函数（x, y, col, pch, ...）给出要在显示器中的每个面板进行的操作。

❑ rows, columns：规定每一个面板的行数与列数。

❑ show.given：逻辑值参数，表示所对应的因子变量是否显示。

❑ col、pch：绘图使用的颜色与字母或符号。

❑ bar.bg：向量内含两种对象"num"（数值）和"fac"（因子），用来给予条件变量的条块背景颜色。

❑ xlab, ylab, xlim, ylim：x 轴标签、y 轴标签、x 的范围、y 的范围。

❑ subscripts：逻辑值，若为 TRUE 则面板函数将被给予第三个参数，将下一下目标数据传递到该面板。

❑ number：当条件变量不为因子变量时，指定一个整数规定条件变量的分类数。

接下来我们以一因子条件、两因子条件与再筛选来呈现 coplot（）如何绘制条件式散点图。

实例 ch19_17：使用 coplot（）函数绘制单一因子条件散点图。

```
> #根据不同的sp与sex值产生一个一维因子变量
> crabs$ss <- as.factor(paste(crabs$sp, crabs$sex, sep="-"))
> #coplot单一条件因子散点图 vs ss
> coplot(CL~FL|ss,data=crabs,bar.bg=c(fac="red"))
> title("coplot单一条件因子散点图 vs ss")
```

[执行结果]

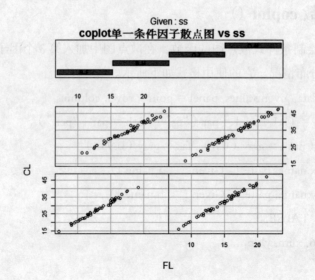

实例 ch19_18：使用 coplot（）函数绘制两因子条件散点图。

```
> #两因子条件式散点图 vs sp*sex
> coplot(CL~FL|sp*sex,data=crabs, col=3, pch=21)
> title("coplot两因子条件式散点图 vs sp*sex")
```

[执行结果]

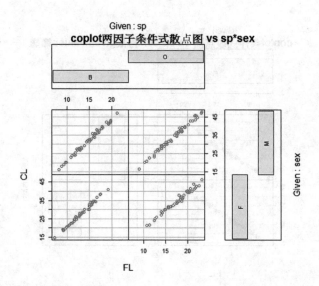

实例 ch19_19：使用 coplot（）函数绘制依 given.values 筛选的散点图。

```
> # coplot条件式散点图 vs ss 再依given.values筛选
> coplot(CL~FL|ss,data=crabs, given.values=list(c("B-F","O-M","O-F")))
> title("coplot条件式散点图 vs ss 再依given.values筛选")
```

[执行结果]

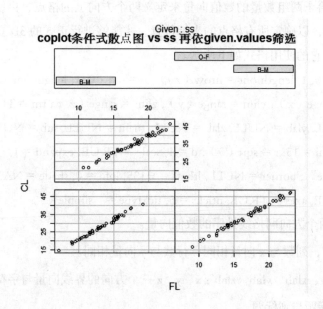

实例 ch19_20：另一个使用 coplot（）函数执行再依 given.values 筛选绘图的应用。

```
> # coplot条件式散点图 vs sp*sex 再依given.values筛选
> coplot(CL~FL|sp*sex,data=crabs, given.values=list(c("B"),c("M","F")))
> title("coplot条件式散点图 vs sp*sex 再依given.values筛选")
```

[执行结果]

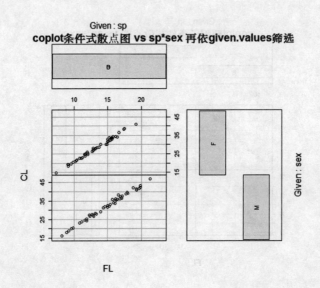

19-2-3　3D 绘图函数

我们想要在 2D 平面上来呈现 3D 的效果，就必须要加上特殊的技巧，例如，颜色、线条以及网格线明暗，等等。R 绘制 3D 图形的函数主要有 3 个：persp（）、contour（）与 image（）。这 3 种 3D 绘图函数都需要给予两组数量的数值向量来定义两个方向上的格点，再使用 outer（）函数求解出每一个格点的高度，以确定所有格点的坐标位置，才能够进行正式的 3D 立体图绘制。首先来介绍 persp（）透视图，它的使用格式如下所示。

persp（x = seq（0, 1, length.out = nrow（z）），y = seq（0, 1, length.out = ncol（z）），

　　z, xlim = range（x），ylim = range（y），zlim = range（z, na.rm = TRUE），

　　xlab = NULL, ylab = NULL, zlab = NULL, main = NULL, sub = NULL,

　　theta = 0, phi = 15, r = sqrt（3），d = 1, scale = TRUE, expand = 1,

　　col =" white"，border = NULL, ltheta = −135, lphi = 0, shade = NA,

　　box = TRUE, axes = TRUE, nticks = 5, ticktype =" simple"，…）

❏ x, y：规定 x, y 两个方向网格线排序的数值向量。

❏ z：z 为一个矩阵，列数与 x 向量相同，行数与 y 向量相同。

❏ xlim、ylim、zlim、xlab、ylab、zlab：x、y、z 三个方向的界线向量与字符串标签。

❏ main、sub：主标题与副标题。

❑ theta、phi：定义查看立体图方向的角度与转动的角度。

❑ r：从绘制盒框的中心至视点的距离。

❑ d：一个值，可以用于变换不同的透视强度。大于 1 的 d 值会减弱透视效果而小于 1 的 d 值会增强透视效果。

❑ scale：在查看之前，定义表面点的 x、y 和 z 坐标转换到 [0，1] 区间。如果逻辑值为 TRUE，则 x、y 和 z 坐标的转换各自分开。如果逻辑值为 FALSE，则坐标在进行缩放时，会保留纵横比。主要是便于信息的呈现。

❑ expand：适用于 z 坐标的缩放比例。经常用 0 < expand < 1 的数值以便缩小 z 方向的绘图框中的格点。

❑ col：立体图表面的颜色。

❑ border：表面线条的颜色。默认值为 NULL，对应于 par（"fg"）。若为 NA 值将禁用绘图边框，这样有利于表面着色。

❑ ltheta、lphi：如果指定 ltheta 和 lphi 为有限值，则表面产生阴影，好像它正在受到从指定的方位 ltheta 和纬线 lphi 方向的照明。

❑ shade：表面格点的阴影的计算公式为 $((1+d)/2)$^shade，其中 d 是该方向的单位向量，与在光源的方向的单位向量的点积。值接近 1 时，表示类似于一个点光源模型；而 0 值则表示没有阴影产生；0.5 至 0.75 范围中的值则表示提供一个近似的日光照明。

❑ box：表示显示定界框的表面。默认值为 TRUE。

❑ axes：表示将刻度和标签添加到框中。默认值为 TRUE。如果逻辑值是 FALSE 则不绘制刻度或标签。

❑ ticktype：为字符串。若为"simple"则绘制平行于轴的箭头来表示方向的延伸；若为"detailed"则按正常 2D 刻度绘制。

❑ nticks：在坐标轴上绘制刻度线的大约数目。如果 ticktype 是"simple"则不起作用。

接着我们介绍如何使用 contour（）绘制等高线，它的使用格式如下所示。与 persp（）相同的参数部分，我们就省略不再列出来了。

```
contour（x = seq（0,1,length.out= nrow（z）),y =seq（0,1,length.out= ncol（z）),
    z, nlevels = 10, levels = pretty（zlim, nlevels）, labels = NULL,
    xlim = range（x, finite = TRUE）, ylim = range（y, finite = TRUE）,
    zlim = range（z, finite = TRUE）, labcex = 0.6, drawlabels = TRUE,
    method = "flattest",vfont, axes = TRUE, frame.plot = axes,
    col = par（"fg"）, lty = par（"lty"）, lwd = par（"lwd"）, add = FALSE, ...）
```

- nlevels, levels：等高线的数量，两者择一使用。

- labels：给出等高线标签的向量。如果为 NULL，则以水平高度作为标签。

- labcex：等高线标签的绝对值。不同于相对值的 par（"cex"）。

- drawlabels：逻辑值若为 TRUE 则绘制等高线标签，若为 FALSE 则不绘。

- method：字符串，指定标签绘在哪里的。可能的值为 "simple"、"edge" 和 "flattest"（默认值）。

- vfont：默认为 NULL，则目前使用的字体被用于等高线标签。

- axes、frame.plot：逻辑值，指示是否应绘制轴或框。

- col、lty、lwd：等高线的颜色、样式与线宽度。

- add：逻辑值，若 add = TRUE 则表示将图绘至已经绘好的图内。

第 3 个，我们要介绍 image（）函数，它的使用格式如下所示。与 persp 相同的参数部分，我们就省略不再列出来了。

image（x, y, z, zlim, xlim, ylim, col = heat.colors（12），

　　　add = FALSE, xaxs = "i", yaxs = "i", xlab, ylab,

　　　breaks, oldstyle = FALSE, useRaster, …）

- col：颜色，例如由 rainbow（）、heat.colors（）、topo.colors（）、terrain.colors（）或类似的函数生成的列表。

- xaxs、yaxs：x 和 y 轴的样式。

- breaks：一套代表颜色的按递增顺序排列的有限数字断点，必须比使用到的颜色多一个断点。若使用未排序的向量，则会产生一个警告。

- oldstyle：逻辑值。如果为 TRUE 则颜色间隔的中点是均匀的。默认设置是具有相等的限制长度之间的颜色间隔。

- useRaster：逻辑值。如果为 TRUE，则用位图光栅代替多边形绘制图像。

实例 ch19_21.R：以四合一的 4 个图形套用以上 3 种 3D 绘图函数，并配合使用相关的参数绘制出以下的立体图。我们自己定义了产生服从正态分布的双变量（x，y）的机率密度函数，并将两者的标准偏差均选为 1、平均数均选为 0，相关系数参数 tho 设为 0.5。

```
1  #
2  # 实例ch19_21.R
3  #
4  #bivariate normal pdf with tho=0.5
5  f <- function(x,y){
6    exp(-2/3*(x^2-x*y+y^2))/pi/sqrt(3)
7  }
8  ch19_21 <- function ( ){
9  x<-seq(-3,3,0.1); y <- x  #设定 x与y在-3与3倍标准偏差内
```

```
10  z <- outer(x,y,f)        #使用外积函数产生 z 值
11  #绘制2*2四合一图 设定下左上右留空
12  par(mfrow=c(2,2),mai=c(0.3,0.2,0.3,0.2))
13  persp(x,y,z,main="透视图") #透视图(左上) ; 下一张图调整角度与方向(右上)
14  persp(x,y,z,theta=60,phi=30,box=T,main="theta=60,phi=30,box=T")
15  contour(x,y,z,main="等高线图") #等高线图(左下)
16  image(x,y,z,main="色彩影像图")   #色彩影像图(右下)
17  }
```

[执行结果]

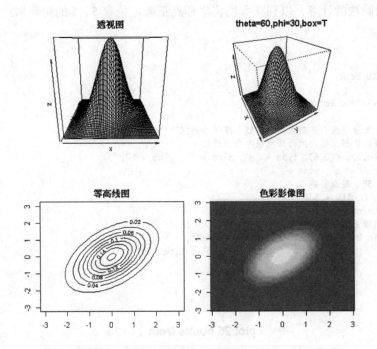

19-3　低级绘图——附加图形于已绘制完成的图形

　　所谓的低级绘图就是辅助高级绘图，在已经绘制好的高级图形中，再加入各种的点、线、说明文字与图形，等等。其实我们在前一章节已作过相当多的实例说明，下面我们就将这些低级绘图函数加以补充实例说明。

19-3-1　points () 函数与 text () 函数

　　points () 函数是在已经绘制好的图上加上点（字母、符号）。而 text () 函数则是在选定的位置上加入说明文字。points () 的使用格式如下所示。

　　points（x, y = NULL, type = "p", ...)

❑ x,y：绘图点的坐标位置，也可以用含两个数值的向量 n 表示 n 个坐标点。

❑ type：使用字母表示绘图的样式，默认是用 "p" 代表点。

也可以使用其他的绘图参数，例如，"pch"、"col"、"bg"、"cex" 和 "lwd"，等等。

实例 ch19_22.R：将 "1" 至 "25" 所对应的符号及颜色以 4 倍于正常大小的点绘制在 5×5 的格点上。我们使用了 plot（）与 grid（）两个绘图函数先将图形的格点与线标绘出来，再以 for 循环中的 try（）函数将 25 个点依序绘制在 5×5 的格点上。try（）是用来包装运行表达式的，如果遇到了失败或错误，可以允许使用者修改代码来处理错误以修复函数。在此我们也使用了 %% 取余数的计算与 %/% 整数除法的计算，以利于我们将坐标点正确定位在 5×5 的矩阵格点上。程序实例及绘图结果如下所示。

```
1  #
2  # 实例ch19_22.R
3  #
4  ch19_22 <- function ( )
5  {
6  #绘出六个不显示的点不加入两轴标题；两轴的样式"i" (internal)
7  #是查找原始数据范围内适合最佳标签与坐标轴。
8    plot(c(0,6), c(0,6), type = "n", xlab = "", ylab = "",
9         xaxs = "i", yaxs = "i")
10 #绘出6*6 36个格点及线
11   grid(6, 6, lty = 1)
12   title("plot 25 points from 1 to 25")
13 #在相对位置上放以25种符号与颜色；文字放大4倍
14   for(i in 0:24) try(points(1+i%%5, 1+i%/%5,
15                     pch = i+1,col=i+1,cex=4))
16 }
```

[执行结果]

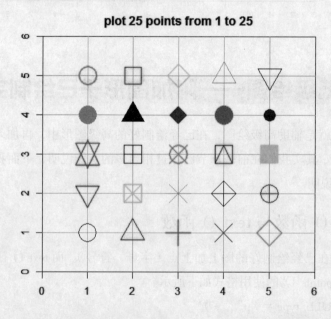

text（）函数与 points（）函数绘制方法是一致的，只是在所指定的坐标位置上书写说明文字而

非单一字母或符号，它的使用格式和各参数意义如下所示。

text（x, y = NULL, labels = seq_along（x）, adj = NULL, pos = NULL,

offset = 0.5, vfont = NULL, L, font = NULL, ... ）

❑ x,y：绘图点的坐标位置，也可以用含两个数值的向量 n 表示 n 个坐标点。

❑ labels：说明文字，也可以配合前面 x, y 向量，添加多个说明文字。

❑ adj：数值在 [0, 1] 之间，表达说明文字的对齐方式。

❑ pos：说明文字的位置，可以为 1、2、3 或 4，分别表示向下、向左、向上与向右对齐。使用 pos 将会使 adj 参数失效。

❑ offset：当 pos 被指定时，此值给出了说明文字距离指定坐标有一个字符宽度的偏移量。

❑ vfont：默认为 NULL 表示使用当前的字体系列，或若为长度为 2 的字符向量，则使用 Hershey 矢量字体；向量的第一个元素选择一个字体，第二个元素选择样式。如果标签是一个表达式则将忽略。

另外，如 col、cex 等参数都可以使用，它们的定义已经在前面说明过了。

实例 ch19_23：使用 MASS 套件的 crabs 数据框先绘制 FL 与 CL 两个变量的散点图，然后使用 points（）与 text（）低级绘图函数将 FL 变量的最大值与最小值两点标示出来。在此我们使用了 which.max（）与 which.min（）两个函数，它们能够将我们所需要的最大值与最小值的索引值（index）找出来，以便于定位出该点的 x 与 y 坐标来标示该点，之后代入 as.charecter（）函数将此数值转换成为字符以供 text（）函数的参数（label）使用。同时为了能将标签文字与该标示的点能够有距离区隔，我们特别使用 text（）函数内的 offset 参数，或者自行在 x 坐标上进行位置偏移的调整。

```
1   #
2   # 实例ch19_23.R
3   #
4   ch19_23 <- function ( )
5   {
6       attach(crabs)                #使用crabs数据框
7       FLmax.id <- which.max(FL)    #找出FL最大值的位置
8       FLmin.id <- which.min(FL)    #找出FL最小值的位置
9       oset <- 3                    #偏移量
10      plot(FL,CL)                  #绘制FL VS CL的散点图
11      #绘制FL最大值的点，在该点写下说明文字
12      points(FL[FLmax.id],CL[FLmax.id],col=2,cex=2)
13      text(FL[FLmax.id]-oset,CL[FLmax.id],col=2,
14          label=as.character(FLmax.id),adj=0.5)
15      #绘制FL最小值的点，在该点写下说明文字
16      points(FL[FLmin.id],CL[FLmin.id],col=2,cex=2)
17      text(FL[FLmin.id],CL[FLmin.id],col=2,
18          label=as.character(FLmin.id),pos=2,offset=-oset)
19      text(min(FL)+oset,max(CL)-oset,label="标示出最大及最小的FL点")
20  }
```

[执行结果]

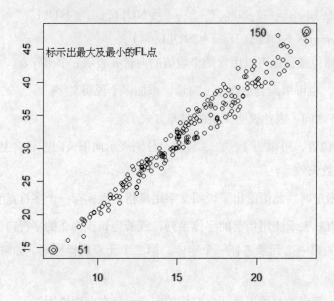

19-3-2　lines（）、arrows（）与 segments（）函数

lines（）、arrows（）与 segments（）都很相似，通常需要提供两个点的坐标（x0, y0, x1, y1），例如 segment（）及 arrows（）两函数。而 lines（）函数需要提供的是两个长度为 2 的向量作为线段的起点与终点。但是 arrows（）函数还需要再提供箭头的角度与长度。arrows（）函数的使用格式如下所示。

arrows（x0, y0, x1 = x0, y1 = y0, length = 0.25, angle = 30, code = 2, col = par（"fg"），

　　　　lty = par（"lty"）, lwd = par（"lwd"）, ...）

❑ x0, y0：起点坐标。

❑ x1, y1：终点坐标。

❑ length：箭头边缘线的长度以英寸为单位。

❑ angle：从箭头的轴到边缘的箭头头部的角度。

❑ code：1 代表箭头在（x0, y0），2 代表箭头在（x1, y1），3 代表两端都有箭头。

"col" "lty" "lwd" 等参数也都可以使用。

segments（）与 lines（）的使用格式，两者使用的参数与 arrows（）均差不多。但是 segments（）给予的两点坐标是 4 个数值参数，但是 lines（）是以两个长度为 2 的向量所提供，所以 lines（）所提供两点坐标的方式与 arrows（）与 segments（）是不同的，segments（）与 lines（）的使用格式如下所示。

segments（x0, y0, x1, y1, col = par（"fg"）, lty = par（"lty"）, lwd = par（"lwd"）, …）

lines（x, y, col = par（"fg"）, lty = par（"lty"）, lwd = par（"lwd"）, …）

两者所使用的参数也与 arrows () 对应相同，因此我们不在此赘述。

实例 ch19_24.R：lines ()、arrows () 与 segments () 函数的应用。

```
1   #
2   # 实例ch19_24.R
3   #
4   ch19_24 <- function ( )
5 ▾ {
6       #绘出六个不显示的点不加入两轴标题；两轴的样式"i" (internal)
7       #是查找原始数据范围内适合最佳标签与坐标轴。
8       plot(c(0,6), c(0,6), type = "n", xlab = "", ylab = "",
9           xaxs = "i", yaxs = "i")
10      #绘出6*6 36个格点及线
11      grid(6, 6, lty = 1)
12      #以lines函数绘制两条线
13      lines(c(1,5),c(2,2),col=4,lwd=4)
14      lines(c(1,5),c(4,4),col=5,lwd=5)
15      #以segments函数绘制两条线
16      segments(1,2,1,4,col=3,lwd=3)
17      segments(5,2,5,4,col=2,lwd=2)
18      #以向量提供x，y两个长度为4的向量
19      x<-c(2,2,4,4); y <- c(1,5,1,5)
20      s <- seq(length(x) -1)
21      #绘制三段箭头
22      arrows(x[1],y[1],x[2],y[2],col=1,
23              lwd=2, angle=30,code=1)
24      arrows(x[2],y[2],x[3],y[3],col=2,
25              lwd=4, angle=60,code=2)
26      arrows(x[3],y[3],x[4],y[4],col=3,
27              lwd=6, angle=90,code=3)
28      title("使用lines, segments与arrows \n 三函数来绘制线段")
29  }
```

[执行结果]

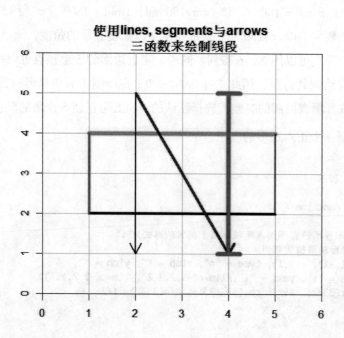

19-3-3　ploygon () 函数绘制多边形

polygon () 函数可以将指定的一组坐标点绘制成为一个封闭的多边形，也可以让我们来制作阴影。polygon () 的使用格式与参数意义如下所示。

polygon（x, y = NULL, density = NULL, angle = 45, border = NULL, col = NA,

　　　lty = par（"lty"），fillOddEven = FALSE）

❑ x、y：一组数值向量，指定多边形的各个顶点的坐标。

❑ density：每英寸阴影中的行数（密度）。默认值为 NULL，意味着没有底纹线条，零值意味着没有阴影，而负值和 NA 抑制底纹（因此允许颜色填充）。

❑ angle：阴影线条的逆时针角度。

❑ col：多边形的颜色填充。默认是 NA，不做多边形的填充，除非指定了 density 参数。如果 density 参数被设置为正值，则提供底纹线条的颜色。

❑ border：边框的颜色。默认情况下是 NULL，意味着要使用 par（"fg"）。使用"border= NA"，则表示省略边框。设置兼容性边框也可以使用逻辑值，在这种情况下 FALSE 相当于 NA（省略的边框），TRUE 相当于 NULL（使用前景颜色）。

❑ fillOddEven：逻辑值，控制多边形阴影的模式。

另外，如"lty"、"xpd"、"lend"、"ljoin"和"lmitre"均可以作为参数使用。

接下来我们以两个实例来呈现 polygon () 绘制多边形的应用。要绘制正六边形或者是正五边形可以在单位圆上找出其顶点，同时我们也可以利用它们的对称性，使点的计算可以得到简化。正弦函数 sin () 与余弦函数 cos () 都是使用弧度（Radian）的。一个完整的圆的弧度是 2π，所以 2π rad = 360°，1 π rad = 180°，1° = π/180 rad，1 rad = 180° /π（约 57.29577951°）。以度数表示的角度，把数字乘以 π/180 便转换成弧度；以弧度表示的角度，乘以 180/π 便转换成度数。正六边形的 6 个顶点可以用 2π/6 得到。同理，正五边形的 5 个顶点可以用 2π/5 得到。在绘制正六边形时我们仅绘制其边框，因此选择 density=0；在绘制正五角星形时我们选择每次跳过隔壁点的方式，因此选择填满内部的时候，选择默认的 NULL 可以使 5 个角的颜色被填满。

实例 ch19_25：绘制一个正六边形的应用。

```
 1   #
 2   # 实例ch19_25.R
 3   #
 4   ch19_25 <- function ( )
 5 ▾ {
 6      #绘出2个不显示的点不加入两轴标题；两轴的形式为"i"
 7      #定义两坐标轴数据的范围。
 8      plot(c(-1,-1), c(1,1), type = "n", xlab = "", ylab = "",
 9          xaxs = "i", yaxs = "i",xlim=c(-1.2,1.2),ylim=c(-1.2,1.2))
10      co30=sqrt(3)/2;  #计算 cos(30度)另外 sin(30度)= 1/2
```

```
11    #定义出正六边形的6个点的x与y坐标
12    x<-c(co30, 0, -co30, -co30, 0, co30)
13    y<-c(0.5, 1,   0.5, -0.5, -1, -0.5)
14    polygon(x,y,col=2 ,density=0)
15    title("绘制一个正六边形")
16  }
```

[执行结果]

绘制一个正六边形

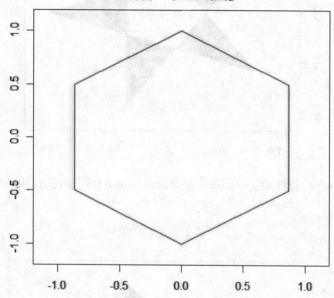

实例 ch19_26.R：绘制一个正五角星形的应用。

```
1   #
2   # 实例ch19_26.R
3   #
4   ch19_26 <- function ( )
5   {
6     #绘出2个不显示的点不加入两轴标题；两轴的样式为"i"
7     #设置两坐标轴数据的范围。
8     plot(c(-1,-1), c(1,1), type = "n", xlab = "", ylab = "",
9         xaxs = "i", yaxs = "i",xlim=c(-1.2,1.2),ylim=c(-1.2,1.2))
10    #定义出正五边形的5个点的x与y坐标
11    x1=cos(4*pi/5);y1=sin(4*pi/5);x2=cos(2*pi/5); y2=sin(2*pi/5)
12    x<-c(cos(0), x1, x2, x2,  x1)   #安排顶点时依序跳过隔壁点
13    y<-c(sin(0), y1, -y2, y2, -y1) #安排顶点时依序跳过隔壁点
14    #polygon(x,y,col=2,density=0) #如此仅绘制五角形的五条线
15    polygon(x,y,col=4,density=NULL)  #可以绘制内部五角形与五个角
16    title("绘制一个正五角星形")
17  }
```

[执行结果]

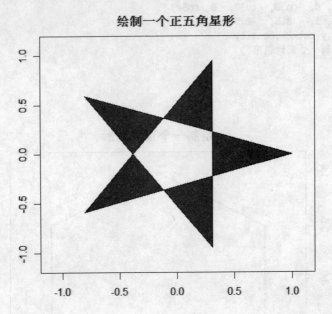

上图是笔者在 Windows 操作系统中的执行结果，但在 Mac OS 系统执行同样程序笔者获得了下图所示的结果。

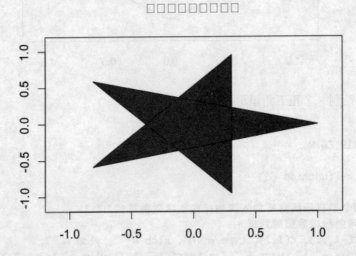

上图中的小空白框是因为 Mac OS 系统绘图设备仍不支持 RStudio 的中文所造成的，但在绘图本身，却有一个正五角形内部实心的不同结果，所以使用上要小心。

实例 ch19_27：自行建立阴影的函数可以让我们快速绘制正态分布的阴影，也就是正态分布概率的图形表达。

本函数将起始点 x0、终止点 xn 与过程需要的点数 np 设为提供参数，并设定其默认值。通过 dnorm（）函数我们可以在 −3.5 ～ 3.5 之间使用 curve（）函数绘制出正态分布的概率密度函数的曲线，也能够计算出各个过程点的概率密度值。最后再绘制一条水平参考线，并使用 polygon（）多边形绘图函数设置阴影 density=500（每英寸 500 条密度）、垂直的线填满，就能够顺利实现此面积绘图的功能。

```
1   #
2   # 实例ch19_27.R
3   #
4   ch19_27 <- function (x0=-3, xn=3, np=100 )
5 ▾ {
6      #给出标准正态分布的概率密度函数、起点、终点、过程点个数，就能绘制
7        inc=(xn-x0)/np  # 根据过程点数计算出增量
8        mid.p=seq(x0, xn, by=inc)
9        x.allp= c(x0, mid.p,xn)  #多加入x首尾两点坐标
10       y.allp= c( 0, dnorm(mid.p), 0) #多加入y首尾两点坐标，均为0
11       curve(dnorm,-3.5,3.5) #正态分布取-3.5至3.5之间
12       abline(h=0)  #绘制y=0的水平线
13       polygon(x.allp,y.allp,density=500, angle=90)
14       title(paste("正态分布 在x0=",x0,"\n 与xn=",xn,"间的面积"))
15   }
```

[执行结果]

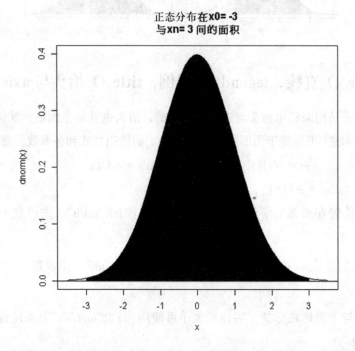

实际代入各个参数，我们提供以下 4 种情况，并绘制在一张图内，便于相互之间作比较。程序及结果如下所示。

```
> res.par <-par(no.readonly=TRUE) #保留par参数
> #预计绘制 4 个图，可以比较参考
> par(mfrow=c(2,2), mai=c(0.3,0,0.4,0.1))
> ch19_27() #所有参数均为默认值
> ch19_27(x0=-2,xn=2, np=50) #提供所有参数
> ch19_27(xn=1.3) #提供部分参数
> ch19_27(x0=-2.5,np=6) #6点的多边形较不平滑
> par(res.par) #恢复原始的par设置
```

[执行结果]

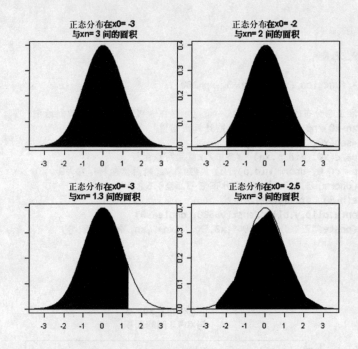

19-3-4　abline（）直线、legend（）图例、title（）抬头与 axis（）

title（）函数主要是用来标示抬头与副标题文字的，抬头也就是主标题，默认是放在图形的上端，而副标题（下标题）则是置于图形的下端。title（）的使用格式和各参数的意义如下所示。

title（main = NULL, sub = NULL, xlab = NULL, ylab = NULL,

　　　line = NA, outer = FALSE, ... ）

❑ main：主标题位置在顶部；字体和大小可使用 par（"font.main"）来设置；颜色的设置使用 par（"col.main"）。

❑ sub：副标题位置在底部；字体和大小可使用 par（"font.sub"）来设置；颜色的设置使用 par（"col.sub"）。

❑ xlab、ylab：*X* 与 *Y* 坐标轴标签；字体和大小可使用 par（"font.lab"）来设置；颜色的设置使用 par（"col.lab"）。

❑ line：数值 k，指定行的值，将重置默认的标签位置，并将它们放在绘图区 k 行的边缘外。

❑ outer：一个逻辑值。如果为 TRUE，则主标题将被放在绘图区的外侧页边距。

axis（）则是在图形上另外加上坐标轴，让读者能够清楚掌握图形的位置。它的使用格式和各参数的意义如下所示。

axis（side, at = NULL, labels = TRUE, tick = TRUE, line = NA, pos = NA,

```
outer = FALSE, font = NA, lty = "solid", lwd = 1, lwd.ticks = lwd,
col =NULL, col.ticks = NULL, hadj = NA, padj = NA, ... )
```

❑ side：一个整数值，指定在哪一侧绘制坐标轴。1 表示在下端；2 表示在左侧；3 表示在上端；4 表示在右侧。

❑ at：在要绘制刻度线的位置标记点。infinite，NaN 或 NA 等值被忽略。默认情况下为 NULL，表示计算刻度线位置。

❑ labels：这可以是一个逻辑值 TRUE，指定是否应在刻度线标示数值标签或是字符或字符串标签；若是 FALSE 则不在刻度线标示任何标签。

❑ tick：一个逻辑值，指定是否应绘制刻度线和轴线。

❑ line：数值，表示将绘制轴线在边缘的 k 行处。

❑ pos：非 NA 值，表示要绘制轴线的坐标。

❑ outer：逻辑值，该值指示是否应将轴线绘制在边界外，而不是标准的位置。

❑ font：文本的字体与大小。

❑ lty：轴线和刻度线的样式。

❑ lwd、lwd.ticks：为坐标轴线和刻度线的线宽。零或负值将不绘制轴线或刻度线。

❑ col、col.ticks：轴线和刻度线的颜色。

❑ hadj：将所有标签调整为与阅读方向平行。

❑ padj：将每个刻度线标签都调整为垂直于阅读方向。对于标签平行于轴的情况，padj = 0 意味着向右或向上对齐；padj = 1 为向左或向下对齐。可以给定单一值向量，重复使用。

实例 ch19_28：下面我们先以 plot () 函数绘制简单的 4 个点，但不加上坐标轴，接着在图形的右侧、上侧加上特定的标签。再接着使用 pos 参数分别在特定位置的下方及左侧绘制选定颜色的坐标轴。

```
1   #
2   # 实例ch19_28.R
3   #
4   ch19_28 <- function ( )
5 ▾ {
6       plot(1:4,axes=FALSE)#仅绘图不标示轴线
7       #在图的右侧加上中文标签
8       axis(4,at=1:4,labels=c("一","二","三","四"))
9       #在图的上侧加上英文标签
10      axis(3,at=1:4,
11          labels=c("one","two","three","four"))
12      #在(2,1)的位置 的下侧绘制给定颜色的水平坐标轴
13      axis(1,pos=c(2,1),col=2,col.ticks=3)
14      #在(1.5,1)的位置 的左侧绘制给定颜色的垂直坐标轴
15      axis(2,pos=c(1.5,1),col=4,col.ticks=5)
16  }
```

[执行结果]

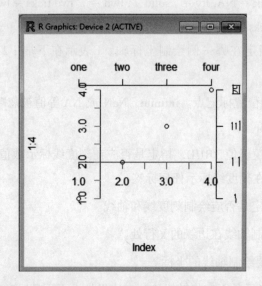

我们之前已经多次使用 title ( ) 函数，在此就不多作说明了。abline ( ) 函数也是低级绘图函数的一种，主要是用来绘制水平线，垂直线，或者是斜线，笔者在第 18 章的 18-2-2-5 节已作过介绍，它的使用格式参数意义如下所示。

abline (a = NULL, b = NULL, h = NULL, v = NULL, reg = NULL,

    coef = NULL, untf = FALSE, ...)

❑ a, b : a 为直线的截距，b 为直线的斜率。

❑ untf : 为一个逻辑值。如果是 TRUE 且有一个或两个轴是经过对数转换的，则会对应于原始坐标系统绘制曲线；若为 FALSE 则仅以转换后的坐标系统绘制曲线。

❑ h : 指定水平线的位置；h=2 代表绘制 y=2 的水平线。

    v : 指定垂直线的位置；v=2 代表绘制 x=2 的垂直线。

❑ coef : 长度为 2 的向量，指定截距与斜率。

❑ reg : 指定回归线对象的截距与斜率。

abline ( ) 函数共有四种方式可以绘制直线：第一种方式是明确指定 a 为截距 b 为斜率；第二种方式是指定 h 或 v，绘制水平或者垂直线条于指定坐标处；第三种方式，coef 给予一个系数 2 的向量表达截距和斜率；第四种方式是以 reg 提供回归系数方法，若仅提供长度为 1 的向量，则采用通过原点直线的斜率，通常是提供长度为 2 的向量表达回归线的截距与斜率。

实例 ch19_29：下面的实例我们使用 library（MASS）与 attach（crabs）两个函数后，利用 crabs 数据框的两个变量 FL 与 CL 来绘制出散点图，分别在 CL 的最大值、最小值与平均数处绘制水平线，并在 FL 的平均数处绘制 1 条垂直线。并利用 R 内建的 lm（）回归模型函数求出结果，再以模型的截距与斜率来绘制 1 条回归线，最后再标示抬头和在适当的位置利用 paste（）函数写下得到的回归方程。

```
> library(MASS)                                #加载MASS套件
> attach(crabs)                                #使用crabs数据框
The following object is masked _by_ .GlobalEnv:

    index

The following objects are masked from crabs (pos = 3):

    BD, CL, CW, FL, index, RW, sex, sp

> plot(FL,CL)          #绘制FL VS CL的散点图
> plot(FL,CL)                                  #绘制FL VS CL的散点图
> #在CL最大值、最小值的点与平均数处，分别绘制水平线
> abline(h=CL[which.max(FL)],col=2)
> abline(h=CL[which.min(FL)],col=2)
> abline(h=mean(CL),col=2)                     #在CL平均数处
> abline(v=mean(FL),col=3,lwd=3)               #在FL平均数处 垂直线
> lm1 <- lm(CL~FL, data=crabs)                 #回归模型结果
> coef<-round(lm1$coef,2);coef                 #回归模型的系数 结果呈现
(Intercept)            FL
       1.04          1.99
> abline(lm1,col=4)                            #使用回归系数(截距与斜率)绘图
> title("abline")
> #在适当的位置写下回归结果方程式
> text(mean(FL),mean(CL)+5,col=6, cex=1.5,
+ label=paste("y=",coef[1],"+",coef[2],"x"))
>
```

[执行结果]

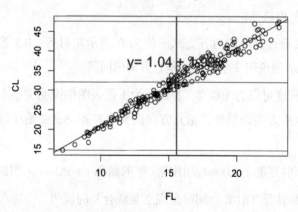

legend（）函数是在已绘制的图内加入一块图例说明区，这一块说明区也可以想象成一个内部完整的小图。所以可以使用到前面所提到的诸多绘图参数。legend（）的使用格式和各参数意义如下所示。

legend（x, y = NULL, legend, fill = NULL, col = par（"col"），

　　　border = "black", lty, lwd, pch, angle = 45, density = NULL,

　　　bty = "o", bg = par（"bg"）, box.lwd = par（"lwd"），

box.lty = par（"lty"），box.col = par（"fg"），pt.bg = NA，cex = 1，

pt.cex = cex，pt.lwd = lwd，xjust = 0，yjust = 1，x.intersp = 1，

y.intersp = 1，adj = c（0，0.5），text.width = NULL，text.col =

par（"col"），text.font = NULL，merge = do.lines && has.pch，

trace = FALSE，plot = TRUE，ncol = 1，horiz = FALSE，title = NULL，

inset = 0，xpd，title.col = text.col，title.adj = 0.5，seg.len = 2）

❑ x, y：图例左上角的参考坐标。

❑ legend：说明的字符串向量，后面的 col、lty、lwd、pch 则是对应设置此说明字符串的颜色、
线的样式、线宽度与文字或符号。

❑ fill：图例区内填充色。

❑ border：图例区边框的颜色，只有在 fill 参数被设置后才有用。

❑ density：正整数表示阴影线条的密度；NULL、负值或 NA 表示是填满颜色。angle 则表示阴影
线条的角度。

❑ bty：图例区边框的样式；box.lty 图例区边框线条的样式；box.lwd 表示图例区边框线条的宽
度；box.col 表示图例区边框线条的颜色。

❑ bg：图例区内的背景颜色。

❑ pt.bg：图例内点的背景颜色；pt.cex 为图例内点的缩放比例；pt.lwd 为图例内点的线宽度。

❑ cex：图例说明文字的缩放比例。

❑ xjust，yjust：水平或垂直方向的对齐方式；值为 0 表示左对齐，0.5 表示居中，1 表示右对
齐；x.intersp, y.intersp 为说明文字水平或垂直方向的间隔。

❑ adj：为数值向量，长度可以为 1 或 2。若长度为 1 代表图例说明文字水平方向对齐；若长度
为 2，则代表除了水平方向调整外，垂直方向也要求对齐，主要是在以数学表达式作说明文
字时使用。

❑ text.width：图例文字的宽度；text.col 为图例文字的颜色；text.font 为图例文字的字体。

❑ merge：为逻辑值，默认是 TRUE 会同时呈现点与线合并的说明。

❑ trace：为逻辑值，默认是 FALSE；若改为 TRUE，则代表将绘制图例的计算过程的数值打印
出来，以供参考。

❑ plot：为逻辑值，默认是 TRUE，表示绘制图例；若改为 FALSE，则不绘制出图例，而将图例
的主要参数回，以供后续参考使用。

❑ ncol：图例说明使用的列数，默认是 1 且是逐行一一列举。

❑ horiz：为一个逻辑值，若为 TRUE 则说明是逐列一一列举，此设置会使 ncol 失去作用。

- title：在图例区的上方提供抬头。title.col 为抬头的颜色。title.adj 为抬头的对齐方式；title.cex 为图例抬头文字的缩放比例。

- inset：插入的图例距边界的距离。

- xpd：提供图例剪贴方式的参数。

- seg.len：图例说明线段的长度。

我们已经在实例 ch19_12 以及实例 ch19_16 中使用 legend ()，在此就不再以实例说明了。

19-4　交互式绘图

当我们绘制了散点图后想要选取某些图形上的特定点或对这些点加上特别的标示时，R 提供了两个很好的交互式绘图函数，locator () 与 identify ()。locator () 函数会传递回选取的特定点的坐标，而 identify () 函数则会传回这些特定点的索引数值。在互动执行时也可以按下鼠标右键暂停或结束执行。

我们首先来介绍 locator () 函数。当首要的鼠标按键（第一个，通常就是左键）被按下时，将读取并传回图形中光标的位置。locator () 的使用格式与各参数意义如下所示。

locator（n = 512, type = "n", ...)

- n：限制最多选取的点数，默认是 512 个。

- type：可供选择的有 "n"、"p"、"l" 或 "o"。选择 "p" 或 "o" 会再绘制点；如果选择 "l" 或 "o" 则会加入线。

identify () 函数不是返回图形上的坐标值而是返回该点的索引值，以利于后续进一步的使用。identify () 的使用格式与各参数意义如下所示。

identify（x, y = NULL, labels = seq_along（x）, pos = FALSE, n = length（x）,

plot = TRUE, atpen = FALSE, offset = 0.5, tolerance = 0.25, ...)

- x, y：散点图中点的坐标。另外，任何定义坐标的对象，例如，散点图、时间序列图等均可以给出 x，y。

- labels：给出选取点标签为一组任意向量。它们会被 as.character () 强制转换为字符串，标签的过长部分将被丢弃并发出警告。

- pos：如果 pos 为 TRUE，则将组件添加到返回的值，该值指定绘制标签的位置相对于每个确定的点的距离。

- n：最多选取的点数。

- plot：是 1 个逻辑值。如果是 TRUE，则选取在附近点打印标签；如果为 FALSE，则标签将会被省略。

❑ atpen：是 1 个逻辑值。如果为 TRUE 且 plot = TRUE，则左下角的标签将会绘制在鼠标单击的位置而不是之前指定的位置。

❑ offset：从标签至选取点的距离，以字符宽度为单位。允许使用负值。但是当"atpen = TRUE"时将无法使用。

❑ tolerance：光标足够接近选取点的最大距离，以英寸为单位。

实例 ch19_30：我们在图上绘制 8 个点，其中第 4 个与第 8 个点较与其他点不相一致，因此我们可以使用 locator（）函数，选用 n=2，并使用鼠标单击上述两点即可探知此两点的大约坐标。接下来我们再以 identify（）函数选取特定 3 点的指标值。

```
> #
> #ch19_30
> #
> #定义一组8个点的x与y坐标值
> x<- c(1:3,8,4:6,2); y <- 1:8
> plot(x,y,xlim=c(0,9),ylim=c(0,9))#8个点的散点图
> title("locator函数的应用",col.main="blue")
> #在图形上以"X"标示选定的2个特定点并查看该点的坐标值
> locator(n=2, type="p",pch="X",col=2)
$x
[1] 1.982382 8.015792

$y
[1] 8.005970 3.961465

> #使用identify找出3个特定点排序后的指标值
> title(sub="identify函数的应用",col.sub="red")
> #s.p <- identify(x,y,n=3,label=y, offset=1)
> s.p <- identify(x,y,n=3,label=y, offset=1,plot=TRUE, atpen=TRUE)
> s.p
[1] 2 4 8
```

[执行结果]

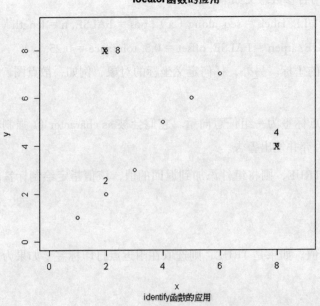

实例 ch19_31：延续上述实例，我们可以将 identify（）函数所选取的 3 个点，用前面所提过的 text（）函数将它们标示在图形上。

```
> #使用text函数去标示所选取的3点坐标
> text(x[s.p[1]],y[s.p[1]],pos=4,offset=0.5,col=6,
+ label=paste("(",x[s.p[1]],"  ,  ",y[s.p[1]],")"))
> text(x[s.p[2]],y[s.p[2]],pos=2,offset=0.5,col=6,
+ label=paste("(",x[s.p[2]],"  ,  ",y[s.p[2]],")"))
> text(x[s.p[3]],y[s.p[3]],pos=4,offset=0.5,col=6,
+ label=paste("(",x[s.p[3]],"  ,  ",y[s.p[3]],")"))
>
```

[执行结果]

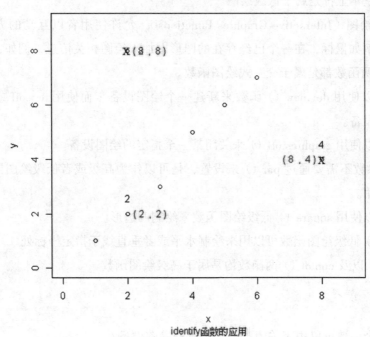

本章习题

一、判断题

（　　）1. R 语言内建了许多的绘图工具函数以供参考使用，我们可以先使用 demo（graphics）或者 demo（image）两个命令来参考 R 所提供的绘图示范。

（　　）2. 低级绘图（Low-level Plotting Functions）是在一个已经绘制好的图形上加上其他的图形元素，例如加上说明文字、直线或点，等等。

（　　）3. 低级绘图（Low-level Plotting Functions）是用在建立一个新的图形，常用的各种统计绘图，基本上都是属于低级绘图。

（　　）4. 交互式绘图（Interactive Graphics Functions）：允许使用者以互动的方式使用其他的设备，例如鼠标，在一个已经存在的图形上加入绘图相关信息，例如，points（）以及 text（）两函数都是属于交互式绘图函数。

（　　）5. 我们可以使用 dev.new（）函数来新建一个绘图设备；而使用 dev.off（x）来关闭指定的绘图设备。

（　　）6. 我们可以使用 graphics.off（）来关闭某一个指定的绘图设备。

（　　）7. mfrow 参数不需要通过 par（）来设置，是可以作为高级或者低级绘图函数中的参数来设置使用。

（　　）8. 我们可以使用 square（）低级绘图函数来绘制四边形。

（　　）9. abline（）低级绘图函数可以用来绘制水平或者垂直线于指定坐标处。

（　　）10. curve（）以及 coplot（）两函数均是属于高级绘图函数。

二、单选题

（　　）1. 以下哪个函数可以用来关闭某一个指定的绘图设备？

A. dev.quit（）　　　　　　　　　　B. dev.down（）

C. graphics.off（）　　　　　　　　D. dev.off（）

（　　）2. 以下哪个函数是属于交互式绘图（Interactive Graphics Functions）函数？

A. identify（）　　　　　　　　　　B. text（）

C. plot（）　　　　　　　　　　　　D. pairs（）

（　　）3. 以下哪个函数是属于低级绘图（Low-level Plotting Functions）函数？

A. identify（）　　　　　　　　　　B. text（）

C. plot（）　　　　　　　　　　　　D. pairs（）

( ) 4. 以下哪个函数不属于高级绘图（High-level Plotting Functions）函数？

    A. identify ()   B. hist ()

    C. plot ()   D. pairs ()

( ) 5. 以下哪个函数不是 R 绘制 3D 图形的函数？

    A. persp ()   B. contour ()

    C. image ()   D. 3Dplot ()

( ) 6. 将低级绘图函数 arrow () 的参数 code 设置为以下哪个值时，可以在两个端点都绘制箭头？

    A. 1   B. 2   C. 3   D. 4

( ) 7. 低级绘图函数 polygon () 使用以下哪个参数来设置每英寸内阴影的线条数？

    A. density   B. lty   C. col   D. lines

( ) 8. 以下哪个函数可以用来产生 Normal Distribution 的随机数？

    A. dnorm ()   B. pnrom ()

    C. qnorm ()   D. rnorm ()

( ) 9. 在 R 中，那个函数可以绘制以下的箱形图？

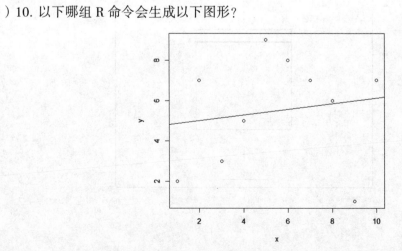

    A. hist ()   B. plot ()   C. lines ()   D. boxplot ()

( ) 10. 以下哪组 R 命令会生成以下图形？

A.
```
1  x=1:10
2  y=c(2,7,3,5,9,8,7,6,1,7)
3  plot(x, y)
4  line(1:10)
```

B.
```
1  x=1:10
2  y=c(2,7,3,5,9,8,7,6,1,7)
3  plot(x, y)
4  line(x, y)
```

C.
```
1  x=1:10
2  y=c(2,7,3,5,9,8,7,6,1,7)
3  plot(x, y)
4  line(lm(y~x))
```

D.
```
1  x=1:10
2  y=c(2,7,3,5,9,8,7,6,1,7)
3  plot(x, y)
4  abline(lm(y~x))
```

(   ) 11. 以下哪组 R 命令会生成以下图形?

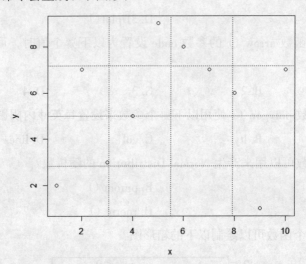

A.
```
1  x=1:10
2  y=c(2,7,3,5,9,8,7,6,1,7)
3  plot(x, y)
4  grid(nx=4,ny=4, col = "red")
```

B.
```
1  x=1:10
2  y=c(2,7,3,5,9,8,7,6,1,7)
3  plot(x, y)
4  lines(nx=4,ny=4, col = "red")
```

C.
```
1  x=1:10
2  y=c(2,7,3,5,9,8,7,6,1,7)
3  plot(x, y)
4  points(nx=4,ny=4, col = "red")
```

D.
```
1  x=1:10
2  y=c(2,7,3,5,9,8,7,6,1,7)
3  plot(x, y)
4  grids(nx=4,ny=4, col = "red")
```

(   ) 12. 以下哪组 R 命令会生成以下图形?

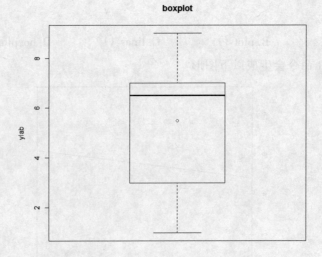

A.
```
1  boxplot(y)
2  title(main="boxplot",xlab="xlab",ylab="ylab")
```

B.
```
1  boxplot(y)
2  title(main="boxplot",x_lab="xlab",y_lab="ylab'
3  points(mean(y),col="red")
```

C.
```
1  boxplot(y)
2  title(main="boxplot",xlab="xlab",ylab="ylab")
3  points(mean(y),col="red")
```

D.
```
1  boxplot(y)
2  title(main="boxplot",x_lab="xlab",y_lab="ylab'
```

(　　) 13. 以下 R 命令执行后的最后结果为何？

```
1  boxplot(y)
2  title(main="boxplot",x_lab="xlab",y_lab="ylab")
3  points(mean(y),col="red")
```

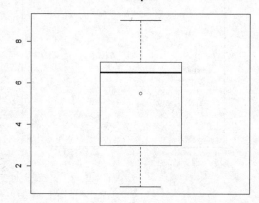

A.
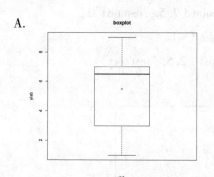

B.
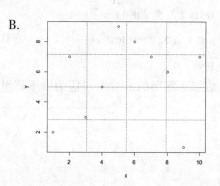

C.
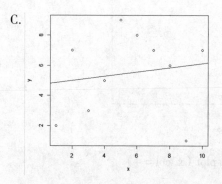

D. 出现 warning 信息

（　　）14. 欲将箱型图图形文件输出成 PDF 格式的 R 命令为以下哪组？

　　　A. pdf（"e:/aaa.pdf"）　　　　　　　B. boxplot（x）

　　　　　boxplot（x）　　　　　　　　　　　pdf（"e:/aaa.pdf"）

　　　　　dev.off（）　　　　　　　　　　　dev.off（）

　　　C. plot（x）　　　　　　　　　　　D. box（x）

　　　　　pdf（"e:/aaa.pdf"）　　　　　　　pdf（"e:/aaa.pdf"）

　　　　　dev.off（）　　　　　　　　　　　dev.off（）

（　　）15. 生成以下图形的 R 命令可能为以下哪组？

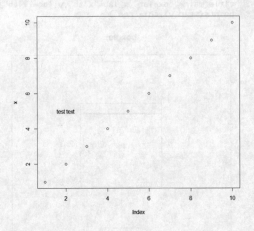

　　　A. plot（x）　　　　　　　　　　　B. plot（x）

　　　　　texts（2, 5, "test text"）　　　　　point（2, 5, "test text"）

　　　C. text（2, 5, "test text"）　　　　D. plot（x）

　　　　　plot（x）　　　　　　　　　　　text（2, 5, "test text"）

（　　）16. 生成以下图形的 R 命令可能为以下哪组？

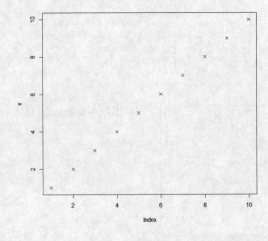

　　　A. plot（x, pch = 4）　　　　　　　B. plot（x, col = 4）

C. plot（x, cel = 4）   D. plot（x, lab = 4）

（ ）17. 生成以下图形的 R 命令可能为以下哪组？

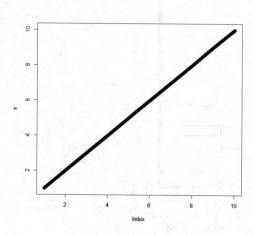

A. plot（x）   B. plot（x）

   lines（x, lty = 10）   points（x, lwd = 10）

C. plot（x）   D. plot（x）

   lines（x, lwd = 10）

（ ）18. 以下 R 命令的执行结果为以下哪个选择？

```
> x <- 1:10
> plot(x)
> lines(x, lwd=10)
```

A. 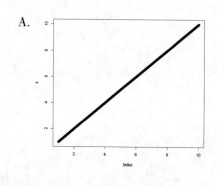   B.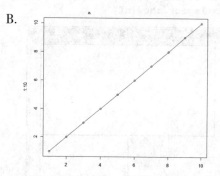

C. 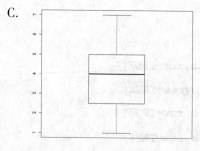   D.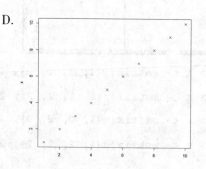

( ) 19. 以下的绘图结果是由哪一组命令所获得的?

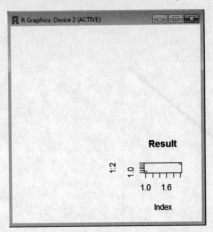

A. > par(fig=c(0.5, 1, 0, 0.5))
   > plot(1:2,main="Result")

B. > plot(1:2,main="Result")

C. > par(mai=(0.5, 1, 0, 0.5))
   > plot(1:2,main="Result")

D. > par(mfrow=c(1,2))
   > plot(1:2,main="Result")

( ) 20. 如果我们要以下列 R 程序产生如下绘图布局，矩阵 x 应该事先被定义为以下哪个?

```
> nf <- layout(x,widths=c(1,1) ,
+ heights= c(1,1),respect = TRUE)
> layout.show(nf)
```

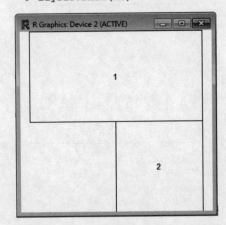

A. > x <- matrix(c(1, 1, 0, 2), 2, 2,byrow=TRUE)

B. > x <- matrix(c(1, 1, 2, 2), 2, 2,byrow=TRUE)

C. > x <- matrix(c(1, 0, 2, 0), 2, 2,byrow=TRUE)

D. > x <- matrix(c(1, 2, 1, 2), 2, 2,byrow=TRUE)

( ) 21. 如果我们要使用 plot () 函数产生如下 Y 轴经过 log () 函数转换的图形, 则正确的 R 命令会是以下哪一个？

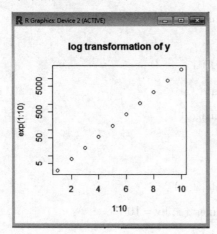

A. > plot(x=1:10,y=exp(1:10),log="y",
   + main="log transformation of y")

B. > plot(x=1:10,y=exp(1:10),log="x",
   + main="log transformation of y")

C. > plot(x=1:10,y=exp(1:10),
   + main="log transformation of y")

D. > plot(x=1:10,y=exp(1:10), ylog=TRUE,
   + main="log transformation of y")

三、多选题

( ) 1. 以下哪些函数是 R 绘制 3D 图形的函数？（选择 3 项）

A. persp ()   B. contour ()

C. image ()   D. hist ()

E. curve ()

( ) 2. 以下 abline () 低级绘图函数的哪些参数设置是正确的？（选择 3 项）

A. coef=c（1, 2）   B. a=3, b=2

C. h=4   D. slope=3, intercept=2

E. s=2, i=3

( ) 3. 以下哪些是属于低级绘图函数？（选择 3 项）

A. abline ()   B. legend ()

C. axis ()   D. curve ()

E. persp ()

（　）4. 以下哪些是属于高级绘图函数？（选择 4 项）

    A. barplot（）　　　　　　　　B. legend（）

    C. coplot（）　　　　　　　　D. curve（）

    E. persp（）

（　）5. 以下哪些是属于低级绘图函数？（选择 3 项）

    A. segment（）　　　　　　　B. title（）

    C. points（）　　　　　　　　D. image（）

    E. contour（）

（　）6. 以下哪些 R 命令有误？（选择 3 项）

    A. text（2, 5,"test text"）　　　　B. plot（x）

       plot（x）　　　　　　　　　　　lines（x, lty = 10）

    C. plot（x）　　　　　　　　　D. plot（x）

       texts（2, 5,"test text"）　　　　　line（2,5,"test text"）

    E. plot（x）

       text（2, 5,"test text"）

（　）7. 以下哪些 R 命令有误？（选择 3 项）

    A. doc（"e:/aaa.doc"）　　　　B. bmp（"e:/aaa.bmp"）

       boxplot（x）　　　　　　　　　boxplot（x）

       dev.off（）　　　　　　　　　　dev.off（）

    C. pdf（"e:/aaa.pdf"）　　　　D. box（x）

       boxplot（x）

       dev.off（）

    E. bmp（"e:/aaa.bmp"）

       boxplots（x）

       dev.off（）

（　）8. 以下哪些 R 命令的执行结果相同？（选择 2 项）

    A. plot（x, pch = 2）　　　　　B. plot（x, type = "n"）

       　　　　　　　　　　　　　　points（x, pch = 2）

    C. points（x, pch = 2）　　　　D. plot（x,type= "n"）

       　　　　　　　　　　　　　　point（x, pch=2）

    E. plot（x, type = 2）

下载和安装 R

本书笔者将分别介绍在 Windows 和 Mac OS 下安装 R 语言。

A-1 下载 R 语言

首先请进入下列网站，下载 R。

www.r-project.org

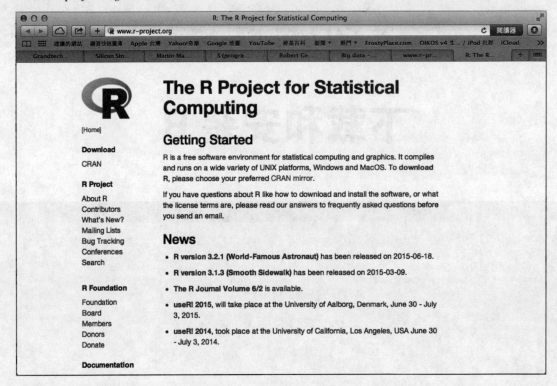

在上图中可以看到 CRAN mirror 字符串。CRAN 的全名是 Comprehensive R Archive Network。在这里你可以看到 R 的可执行文件，源代码以及许多说明文件，同时这里也收录了许多开发者编写的软件套件。由于 R 语言已是全球最热门的免费软件，如果只有一处可下载，必造成"塞车"与全球使用者的不便，因此，就有了 CRAN 镜像（mirror）网站的产生，目前全球有超过 100 个 CRAN 镜像（mirror）网站，你可以选择离自己最近的 CRAN 镜像（mirror）网站下载 R 软件。

不论是单击 download R 字符串或 CRAN mirror 皆可看到如下页面。

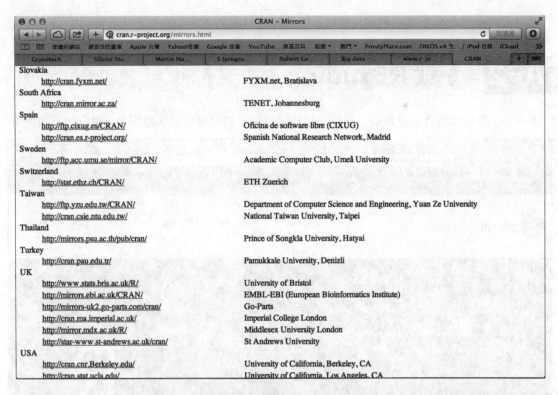

在本节中，笔者想联机进入台湾大学的 R 镜像点，如下图所示。

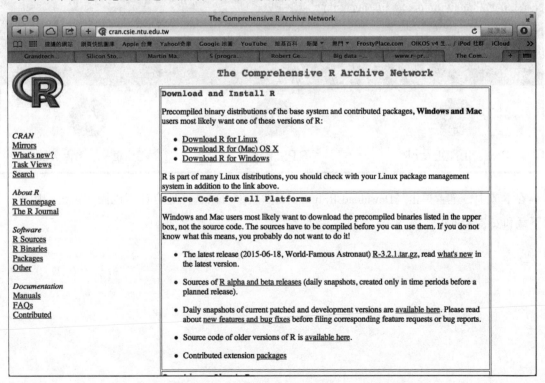

在上图中，你可以根据自己的计算机系统选择适当的 R 版本，即可下载 R 语言了。

A-2 下载 RStudio

RStudio 是 R 的整合窗口环境，如果你想要使用这个窗口整合环境启用 R，可以到下列网页。

在本节中，笔者单击"Download RStudio"，然后你可以选择适合计算机操作系统的版本，即可下载和安装 RStudio。

B

使用 R 的补充说明

B-1 获得系统内建的数据集

R 软件本身就已经提供给我们丰富的数据资源，也就是它内建的数据集，其中大约包含了近百个数据集。例如在第 9 章我们就使用过内建数据集 state.name。我们可以使用 data（）函数得到系统内建数据集的名称及内容概述。

```
> data(package="datasets")
>
```

[执行结果]

```
Data sets in package 'datasets':

AirPassengers            Monthly Airline Passenger Numbers 1949-1960
BJsales                  Sales Data with Leading Indicator
BJsales.lead (BJsales)   Sales Data with Leading Indicator
BOD                      Biochemical Oxygen Demand
CO2                      Carbon Dioxide Uptake in Grass Plants
ChickWeight              Weight versus age of chicks on different diets
DNase                    Elisa assay of DNase
EuStockMarkets           Daily Closing Prices of Major European Stock
                         Indices, 1991-1998
Formaldehyde             Determination of Formaldehyde
HairEyeColor             Hair and Eye Color of Statistics Students
Harman23.cor             Harman Example 2.3
Harman74.cor             Harman Example 7.4
Indometh                 Pharmacokinetics of Indomethacin
InsectSprays             Effectiveness of Insect Sprays
JohnsonJohnson           Quarterly Earnings per Johnson & Johnson Share
LakeHuron                Level of Lake Huron 1875-1972
LifeCycleSavings         Intercountry Life-Cycle Savings Data
```

除了上述的内建数据集外，R 中还有其他可以使用的套件所附带的数据集。可以使用 data（）函数来获得所有 R 数据集的列表。

```
> data(package = .packages(all.available = TRUE)) #查看所有可用的数据集
Warning messages:
1: In data(package = .packages(all.available = TRUE)) :
   datasets have been moved from package 'base' to package 'datasets'
2: In data(package = .packages(all.available = TRUE)) :
   datasets have been moved from package 'stats' to package 'datasets'
```

下列是执行结果。

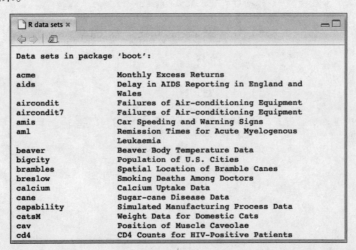

```
R data sets ×

Data sets in package 'boot':

acme          Monthly Excess Returns
aids          Delay in AIDS Reporting in England and
              Wales
aircondit     Failures of Air-conditioning Equipment
aircondit7    Failures of Air-conditioning Equipment
amis          Car Speeding and Warning Signs
aml           Remission Times for Acute Myelogenous
              Leukaemia
beaver        Beaver Body Temperature Data
bigcity       Population of U.S. Cities
brambles      Spatial Location of Bramble Canes
breslow       Smoking Deaths Among Doctors
calcium       Calcium Uptake Data
cane          Sugar-cane Disease Data
capability    Simulated Manufacturing Process Data
catsM         Weight Data for Domestic Cats
cav           Position of Muscle Caveolae
cd4           CD4 Counts for HIV-Positive Patients
```

B-2 看到陌生的函数

在使用 R 语言看别人所写的程序时，如果碰上陌生的函数，一律可用下列方式寻求帮助。

help（函数名称）

或

? 函数名称

例如，可以使用以下命令查询 t.text（）。

```
> help("t.test")
> ?t.test
>
```

可立刻在 RStudio 窗口右下方的窗口看到函数功能的解说，特别是几乎每个函数的参数都有非常详细的功能解说。

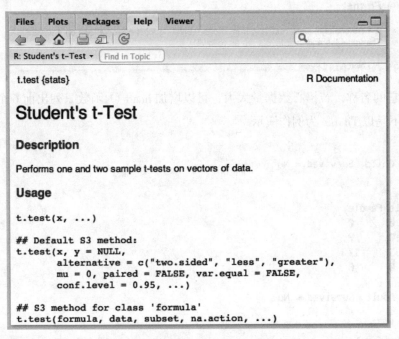

B-3 看到陌生的对象

当你看到陌生的对象时，基本上有以下几个方法了解它。

1) 和了解陌生函数一样使用 help（）函数，例如，下列是用 help（）函数了解对象 Titanic 的实例。

```
> help(Titanic)
>
```

可以得到下列解说。

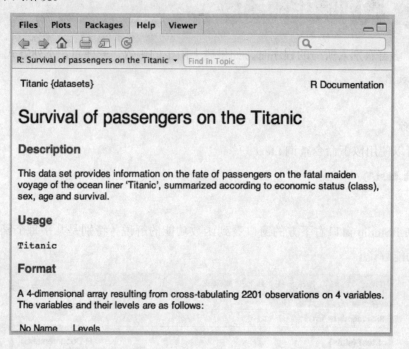

2) 直接输入它的名称，若担心数据量太大，可以增加 head（）函数只列出前 6 个数据辅助了解对象。以下是以 Titanic 为例作演示。

```
> Titanic
, , Age = Child, Survived = No

      Sex
Class  Male Female
  1st     0      0
  2nd     0      0
  3rd    35     17
  Crew    0      0

, , Age = Adult, Survived = No

      Sex
Class  Male Female
  1st   118      4
  2nd   154     13
  3rd   387     89
  Crew  670      3

, , Age = Child, Survived = Yes

      Sex
Class  Male Female
  1st     5      1
  2nd    11     13
  3rd    13     14
  Crew    0      0
```

```
, , Age = Adult, Survived = Yes

        Sex
Class  Male Female
  1st    57    140
  2nd    14     80
  3rd    75     76
  Crew  192     20

>
```

3) 输入 str（）函数了解对象的结构。以下是以 Titanic 为例作演示。

```
> str(Titanic)
 table [1:4, 1:2, 1:2, 1:2] 0 0 35 0 0 0 0 17 0 118 154 ...
 - attr(*, "dimnames")=List of 4
  ..$ Class   : chr [1:4] "1st" "2nd" "3rd" "Crew"
  ..$ Sex     : chr [1:2] "Male" "Female"
  ..$ Age     : chr [1:2] "Child" "Adult"
  ..$ Survived: chr [1:2] "No" "Yes"
>
```

4) 输入 class（）函数了解对象的类别。以下是以 Titanic 为例演示。

```
> class(Titanic)
[1] "table"
>
```

B-4 认识 CRAN

CRAN 是 Comprehensive R Archive Network 的缩写，网址如下所示。

http://cran.r-project.org

这是遍布全球的服务器，每个服务器其实只是一个镜像（Mirror），你可以依自己的所在位置，寻找最近的镜像网站下载相关资料，在这里我们可以找到 R 的下载区，R 的原始代码，R 手册和扩展包。

B-5 搜索扩展包

R 系统有几千种扩展包，要想整个浏览不容易，但有一些热心的专家已将一些常用的扩展包整理，并建立了一个列表，称 CRAN Task Views，我们可以在以下网址中找到，页面如下图所示。

http://cran.r-project.org/web/views

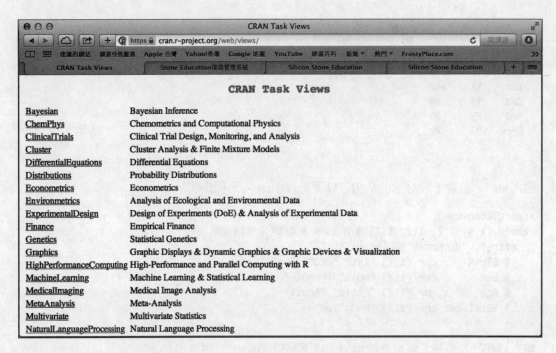

上述网页中列出了各类主题的扩展包，你可以单击进入了解更多信息。

B-6 安装与加载扩展包

如果在上图所示的页面中往下滚动窗口，则可以看到安装与加载扩展包的方式，如下图所示。

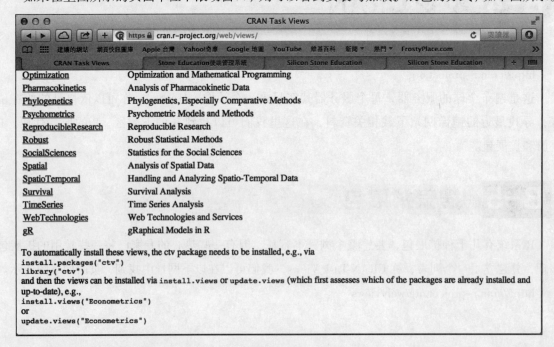

安装与加载扩展包方式在前面各章中已作说明，在此笔者再度重复说明。下载并安装扩展包可使用 install.packages（）函数。例如，如果想下载安装"lattice"可以使用如下代码。

install.packages（"lattice"）

扩展包安装完成后，可以使用 library（）或 require（）函数加载到 R 系统，这两个函数调用的返回结果如下所示。

❑ library（）：如果成功，则不返回信息。如果失败，则返回 FALSE。

❑ require（）：如果成功，则返回 TRUE。如果失败，则返回 FALSE。

R 文件推荐使用 library（）函数。例如想加载"lattice"可以使用如下代码。

library（lattice）

B-7　阅读扩展包的内容

有两个方法可以阅读扩展包的辅助说明，下列以扩展包 lattice 为例，说明如何阅读扩展包的内容。

方法 1：输入下列命令。

```
> library(help="lattice")
>
```

可以得到下列结果。

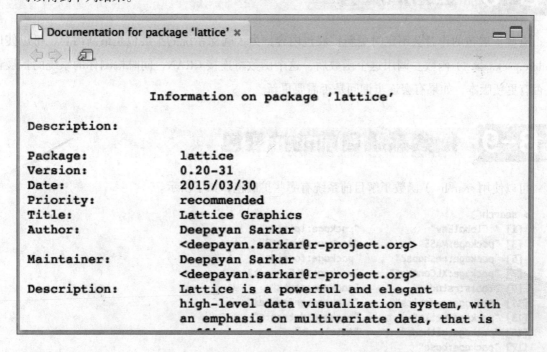

方法 2：进入下图所示的页面。

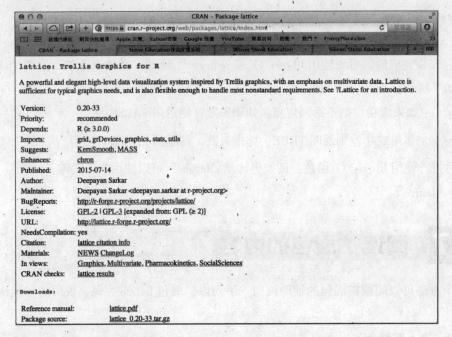

单击上图中 Reference manual 字段后的链接，可以下载 lattice.pdf 文件。

B-8 更新扩展包

有些扩展包的作者会不定时更新扩展包内容，为了确保系统的扩展包是最新内容，可以使用 update.packages（）函数。调用这个函数后，这个函数将连接 CRAN，同时检测你的系统的扩展包是否有更新版本，如果有会逐步询问是否需要更新。

B-9 搜索系统目前的扩展包

可以使用 search（）函数了解目前系统有哪些扩展包，如下所示。

```
> search()
 [1] ".GlobalEnv"         "package:lattice"
 [3] "package:MASS"       "package:ggplot2"
 [5] "package:reshape2"   "package:foreign"
 [7] "package:XLConnect"  "package:XLConnectJars"
 [9] "tools:rstudio"      "package:stats"
[11] "package:graphics"   "package:grDevices"
[13] "package:utils"      "package:datasets"
[15] "package:methods"    "Autoloads"
[17] "package:base"
>
```

B-10 卸载扩展包

如果想要卸载扩展包可以使用 detach () 函数, 下列是卸载扩展包 lattice 的实例。

```
> detach(package:lattice, unload = TRUE)
>
```

在上述代码中如果省略参数 "unload = TRUE", R 只是将扩展包 lattice 从路径中移除, 并不是真正卸载, 下列是验证结果, 看看 lattice 是否还在路径中。

```
> search( )
 [1] ".GlobalEnv"          "package:MASS"
 [3] "package:ggplot2"     "package:reshape2"
 [5] "package:foreign"     "package:XLConnect"
 [7] "package:XLConnectJars" "tools:rstudio"
 [9] "package:stats"       "package:graphics"
[11] "package:grDevices"   "package:utils"
[13] "package:datasets"    "package:methods"
[15] "Autoloads"           "package:base"
>
```

可以发现 lattice 扩展包已经不在了, 表示被卸载了。

B-11 R-Forge

尽管是开放软件, 但不是所有的包均可放在 CRAN 上的, 新开发的包还是需要先被认可, 但在被认可之前, R-Forge 开发和管理人员会将这些包先放在下列 R-Forge 网站上。

http://r-forge.r-project.org/

如果想安装上述包, 例如, myR, 可以用下列方式。

install.packages ("myR", repos= "http://R-Forge-R-project.org")

MEMO

本书习题答案

第1章　基本概念

一、判断题

1. √　2. ×　3. ×　4. √

二、单选题

1. C　2. A　3. B

三、多选题

1. ABC

第2章　第一次使用R

一、判断题

1. ×　2. √　3. ×　4. √　5. √

二、单选题

1. C　2. A　3. C　4. D　5. A　6. B

三、多选题

1. BD

第3章　R的基本算术运算

一、判断题

1. √　2. √　3. √　4. √　5. ×　6. √　7. ×　8. ×　9. √
10. √

二、单选题

1. D　2. C　3. C　4. B　5. A　6. C　7. B

三、多选题

1. BD

第4章　向量对象运算

一、判断题

1. ×　2. ×　3. ×　4. √　5. ×　6. ×　7. √　8. √　9. √
10. ×　11. √　12. ×　13. ×　14. √　15. ×　16. √　17. ×

二、单选题

1. D   2. C   3. A   4. B   5. A   6. C   7. D   8. C   9. A

10. B   11. B   12. A   13. A   14. D   15. A   16. B   17. C

三、多选题

1. BC   2. ABD

第 5 章   处理矩阵与更高维数据

一、判断题

1. ×   2. ×   3. √   4. √   5. ×   6. ×   7. √   8. √   9. ×   10. √   11. √

二、单选题

1. B   2. B   3. A   4. C   5. B   6. A   7. D   8. C   9. A

10. B   11. A   12. C   13. D   14. A

三、多选题

1. ACD   2. AD

第 6 章   因子 Factor

一、判断题

1. ×   2. √   3. √   4. ×

二、单选题

1. B   2. A   3. D   4. C   5. B   6. B   7. D   8. C

三、多选题

1. ABD

第 7 章   数据框 Data Frame

一、判断题

1. √   2. ×   3. √   4. ×   5. √   6. ×   7. √

二、单选题

1. D   2. D   3. B   4. B   5. A   6. C   7. C

三、多选题

1. BCE

第 8 章　串行 List

一、判断题

1. √　2. √　3. √　4. √　5. ×　6. ×　7. ×　8. √　9. ×　10. √

二、单选题

1. D　2. D　3. C　4. A　5. D　6. D　7. C　8. B

三、多选题

1. AD

第 9 章　进阶字符串的处理

一、判断题

1. ×　2. √　3. √　4. ×　5. ×　6. ×　7. √　8. ×

二、单选题

1. C　2. D　3. A　4. B　5. C　6. B　7. C　8. B

三、多选题

1. CD

第 10 章　日期和时间的处理

一、判断题

1. √　2. ×　3. ×　4. √　5. ×

二、单选题

1. D　2. C　3. D　4. B　5. C　6. B

三、多选题

1. AB

第 11 章　编写自己的函数

一、判断题

1. √　2. ×　3. √　4. √　5. ×　6. √　7. √　8. √

二、单选题

1. B　2. A　3. D　4. B　5. A　6. D　7. B

三、多选题

1. BCD

第 12 章　程序的流程控制

一、判断题

1. √　2. ✕　3. √　4. ✕　5. √　6. ✕　7. √　8. ✕

二、单选题

1. B　2. B　3. B　4. C　5. D　6. B　7. D　8. D　9. B

三、多选题

1. ABC

第 13 章　认识 apply 家族

一、判断题

1. √　2. √　3. ✕

二、单选题

1. A　2. D　3. C　4. D　5. B　6. A　7. B　8. A　9. D

三、多选题

1. AD

第 14 章　输入与输出

一、判断题

1. ✕　2. √　3. ✕　4. ✕　5. √　6. ✕

二、单选题

1. C　2. A　3. D　4. D　5. C　6. A　7. C　8. D

三、多选题

1. BC　　　　2. CD

第 15 章　数据分析与处理

一、判断题

1. √　2. ✕　3. ✕　4. √　5. ✕　6. √　7. ✕　8. √　9. √

10. √ 11. √

二、单选题

1. C 2. D 3. D 4. A 5. C 6. A 7. C 8. B

三、多选题

1. AD 2. BC

第16章 数据汇总与简单图表制作

一、判断题

1. × 2. × 3. × 4. √ 5. √ 6. √ 7. √ 8. × 9. √

10. √

二、单选题

1. D 2. C 3. C 4. B 5. A 6. C 7. B 8. B 9. C 10. C

三、多选题

1. BD 2. DE

第17章 正态分布

一、判断题

1. √ 2. × 3. √ 4. √ 5. × 6. × 7. ×

二、单选题

1. A 2. A 3. A 4. B 5. C 6. D 7. B

三、多选题

1. ABC 2. ABC

第18章 资料分析——统计绘图

一、判断题

1. √ 2. × 3. √ 4. × 5. √ 6. √ 7. × 8. √ 9. ×

10. √ 11. √ 12. × 13. √ 14. √

二、单选题

1. C 2. A 3. D 4. D 5. D 6. C 7. D 8. B 9. B

10. B 11. C

三、多选题

1. BC   2. ADE

第 19 章 再谈 R 的绘图功能

一、判断题

1. √   2. √   3. ×   4. ×   5. √   6. ×   7. ×   8. ×   9. √   10. √

二、单选题

1. D   2. A   3. B   4. A   5. D   6. C   7. A   8. A   9. D

10. D   11. A   12. C   13. D   14. A   15. D   16. A   17. C   18. A

19. A   20. A   21. A

三、多选题

1. ABC   2. ABC   3. ABC   4. ACD   5. ABC   6. ACD   7. ADE   8. AB

MEMO

D

函数索引表